国家职业技能鉴定教材

计算机文字录入处理员

(初级 中级 高级)

(第二版)

主　编　魏晓云

副主编　潘霜柏

编　者　向劲松　谢　林　姚文可　石也顾　廖清平

主　审　刘庆雨　宋华全

中国劳动社会保障出版社

JISUANJI WENZI LURU CHULIYUAN

图书在版编目（CIP）数据

计算机文字录入处理员：初级　中级　高级/劳动和社会保障部教材办公室组织编写．—2版．—北京：中国劳动社会保障出版社，2006
国家职业技能鉴定教材
ISBN 7 – 5045 – 5308 – 5

Ⅰ．计…　Ⅱ．劳…　Ⅲ．文字处理–职业技能鉴定–教材　Ⅳ．TP391.1

中国版本图书馆 CIP 数据核字（2005）第 124980 号

中国劳动社会保障出版社出版发行
（北京市惠新东街 1 号　邮政编码：100029）
出 版 人：张梦欣

*

北京北苑印刷有限责任公司印刷装订　新华书店经销
787 毫米 × 1092 毫米　16 开本　18.25 印张　453 千字
2006 年 5 月第 2 版　2014 年 5 月第 12 次印刷
定价：30.00 元
读者服务部电话：010 – 64929211/64921644/84643933
发行部电话：010 – 64961894
出版社网址：http：//www.class.com.cn
版权专有　　侵权必究
举报电话：010 – 64954652
如有印装差错，请与本社联系调换：010 – 80497374

前　言

《中华人民共和国劳动法》明确规定，国家对规定的职业制定职业技能鉴定标准，实行职业资格证书制度，由经过政府批准的考核鉴定机构负责对劳动者实施职业技能鉴定。

1994年以来，劳动和社会保障部职业技能鉴定中心、劳动和社会保障部教材办公室、中国劳动社会保障出版社组织有关方面专家、技术人员和职业培训教学管理人员实施教材建设，编写出版了涉及机械、电子、交通、建筑、商业、农业、饮食服务业等国民经济支柱产业中近80个通用职业（工种）的《职业技能鉴定教材》（以下简称《教材》）和《职业技能鉴定指导》（以下简称《指导》），对于推动职业技能鉴定工作，提高职业技能培训质量发挥了积极的作用。

2000年，国家实行在规定的职业（工种）中持职业资格证书就业上岗制度。为满足广大劳动者取得职业资格证书的迫切要求，劳动和社会保障部教材办公室、中国劳动社会保障出版社在总结《职业技能鉴定教材——计算机文字录入处理员（初级　中级　高级）》编写经验的基础上，依据市场需求，组织编写了《国家职业技能鉴定教材——计算机文字录入处理员（初级　中级　高级）（第二版）》。

《教材》内容上力求体现"以职业技能为核心、以职业活动为导向"的指导思想，坚持"考什么、编什么"的原则。结构上采用模块化方式，按照职业等级（初级、中级、高级）编写。每一个等级均包括知识要求和技能要求两部分。在基本保证知识连贯性的基础上，力求浓缩精练，突出针对性、典型性、实用性。

《教材》有助于准备参加考核鉴定的人员掌握考核鉴定的范围和内容，适合各级鉴定机构和培训机构组织考前强化培训和申请参加技能鉴定的人员自学使用，对于各类职业技术学校师生、相关行业技术人员均有重要的参考价值。

编写《教材》和《指导》有相当的难度，是一项探索性工作。由于时间仓促，缺乏经验，不足之处在所难免，恳切欢迎各使用单位和个人提出宝贵意见和建议。

劳动和社会保障部教材办公室

目 录

CONTENTS 《国家职业技能鉴定教材》

第一部分　初级计算机文字录入处理员知识要求

第一章　计算机的基础知识 …………………………………（2）

　第一节　计算机系统概述 ……………………………………（2）

　第二节　计算机硬件系统 ……………………………………（5）

　第三节　计算机软件系统 ……………………………………（11）

第二章　Windows 操作系统知识（一） ……………………（16）

　第一节　Windows XP 操作系统概述 ………………………（16）

　第二节　Windows XP 中的"我的电脑"和"资源
　　　　　管理器" …………………………………………（22）

第三章　文字处理基本知识 …………………………………（29）

　第一节　印刷文字常识 ………………………………………（29）

　第二节　排版工艺常识 ………………………………………（31）

　第三节　校对知识 ……………………………………………（35）

　第四节　公文排版 ……………………………………………（40）

第二部分　初级计算机文字录入处理员技能要求

第四章　汉字处理基础操作 …………………………………（45）

　第一节　汉字处理的一般知识 ………………………………（45）

　第二节　智能 ABC 输入法 …………………………………（47）

　第三节　中文智能 ABC 输入法 ……………………………（49）

　第四节　五笔字型输入法 ……………………………………（51）

　第五节　五笔字型输入操作 …………………………………（57）

· I ·

第五章　Word 2000 的基本操作（一） ……………………（62）

- 第一节　Word 2000 的基础知识 …………………………（62）
- 第二节　Word 2000 文档的基本操作 ……………………（65）
- 第三节　文档编辑 …………………………………………（74）
- 第四节　格式设置与编排 …………………………………（79）
- 第五节　表格制作 …………………………………………（84）
- 第六节　版面布局 …………………………………………（87）
- 第七节　打印预览和打印输出 ……………………………（91）

第三部分　中级计算机文字录入处理员知识要求

第六章　Windows 操作系统知识（二） ………………（94）

- 第一节　Windows XP 的磁盘管理 ………………………（94）
- 第二节　Windows XP 的控制面板 ………………………（95）

第七章　电子排版技术 ……………………………………（102）

- 第一节　电子排版工艺概述 ………………………………（102）
- 第二节　文字录入 …………………………………………（103）
- 第三节　版面编排工艺 ……………………………………（105）
- 第四节　图书排版 …………………………………………（109）

第四部分　中级计算机文字录入处理员技能要求

第八章　Word 2000 的基本操作（二） …………………（116）

- 第一节　项目符号与编号列表 ……………………………（116）
- 第二节　插入和编辑数学公式 ……………………………（121）
- 第三节　表格的排版与编辑 ………………………………（123）
- 第四节　图片与艺术字编排 ………………………………（130）
- 第五节　使用样式 …………………………………………（137）

第九章　Excel 2000 的基本操作（一） …………………（145）

- 第一节　电子表格软件 Excel 2000 概述 …………………（145）
- 第二节　使用工作簿 ………………………………………（151）

第三节　建立工作表 …………………………………（154）

第四节　工作表的格式化 ……………………………（171）

第五节　工作表的打印 ………………………………（185）

第十章　常用工具软件的使用方法 ……………………（192）

第一节　压缩软件 WinRAR …………………………（192）

第二节　图片浏览工具 ACDSee ……………………（196）

第三节　图片抓取工具 SnagIt ………………………（199）

第五部分　高级计算机文字录入处理员知识要求

第十一章　Windows 操作系统知识（三） ……………（203）

第十二章　计算机网络基础 ……………………………（207）

第一节　计算机网络基础知识 ………………………（207）

第二节　计算机网络设备 ……………………………（209）

第三节　计算机网络协议 ……………………………（210）

第四节　计算机网络操作系统工作模式 ……………（212）

第五节　因特网基础知识 ……………………………（213）

第六部分　高级计算机文字录入处理员技能要求

第十三章　电子排版中的生产管理 ……………………（219）

第一节　工艺管理 ……………………………………（219）

第二节　质量管理 ……………………………………（224）

第三节　文件管理 ……………………………………（227）

第十四章　Excel 2000 的基本操作（二） ……………（233）

第一节　公式与函数 …………………………………（233）

第二节　使用图表、使用图形 ………………………（242）

第十五章　软件安装及常用工具软件使用 ……………（252）

第一节　软件的安装 …………………………………（252）

第二节　硬盘克隆工具 Ghost ………………………（252）

第三节　病毒防治软件 Norton AntiVirus …………（257）

第四节　其他病毒防治软件……………………………………（260）

第十六章　计算机网络的基本操作………………………………（264）

第一节　对等局域网安装……………………………………（264）

第二节　Internet 接入方式……………………………………（271）

第三节　IE 浏览器的使用……………………………………（276）

第四节　使用 Outlook Express 收发电子邮件………………（279）

第一部分

初级计算机文字录入处理员知识要求

第一章

计算机的基础知识

第一节 计算机系统概述

一、计算机系统

现代计算机的发展经历了半个多世纪，计算机的奠基人是美籍匈牙利科学家冯·诺依曼（John Von Nouman）。目前，世界上绝大多数计算机都是根据他提出的计算机硬件基本结构和存储程序控制的原理制造出来的，因此也被称为冯·诺依曼式计算机。

1. 计算机系统的基本组成

一个完整的计算机系统应包括硬件系统和软件系统两大部分。计算机硬件系统是指组成一台计算机的各种物理设备，是看得见、摸得着的物理实体，是计算机工作的物质基础。计算机软件系统是指在硬件设备上运行的各种程序和数据。

通常，把不装备任何软件的计算机称为"裸机"。目前，普通用户所使用的都不是裸机，而是在裸机上配置若干软件之后所构成的计算机系统。

计算机硬件是支撑计算机软件工作的基础，没有足够的硬件支持，软件也就无法正常工作。实际上，在计算机技术的发展过程中，计算机软件随着硬件技术的发展而发展；反过来，软件的不断发展与完善，又促进了硬件的发展，两者的发展密切交织，缺一不可。计算机系统的组成见图1—1。

2. 计算机硬件系统的基本结构

计算机由五个基本部分组成：运算器、控制器、存储器、输入设备和输出设备。它们相互联系，构成了计算机的硬件系统。

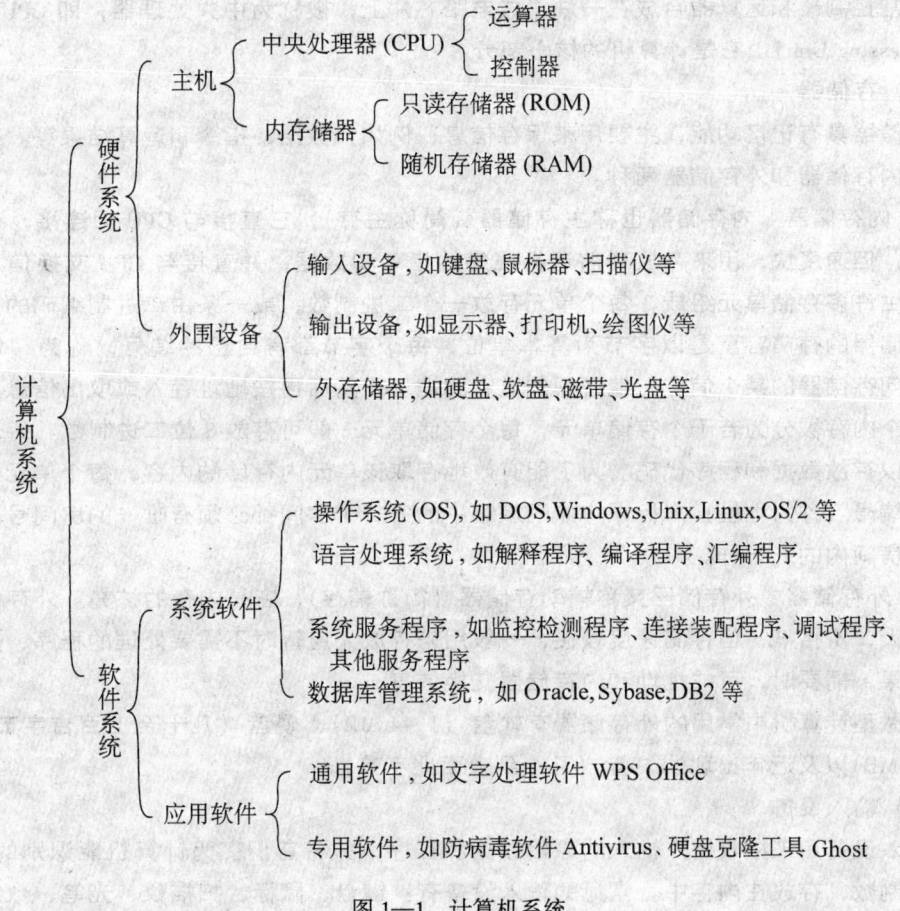

图1—1 计算机系统

计算机的这一基本结构是由冯·诺依曼提出的。计算机的这一设计思想可以归结为：计算机应由五个基本部分组成（控制器、运算器、存储器、输入设备和输出设备）。

采用存储程序的方式。

以运算器为中心，输入、输出设备与存储器间的数据传输都通过运算器。

计算机的执行指令在存储器中按顺序存放。指令所在的单元地址，一般按顺序递增，但也可以由条件判定发生改变。

现代的计算机在结构和存储方式上仍然基本采用冯·诺依曼当初的设计思想，现在的计算机也称为冯·诺依曼式计算机。

(1) 运算器

运算器也称为算术逻辑单元。它的功能是进行算术运算和逻辑运算。算术运算就是指加、减、乘、除操作；逻辑运算指的是"与""或""非""比较""移位"等操作。

(2) 控制器

控制器一般是由指令寄存器、译码器、程序计数器和操作控制器组成。控制器的作用是用来控制计算机各个部件协调工作，并使整个处理过程有条不紊地进行。它的基本功能就是从内存中取指令和执行指令，即控制器按程序计数器指出的指令地址，从内存中取出该指令并进行译码，然后根据该指令功能向有关部件发出控制命令，执行该命令。另外，控制器在工作过程中，还要接受各个部件反馈回来的信息。

通常控制器和运算器合成在一块集成电路芯片上,被称为中央处理器,即CPU（Central Processing Unit）。它是计算机的核心部分。

（3）存储器

存储器具有记忆功能,主要用来保存信息,例如,数据、指令和运算结果等。存储器可分为内存储器和外存储器两种。

1）内存储器　内存储器也称主存储器（简称主存）,它直接与CPU相连接,存储容量较小,但速度快,用来存放当前运行程序的指令和数据,并直接与CPU交换信息。内存储器由许多存储单元组成,每个单元存放一个二进制数,或一条用二进制编码的指令。

存储器的存储容量是以字节为基本单位,每个字节都有自己的编号,称为"地址"。如要访问存储器的某个信息,就必须知道它的地址,然后再按地址存入或取出信息。

整个内存被分为若干个存储单元,每个存储单元一般可存放8位二进制数。每个存储单元可以存放数据和程序代码。为了能有效地存取该单元内存储的内容,每个单元必须有唯一的编号（称为地址）来标识。如同旅馆中的每一个房间都必须有唯一的房间号,才能找到该房间内的人一样。

2）外存储器　外存储器又称辅助存储器（简称辅存）,它是内存的扩充。外存储器存储容量大,价格低,但存储速度较慢,一般用来存放大量暂时不需要处理的程序、数据和中间结果,需要时,可成批地和内存储器交换信息。

在微型计算机中常用的外存储器有软盘（1.44 MB）、硬盘（几十至上百吉字节）、光盘（650 MB）以及近年出现的U盘（几十到上百兆字节）。

（4）输入设备

输入设备用来接收用户输入的原始数据和程序,并将它们变为计算机能识别的形式,即二进制数,存放在内存中。常见的输入设备有：键盘、鼠标、扫描仪、光笔、数字化仪等。

（5）输出设备

输出设备用于将存放在内存中由计算机处理的结果转变为人们所能接受的形式。常见的输出设备有：显示器、打印机、绘图仪等。

二、计算机的工作原理

1. 程序的存储

计算机完成某个操作所发出的命令称为指令。一条指令通常由两部分组成,即操作码和操作数。操作码指明指令要完成的操作,每条指令规定了机器必须完成的操作或运算,告诉机器从什么地址取数,然后进行什么操作或运算,结果送到什么地址的存储单元里去等步骤。操作数是指参加运算的数或数所在的存储单元地址。用户根据解决某一问题的步骤,选用一条条指令,进行有序的排列,计算机执行这些指令序列即可完成预定的任务,这些指令序列被称为程序。

2. 程序的控制

计算机能自动执行程序,是因为人们事先把计算机如何工作的程序和原始数据存入了计算机内存。计算机运行时,控制器就将这些指令一条一条地从内存中取出,进行分析、译码、判断该指令要执行的操作,然后向各部件发出控制该操作的控制信号,完成该指令的功能。在计算机运行过程中,有两种信息在流动：一种是数据流,一种是控制流。数据流包括原始数据和指令,运行时数据从内存中被送往运算器参加运算。指令从内存中被送往控制器参与控制，中间结果可以从运算器送回内存，最终结果通过输出设备输出。控制流的控制信号由控制器发出，控制各个部件执行指令规定的各种操作或运算。

程序是由一系列指令构成的有序集合，计算机执行程序就是执行这一系列的指令。CPU 从内存中读取一条指令执行，待该指令执行完毕后，再从内存中读取下一条指令到 CPU 内执行。CPU 不断地读取指令，执行指令，这一过程就是程序的执行过程。

计算机的工作原理见图 1—2。

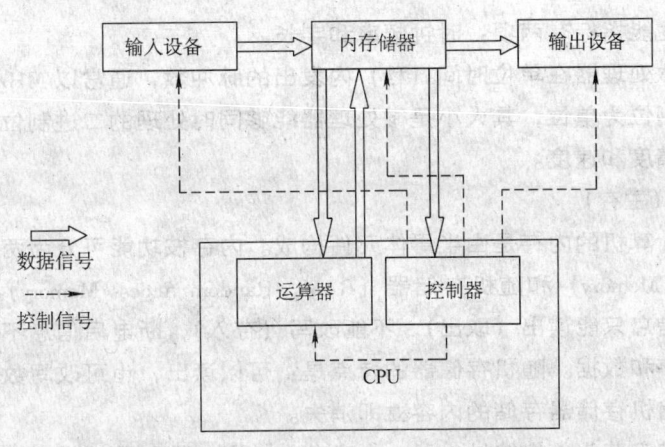

图 1—2　计算机工作原理图

三、计算机中数据的表示

计算机处理各种信息，首先需要将数据表示为具体的数据形式即数字化编码。各种信息都必须经过数据编码后才能被传送、处理和存储。因此，掌握数据的编码概念和处理技术尤为重要。

在计算机中，一切信息，包括数值、字符、图形等数据的存储、处理和传送，均采用二进制形式。这是由于实现二进制数的电子元件，比实现其他进制数的电子元件更简单、更稳定可靠。

计算机采用的信息单位有：

位：一个二进制数（0 或 1）称为位（bit），简写为 b。

字节：8 个二进制数称为 1 个字节（Byte），简写为 B。字节是计算机中的基本容量单位，其中，1 KB = 1 024 B，1 MB = 1 024 KB，1 GB = 1 024 MB。

字：计算机处理数据时，一次可以运算的数据长度称为 1 个"字"（Word）。字的长度称为字长。一个字可以是一个字节，也可以是多个字节。常见的字长有 8 位、16 位、32 位、64 位等。如某一类计算机的字是由 4 个字节组成的，则字的长度为 32 位，相应的计算机称为 32 位机。

第二节　计算机硬件系统

一、微型计算机的基本配置

平常所见到的计算机大都是微型计算机，主要是 PC 机。它具有微型化、使用方便、功能齐全、价格低廉等特点，为一般用户所广泛使用。微型计算机由微处理器、存储器、总线和输入输出接口组成。

1. 微处理器

运算器和控制器是组成微型计算机的核心,称为中央处理器(CPU,Central Processing Unit),又称为微处理器。CPU一般采用超大规模集成电路的微处理芯片制成。微处理器的主要任务是取指令、分析指令和执行指令。目前,大多数的微机都使用Intel公司生产的CPU,有8088、80286、80386、80486、Pentium、Pentium Pro、Pentium Ⅱ、Pentium Ⅲ、Pentium Ⅳ等。

CPU的主要性能指标有两项:时钟频率和字长。

时钟频率即微处理器在单位时间(秒)内发出的脉冲数,通常以MHz为单位。

字长以二进制位为单位,其大小是微处理器能够同时处理的二进制位数,它直接关系到计算机的计算精度和速度。

2. 内存储器(主存)

目前,微型计算机的内存是由半导体元件构成。内存按功能可分为两种:只读存储器(ROM,Read Only Memory)和随机存储器(RAM,Random Access Memory)。只读存储器的特点是:存储的信息只能读出(取出),不能改写(存入),断电后信息不会丢失,一般用来存放专用的程序和数据。随机存储器的特点是:可以读出,也可改写数据,又称读写存储器。断电后,随机存储器存储的内容立即消失。

内存通常是按字节为单位编址的,一个字节由8个二进制数组成。目前,微型计算机的内存容量一般有:32 MB、64 MB、128 MB、256 MB、512 MB等。

微型计算机CPU工作频率的不断提高,而RAM的读写速度相对较慢,为了解决内存速度与CPU速度的不匹配从而影响系统运行速度的问题,在CPU与内存之间设计了一个容量较小(相对主存而言)但速度较快的高速缓冲存储器(Cache),简称快存。CPU访问指令和数据时,先访问Cache,如果目标内容已在Cache中,CPU直接从Cache中读取;否则,CPU就从主存中读取,同时将读取的内容存于Cache中。Cache可以看成是主存中面向CPU的一组高速暂存存储器。这种技术早期在大型计算机中使用,现在应用在微型计算机中,使微型计算机的性能大幅度提高。随着CPU的速度越来越快,系统内存越来越大,Cache的存储容量也由以前的128 KB、256 KB扩大到现在的512 KB~2 MB。Cache的容量并不是越大越好,太大的Cache会降低CPU在Cache中查找的效率。

3. 外存储器

由于技术和价格方面的原因,内存的容量受到限制。为了长久地存储大量的信息,就需要采用价格便宜的外存储器。外存储器又称辅助存储器,其容量一般都比较大,而且可以移动,便于在计算机之间交换信息。微型计算机中常用的外存有磁盘、光盘和磁带等。

(1)磁盘类存储器

1)软盘存储器 软盘是一种涂有磁性物质的聚酯塑料薄膜圆盘,常用的软盘直径为3.5英寸,信息在磁盘上是按磁道和扇区来存放的。盘上一组同心圆环形的信息区域称为磁道,它们由外向内编号。高密度盘为0~79道,低密度盘为0~39道。每道被划分成相等的区域,称为扇区。一般每道有9、15或18个扇区等,一般每扇区的容量为512 B(DOS系统)。目前,常用的3.5英寸的软盘容量为1.44 MB。软盘的存储容量可由以下式子得出:

软盘总容量 = 磁道数 × 扇区数 × 磁盘面数(2)× 扇区字节数(512 B)

如 3.5 英寸软盘有 80 磁道，18 扇区，磁盘面数 2，每扇区 512 B，即：

$$3.5\text{ 英寸软盘容量} = 80 \times 18 \times 2 \times 512 \text{ B} = 1\,474\,560 \text{ B（即 1.44 MB）}$$

2) 硬盘存储器　硬盘是由涂有磁性材料的铝合金圆盘组成，是微机系统的主要外存储器。硬盘的直径可分为 3.5 英寸、2.5 英寸、1.8 英寸等。目前，大多数微机上使用的硬盘是 3.5 英寸的。硬盘驱动器通常采用温彻斯特技术，其特点是把磁头、盘片以及执行机构都密封在一个腔体内，与外界环境隔绝，采用这种技术的硬盘称为温彻斯特盘。

硬盘有两个主要性能指标，即硬盘的平均寻道时间和内部传输速率。一般来说，转速越高的硬盘寻道的时间越短，其内部传输速率也越高。目前，硬盘的转速有 3 600 r/min、4 500 r/min、5 400 r/min、7 200 r/min 等，最快的平均寻道时间为 8 ms，内部传输速率最高可达 190 MB/s。

硬盘的每个存储表面被划分成若干个磁道（不同硬盘的磁道数不同），每个磁道划分成若干个扇区（不同的硬盘扇区数不同）。一个硬盘一般由多个盘片组成，盘片的每一面都有读写磁头。每个存储表面的同一道形成一个圆柱面，称为柱面。硬盘的存储容量可由以下式子得出：

$$\text{硬盘的存储容量} = \text{磁头数} \times \text{柱面数} \times \text{扇区数} \times \text{每扇区字节数（512 B）}$$

如某硬盘有 15 个磁头，8 894 个柱面，每道 63 扇区，其存储容量为：

$$\text{存储容量} = 15 \times 8\,894 \times 63 \times 512 \text{ B} = 4.3 \text{ GB}$$

(2) 磁带存储器

磁带存储器是顺序存取设备，磁带上的文件依次存放。如某文件存放在磁带的尾部，则磁带必须空转到尾部才能读取文件。因此，磁带的存取时间比磁盘长。磁带分为开盘式磁带和盒式磁带两种，微型计算机中大多数采用的是盒式磁带。在微型计算机上配备磁带机用来作为后备存储装置，用于资料保存、文件备份和复制等，以便在硬盘发生故障时，恢复系统或数据。

(3) 光盘存储器

光盘存储器是一种利用激光技术存储信息的装置。目前，用于计算机系统的光盘有三类：只读光盘、一次写入光盘和可擦写光盘。

1) 只读光盘（CD-ROM，Compact Disc-Read Only Memory）　这种光盘的盘片是已由生产厂家预先写入数据或程序，写好的信息将永久保存在光盘上。用户只能读取，而不能写入和修改。CD-ROM 的最大特点是存储容量大，一张 CD-ROM 的容量为 650 MB 左右。

计算机上用的 CD-ROM 驱动器有一个数据传输速率指标，称为倍速。1 倍速的数据传输速率是 150 kb/s；40 倍数的数据传输速率为 $40 \times 150 \text{ kb/s} = 6 \text{ Mb/s}$。

2) 一次写入光盘（WO，Write Once Read Memory）　一次写入光盘也称 CD-R（CD-Recordable），可由用户写入数据，但只能写一次，写入后不能修改。一次写入多次读出的 CD-ROM 适用于用户存储只读数据文档。这种光盘的写入必须在专用的光盘刻录机中进行。通常光盘刻录机既可作刻录机用，也可读普通的 CD-ROM 盘片。光盘刻录机有内置式和外置式两种，内置式采用 IDE 或 SCSI 接口，外置式采用 SCSI 接口或 USB 接口。CD-R 光盘的容量为 650 MB。

3) 可擦写磁光盘（MO，Magnetic Optical）　它是一种具有磁盘性质的能够重写的光盘，它的操作和硬盘相同，故又称为磁光盘。MO 磁光盘可以反复使用达 10 000 次以上，并可保存 50 年以上。目前，MO 驱动器和盘片有两种规格：3.5 英寸和 5 英寸，均采用

SCSI 接口。3.5 英寸容量有 128 MB、230 MB、540 MB 和 640 MB，5 英寸容量有 1.3 GB、2.6 GB 和 3.2 GB。

另外，还有一种 DVD-ROM。DVD-ROM（Digital Versatile Disc-Read Only Memory）是 CD-ROM 的换代产品，DVD-ROM 光盘较 CD-ROM 光盘的容量大得多，采用较短的激光波长。DVD 光驱的标准向下兼容，能读音频 CD 和 CD-ROM。DVD-ROM 光盘单面单层的容量为 4.7 GB，单面双层的容量为 7.5 GB，双面双层的容量为 17 GB。

DVD 的其他产品有 DVD-R 和 DVD-RAM。DVD-R 与 CD-R 相对应，它允许一次性写入，容量为 3.8 GB。DVD-RAM 是一种可重复读写的介质，其工作原理基于相位变化技术。目前，DVD-RAM 光盘的容量为 5.2 GB。DVD 的 1 倍速数据传输速率为 1.3 Mb/s。

以上介绍的外存储介质，都必须通过机电或光电装置才能进行信息的读写操作，这些装置称为驱动器。如软盘驱动器、硬盘驱动器、磁带驱动器和光盘驱动器等。

4．总线

总线是用来连接微机 CPU、存储器和外围设备的公共信息通道。总线是一组物理导线，并非是些单独的连线。根据总线上传送信息的不同，可分为数据总线、地址总线和控制总线。三者做在一起，工作时各司其责。

（1）数据总线（DB，Data Bus）

在 CPU 和内存或输入输出接口电路之间传送数据，数据总线位数的多少，反映了 CPU 一次可接收数据的能力。

（2）控制总线（CB，Control Bus）

用来传送各种控制和应答信号。传送的信号基本上分为两类：一类是由 CPU 向内存或外围设备发送的控制信号；另一类是由外围设备或有关接口电路向 CPU 送回的信号。

（3）地址总线（AB，Address Bus）

用来传送存储单元或输入输出接口的地址信息。AB 的位数决定了系统最大的存储容量，如 20 位的 AB，可寻址内存存储单元数为 2^{20}。

5．输入/输出接口（I/O 接口）

输入/输出接口是微处理器与外围设备之间实现信息交换的电路，它们通过总线与 CPU 相连。I/O 接口有时也称为设备控制器或适配器。适配器一般做成电路板的形式，所以常称为"适配卡"。常见的适配电路有网卡、声卡、防病毒卡以及显示器适配卡等。

6．通用串行总线（USB 接口）

USB（Universal Serial Bus）是由 Intel 公司提出的一种新型接口标准，目前已是主流规范。USB 接口就是为了解决现行 PC 与周边设备的通用连接而设计的，其目的是使所有的低速设备，如键盘、鼠标、扫描仪、数码照相机、移动存储器以及 Modem 等，都可以连接到统一的 USB 接口上。此外，这种接口支持传递功能，也就是说用户只需为支持 USB 标准的设备准备一个 USB 接口即可，这些外围设备可以相互连接成串，而通信功能不会受到丝毫影响。用户甚至不需要为这些设备准备外接电源，因为 USB 接口本身就能够提供电源。USB 接口具有即插即用功能，用户可以随时连接和去掉外围设备，不会影响电路和设备。USB 可以连接几乎目前所有的外围设备，如 DVD、显示器、数字音响、扫描仪、数码照相机、Modem、打印机、键盘、游戏杆等。它的最大传输速率为 12 Mb/s，并支持多数扰流、多个设备并行操作、自动处理错误并进行恢复。

USB 接口的常用移动存储器有：

(1) U 盘（又称闪存盘）

U 盘（USB Flash Disk）是一种基于 USB 接口无需驱动器的、微型高容量活动盘。U 盘是以 Flash Memory 的存储芯片为存储介质，以 USB 为接口的一种存储设备。Flash Memory 翻译过来就是闪存记忆体的意思，故也称为闪存盘。

U 盘的特点是体积非常小，容量比软盘大很多（16～256 MB，以至 2 GB），不需要驱动器，无外接电源，即插即用，带电拔插，使用方便，存取速度快，是软盘速度的 15 倍以上，数据存储可靠性高，可擦写次数达百万次，数据保存达十年以上，并带密码保护功能。近年来投入市场深受用户欢迎，大有取代软盘之势。

(2) 活动硬盘

活动硬盘也是基于 USB 接口的一种存储设备。活动硬盘的结构与普通硬盘差不多，也属于温彻斯特盘。活动硬盘在接口上采用了 USB 接口技术，在使用中直接用该接口进行连接，体积也不太大，便于携带。活动硬盘突出的特点是存储容量大，可达上百 GB，便于用户对较大文件和数据的存储。

二、微型计算机的基本输入输出设备

1. 键盘

键盘是用户与计算机交流的主要工具，是计算机最重要的输入设备。常用键盘的按键被分为四部分：主键盘、小键盘（数字键盘）、辅助键盘（编辑键盘）和功能键盘，如图 1—3 所示。

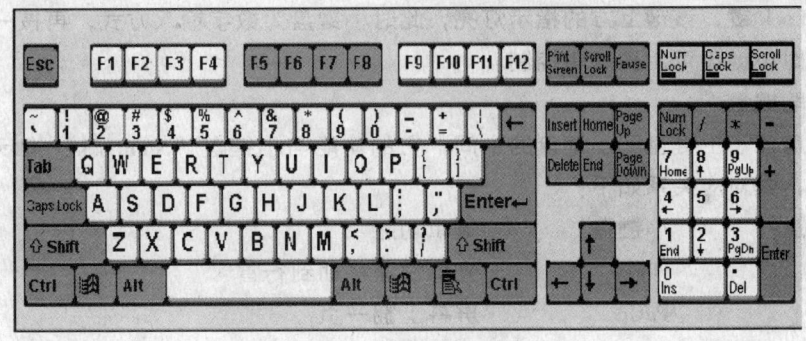

图 1—3 计算机键盘

(1) 主键盘

主键盘一般与通常的英文打字机相似，是由数字键、字母键、控制键等组成。

数字键：数字键的下挡为数字，上挡为符号。

字母键：用于输入英文字母和汉语拼音。

Shift（↑）键：上挡键。用来选择某键的上挡字符。操作方法是：先按住该键不放，再按具有上挡字符的键时，则输入该键上挡字符，否则输入该键的下挡字符。

CapsLock 键：大小写字母锁定键。开机时系统处于小写字母输入状态，按下该键，系统即处于大写字母状态，同时键盘右上方的"CapsLock"指示灯亮，表示系统处于大写输入状态。若再按一下，系统将回到小写字母输入状态，同时"CapsLock"指示灯熄灭。

Enter（↙）键：Enter 键。按下此键，表示输入结束，光标移至下一行的起始位置。如果输入的是一条命令，系统将执行该命令。

Backspace（←）键：退格/删除键。按下此键，光标向左退回一个字符位置并将经过字符删去。

Space 键：空格键。为最下方的长条键，按下此键，输入空格。

Tab 键：制表定位符。按下此键，光标向右快速移动一个制表位，通常是 8 个字符位置。

Ctrl 和 Alt 键：这两个功能键，单独使用无作用，与其他键配合使用时，产生一个控制动作。在 DOS 状态下，常用的组合如下：

Ctrl + Alt + Del：热启动 DOS 操作系统。

Ctrl + Break：中断当前正在执行的命令或程序，返回 DOS 系统提示符状态。

Ctrl + P：接通或断开打印机。

(2) 功能键

功能键位于键盘上方区域，有 16 个键位。各键的功能如下：

F1 至 F12 键：这 12 个功能键的作用一般由具体的软件定义。

ESC 键：取消键。在 DOS 环境下，按下此键，取消输入的命令。

Print Screen 键：拷贝当前屏幕内容。

Pause/Break 键：暂停键。用于使正在屏幕上滚动显示的屏幕信息暂停显示，按任意键后继续显示。

(3) 小键盘

小键盘在键盘的最右边，共有 17 个键，主要用于数字和数学式子的输入。小键盘同时具有数字输入和编辑控制功能。功能的转换是由小键盘上的 NumLock 键的状态决定的。当按下 NumLock 键，该键上方的指示灯亮，此时小键盘为数字输入方式，再按一次，指示灯熄灭，这时小键盘可用来编辑控制。

(4) 辅助键盘

辅助键盘位于主键盘和小键盘的中间，它的功能与小键盘"NumLock"指示灯熄灭时的功能相同，其对应关系如下：

辅助键盘	小键盘	编辑功能
Home	Home	光标快速移动到行首
PageUp	PgUp	屏幕上翻一页
PageDown	PgDn	屏幕下翻一页
End	End	光标快速移至行尾
Insert	Ins	设置插入状态开关
Delete	Del	删除光标所在字符

辅助键盘中还有上、下、左、右移动光标键。

2. 鼠标

鼠标又称为鼠标器，是微型计算机上的一种输入设备。鼠标控制显示器上光标移动的位置。在软件的支持下，通过鼠标上的按键，向计算机发出命令或完成各种操作。

常见的鼠标有机械式和光电式两种。机械式鼠标底部有一个滚动的橡胶球，可在普通桌面上使用，滚动球通过平面上的滚动变换成计算机可以处理的信号，传送给计算机后，即可完成光标的同步移动。光电鼠标有一个光电探测器，要在专门的反光板上移动才能使用。反光板上有精细的网格作为坐标，鼠标的外壳底部装有一个光电检测器，当鼠标滑过时，光电检测器根据移动的网格数，转换成相应的电信号，传给计算机来完成光标的同步移动。

鼠标器可以通过专用的鼠标器插头座与主机相连,也可通过计算机通用的串行接口(RS-232-C 标准接口)与主机相连接。

3. 显示器

显示器又称为监视器,是计算机系统中最基本的输出设备。

显示器是用光栅来显示输出内容的,光栅的像素越小,光栅的密度越高,即单位面积的像素越多,分辨率越高,显示的字符或图形也就越清晰。常用的分辨率有:640×480、800×600、1 024×768、1 280×1 024 等。像素色度的浓淡变化称为灰度。

显示器按其输出色彩可分为单色显示器和彩色显示器;按其显示方式可分为阴极射线管(CRT)和液晶显示器(LCD);按其屏幕的对角线尺寸可分为 14 英寸、15 英寸、17 英寸和 21 英寸等几种。分辨率、色彩数目以及屏幕尺寸是显示器的重要指标。

显示器必须配置适当的显示卡,才能构成完整的显示系统。常见的显示卡类型有:

(1) VGA(Video Graphics Array)显示卡

显示图形分辨率为 640 像素×480 像素,文本方式下分辨率为 720 像素×400 像素,可支持 16 色。

(2) SVGA(Super VGA)超级 VGA 卡

分辨率为 1 024 像素×768 像素,支持 16.7 兆种颜色,称为"真彩色"。

(3) AGP(Accelerate Graphics Porter)显示卡

分辨率为 1 280 像素×1 024 像素,显示速度比以前高许多,是目前常用的显示卡。

4. 打印机

打印机也是微机常用的输出设备。打印机可以将输出的信息打印出来,长期保存。目前微机上配备的打印机有针式打印机、喷墨打印机和激光打印机等。各种打印机与主机通过标准接口连接,有标准串行接口和并行接口。

(1) 针式打印机

针式打印机打印的字符和图形,是以点阵的形式构成的。它的打印头由若干根打印针和驱动电磁铁组成。打印工作通过打印针头接触色带击打纸面来完成。

针式打印机的主要特点是使用方便、性能价格比较高。但打印速度较慢,噪声较大。

(2) 喷墨打印机

喷墨打印机是直接将墨水喷到纸上来实现打印。喷墨打印机价格低廉、打印效果较好,较受用户的欢迎。但喷墨打印机使用的纸张要求较高,墨盒消耗较快。

(3) 激光打印机

激光打印机是激光技术和电子技术的综合产物。因此,激光打印机能输出分辨率很高且色彩很好的图形。

激光打印机的主要特点是打印输出的分辨率高、打印速度快、无噪声等,赢得打印机产品的高端市场,价格较前两种产品稍高。

第三节 计算机软件系统

计算机软件是计算机的重要组成部分,是计算机程序和数据的总称。它发挥和完善了计算机系统的功能。计算机的软、硬件资源结合成为统一的整体,构成一个完整的计算机系统。随着计算机应用的广泛深入,计算机软件的开发和应用将越来越显示出它的重要性。

计算机软件一般分为两大类：系统软件和应用软件。

一、系统软件

系统软件是为用户开发应用软件提供的一个平台，是为方便用户使用而配置的软件。它们一般与特定的应用无关，是一种通用软件。

1．操作系统（OS，Operating System）

操作系统是最基本、最重要的系统软件。它负责管理计算机系统的所有软、硬件资源，合理地组织计算机各部分协调工作，为用户提供方便的操作环境和服务界面。

随着计算机技术的不断发展和广泛应用，用户对操作系统的功能、应用环境和使用方式不断提出新的要求，因而逐步形成了不同类型的操作系统。根据操作系统的功能和使用环境，大致可分为以下几类：

（1）单用户操作系统

计算机在单用户操作系统的控制下，只能串行地执行用户程序，个人独占计算机的全部资源，CPU 的运行效率较低。单用户操作系统按同时管理的作业数可分为：单用户单任务和单用户多任务操作系统。

DOS 操作系统属于单用户单任务操作系统。

现在大多数的个人计算机操作系统是单用户多任务操作系统，允许多个程序或多个作业同时存在和运行。常见的操作系统中，Windows 3.X 是基于图形界面的 16 位单用户多任务操作系统，Windows 95/98/2000/XP 是继 Windows 3.X 以后升级的 32 位单用户多任务操作系统。

（2）分时操作系统

分时操作系统是多个用户同时在各自的终端上联机使用同一台计算机，CPU 按照优先级别分配给各个终端时间片段，轮流为各个终端服务。由于计算机高速的运算，使每个用户感觉自己独占了这台计算机。常见的系统有 UNIX、XENIX、Linux 等。

1）批处理操作系统　批处理操作系统是以作业为处理对象，连续处理在计算机系统运行的作业流。这类操作系统的特点是：作业运行完全由系统自动控制，系统的吞吐量大，资源的利用率极高。

2）实时操作系统　实时操作系统是指对外来的事件和信号，在限定时间范围内能作出响应并对其进行处理的系统。实时操作系统广泛用于工业生产过程的控制，常见的系统有 RDOS。

3）网络操作系统　网络操作系统是运行在局域网上的操作系统。它负责整个网络的管理、通信、资源共享和系统安全等工作。常见的操作系统有 NetWare 和 Windows NT 等系统。NetWare 是 Novell 公司的产品，是一个基于文件服务和目录服务的网络操作系统，它支持多种智能化网络解决方案。Windows NT 是 Microsoft 公司的产品，是基于图形界面的 32 位多任务、对等的网络操作系统。Windows NT 支持对称多处理系统。Windows NT 有两种产品，Windows NT Workstation 是工作站上使用的操作系统；Windows NT Server 是网络服务器上使用的操作系统。Windows NT Server 有标准版和企业版，标准版支持四个以下 CPU 的对称多处理系统，企业版支持四个以上 CPU 的对称多处理系统。

4）分布式操作系统　分布式操作系统是用于分布式计算机系统的操作系统。分布式计算机系统是由多个并行工作的处理机组成的系统，它提供高度的并行运算和有效的同步算法和通信机制，自动实行全系统的任务分配并自动调节处理机的工作负载，如 MDS、CDCS 等。

2．程序设计语言

程序设计语言就是用户用编制程序的方法来处理应用问题的计算机语言。程序设计语言一般分为机器语言、汇编语言和高级语言。

（1）机器语言

机器语言是用二进制代码"0"和"1"组成，能由计算机能识别的，不需要翻译直接供机器使用的程序设计语言。机器语言中的每一条语句（机器指令）实际上是二进制形式的指令码，它由二进制的操作码和操作数组成。不同的计算机硬件（主要是微处理器），其机器语言也是不同的。

机器语言是直接面向计算机硬件的，因此，它的执行效率比较高，处理速度快。但是，用机器语言编写程序非常费事，容易出错，而且缺乏通用性，通常不直接使用机器语言编程。

（2）汇编语言

汇编语言是一种用助记符表示的面向机器的程序设计语言。汇编语言的每条指令对应一条机器码，不同类型的计算机一般都有不同的汇编语言。用汇编语言编写的程序称为汇编语言程序。汇编程序不能由机器直接识别和执行，必须由"汇编程序"翻译成机器语言程序才能运行。

汇编语言适用于编写直接控制机器操作的底层程序，如仪器和设备的控制处理中要使用汇编语言。

（3）高级语言

高级语言是一种比较接近自然语言和数学表达式的程序设计语言。高级语言无论是机器语言还是汇编语言都是面向机器的，但其编程技术复杂，程序设计的效率不高。为了从根本上改变计算机语言对机器的依附，使之独立于机器，由面向机器转向面向问题，也就是说，用户在使用计算机处理问题的时候，考虑的是怎样编制程序来解决问题，而不必考虑机器的内部组织和结构。人们把具有这样特点的计算机语言称为高级语言。用高级语言编写的程序称为"源程序"，计算机不能识别和执行，要把用高级语言编写的源程序翻译成机器指令，通常有编译和解释两种方式。

编译方式是将源程序整个编译成目标程序，然后通过链接程序将目标程序链接成可执行程序。

解释方式是将源程序逐句翻译，翻译一句执行一句，边翻译边执行，不产生目标程序，由计算机自动解释执行。

常用的高级语言有以下几种：

1) FORTRAN 语言　是一种适合科学和工程计算的高级语言，它具有大量的工程计算程序库。

2) PASCAL 语言　是结构化程序设计语言，适用于教学、科学计算、数据处理和系统软件的开发等，目前逐步被 C 语言取代。

3) C 语言　是一种灵活性很高的高级语言。它的语法简练、功能强，适用于系统软件、数值计算、数据处理等，使用广泛。在 Windows 平台下使用的 Visual C 语言，是目前使用得非常广泛的面向对象程序设计语言，具有很强的开发功能和可视化编程方法，在系统开发中应用广泛。

4) BASIC 语言　是一种简单易学的计算机高级语言。它的人机对话功能强，至今 BASIC 语言已经有许多版本。Visual Basic 是面向对象程序设计语言，具有很强的可视化功能，是在 Windows 环境下广泛使用的工具语言之一。

5) Java 语言　是一种新型的跨平台、分布式程序设计语言。Java 以其简单、安全、可移植、面向对象等特性引起计算机用户的广泛关注。Java 适用于网络环境的编程、多媒体设计等。

3. 数据库管理系统

数据库系统是 20 世纪 60 年代后期发展起来的，它是计算机科学中近年来发展最快的领域之一。数据库系统主要是用来解决数据处理的非数值计算问题，大量用于财务管理、档案管理、图书情报管理、人事管理等领域的数据处理。这类数据的特点是数据量大，运算关系不复杂。数据处理的主要内容为数据的存储、查询、排序、修改、分类等。

数据库系统是一个复杂的系统，通常的数据库系统是由计算机硬件、操作系统、数据库管理系统（DBMS，DataBase Management System）、数据库和应用程序组成。数据库管理系统的作用是定义、使用和管理数据库。目前，在微型计算机上常用的数据库管理系统有：dBASE、Foxbase、FoxPro、Visual FoxPro 等，适用于网络环境的大型数据库管理系统有：Sybase、Oracle、SQL Server、DB2 等。

4. 网络及通信软件

局域网和互联网的大量使用，也使得网络和通信技术得到飞跃的发展。局域网上的常见网络操作系统有：Novell 公司的 NetWare、Microsoft 公司的 Windows NT 等；网络通信软件有 Internet 浏览器软件，如 Netscape 公司的 Navigator、Microsoft 公司的 Internet Explorer 等。

二、应用软件

应用软件是指计算机应用人员利用计算机的软、硬件资源，为某一专门的应用目的开发的软件，例如，工程设计、科学计算、事务管理、数据处理、过程控制等方面的程序。

1. 文字处理软件

主要应用于用户对输入到计算机的文字进行编辑、修改、修饰和排版等工作，并能以多种字形、字体和格式打印出来。目前，常用的文字处理软件有 Microsoft 公司的 Word、金山公司的 WPS 等。

2. 表格处理软件

表格处理软件主要用于处理各种表格。它可以根据用户的要求，自动生成各式各样的表格，能根据需要完成各种复杂的表格计算，并能打印出多种图表。目前，常见的表格处理软件有 Microsoft 公司的 Excel 等。

3. 辅助设计软件

计算机辅助设计（CAD）技术是近 20 年来，在设计领域最具有成效的计算机应用技术之一。计算机辅助设计软件，是用来帮助设计人员利用计算机来绘图、制图和输出图样的应用软件。由于计算机有快速的计算功能和极强的模拟处理能力，因此在飞机、汽车、机械、船舶、服装和大规模集成电路的设计和制造中，CAD 技术起着越来越重要的作用。目前常用的软件有 AutoCAD 等。

4. 实时控制软件

在现代工业制造业中，计算机普遍用于生产过程的自动控制。在炼钢厂，用计算机控制加料、炉温、冶炼时间；在化工厂，用计算机控制配料、温度阀门的开闭；在发电厂，用计算机控制发电机组等。

　　用于生产过程控制的计算机一般都是实时控制，实时控制对计算机的速度要求不是很高，但对可靠性的要求较高。用于控制的计算机，输入的信息往往是电压、温度、流量、压力等模拟量，因此，要先将模拟量转换成数字量，计算机才能进行处理和计算。处理或计算后，以此为依据，根据预定的控制方案对生产过程进行控制。这类软件一般统称为SCADA（Supervisory Control And Data Acquisition，监察控制和数据视觉采集）软件。目前，在PC机上流行的SCADA软件有FIX、Intouch、Lookout等。

第二章
Windows 操作系统知识(一)

第一节 Windows XP 操作系统概述

计算机操作系统是实现交互的工具,人们通过使用操作系统来实现控制、管理和使用计算机的软硬件资源。传统的操作系统是 DOS,它是一种单用户、单任务、字界面的操作系统。微软公司开发的 Windows 视窗操作系统,是一种多用户、多线程、图形界面的操作系统,屏幕上的每一个图标都代表一个应用程序。随着计算机技术的不断发展,操作系统也随之大为改进,Windows 的版本也在不断的升级。1995 年以后,微软先后推出 Windows 95、Windows98 和 Windows ME 系列 32 位操作系统,在 2000 年又相继推出了 Windows 2000 和 Windows XP 新一代的操作系统。Windows XP 是微软公司继 Windows 2000 之后推出的 Windows 2000 升级版,它集成了 Windows 2000 和 Windows 9x 的优点,采用的是 Windows 2000 的内核技术,同时继承了 Windows 98 的即插即用、便于操作等特性,并植入了新的网络单元和安全技术,具有全新的界面、高度的集成功能、牢固的安全性和便捷的操作性能。此外 Windows XP 还增加对多媒体的支持功能,可擦写光电刻录功能,是如今最理想的商用和家用操作系统。

一、Windows XP 的启动和退出

1. 启动 Windows XP

打开机器电源,即可以启动 Windows XP 系统。

2. 退出 Windows XP

Windows XP 为了有效地保护系统和用户的数据,提供了一种安全的关机退出模式。当用户完成工作后,按以下步骤关机:

(1) 单击桌面左下角的"开始"按钮,在弹出的"开始"菜单中选择"关闭计算机"选项。

（2）在弹出的"关闭计算机"对话框中，选择"关闭计算机"单选项。单击"是"按钮，系统进入关机过程，完成关闭计算机的工作。

二、Windows XP 桌面

启动 Windows XP 后，系统将进入图 2—1 所示的桌面。

图 2—1　Windows XP 桌面

Windows XP 的屏幕可以分为两部分：桌面和任务栏。其中桌面上放置的是常用的工具或应用程序的快捷图标。表 2—1 列出了 Windows XP 桌面的主要图标及相应功能。

表 2—1　　　　　　　　Windows XP 桌面的主要图标及相应功能

图标	名称	功　能
	我的电脑	用于管理用户的电脑资源
	回收站	用于放置被用户删除的文件或文件夹，以免错误的操作造成不必要的损失
	网上邻居	用于连接网络上用户并进行相互间的交流
	我的文档	用于管理用户自己的文档文件的文件夹
	IE 浏览器	用于浏览 Internet 的工具

"任务栏"的组成元素如图 2—2 所示。

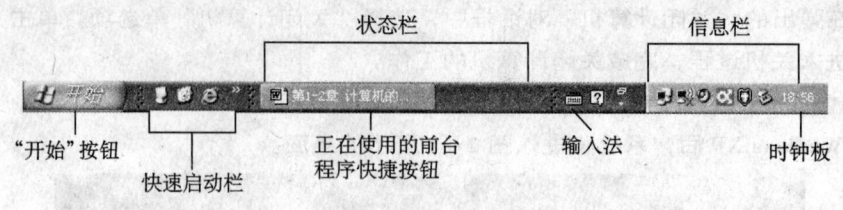

图 2—2 任务栏

三、鼠标的使用

1. 鼠标指针的形状

在 Windows XP 中，大部分操作都可以用鼠标完成。在正常情况下，鼠标指针的形状是一个小箭头。但是，在某些特殊情形下，鼠标指针会发生变化。表 2—2 列出了 Windows XP 在默认情况下最常见的几种鼠标指针形状。

表 2—2　　　　　　　　Windows XP 常见的几种鼠标指针形状

指针形状	含　义	指针形状	含　义
↖	正常选择	↕	垂直调整
↖?	帮助选择；按下鼠标左键将显示帮助信息	↔	水平调整
↖⌛	后台运行；计算机正在运行其他任务，允许同时进行鼠标选择	↘	沿对角线调整
⌛	忙；计算机正在运行其他任务，不允许进行鼠标选择	↗	沿对角线调整
＋	精确定位	✥	移动调整
Ｉ	文本输入	↑	候选
⊘	鼠标操作不可用	☝	链接选择；浏览网页时，表示指向超链接

2. 鼠标的基本操作

最基本的鼠标操作有以下几种：

指向：将鼠标指针移动到某一位置上。

单击左键（简称单击）：按下和释放鼠标左键。

单击右键（简称右击）：按下和释放鼠标右键。

双击：在极短的时间内连续两次单击鼠标左键。

拖动：按住鼠标左键并移动鼠标到指定位置后，释放鼠标。

四、窗口的组成及操作

Windows 环境下的应用程序都是以窗口形式为界面的，每个打开的程序在桌面上都有一个窗口（见图 2—3）。

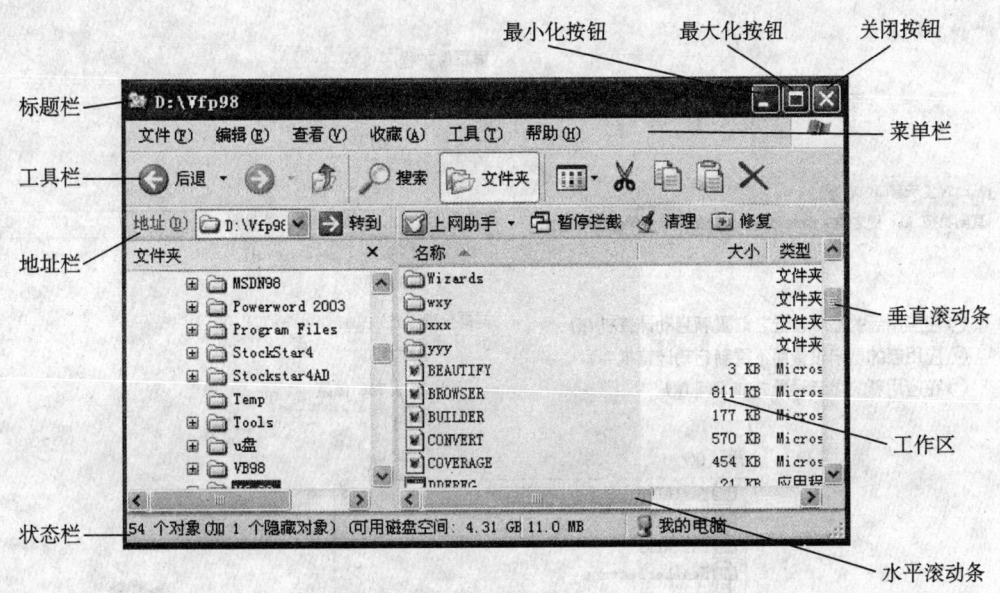

图2—3 窗口的组成

1．窗口的组成

标题栏：位于窗口的顶部。标题栏上的文字是窗口的名称。在标题栏的最左边是控制菜单图标，最右边是"最小化""最大化/还原""关闭"按钮。

菜单栏：位于标题栏的下面，它由多个菜单构成，每个菜单含有多个菜单选项，分别用于执行相应的命令。

工具栏：提供一些与菜单命令功能相同的按钮。单击按钮执行相应的命令。

状态栏：位于窗口的底部，显示的是窗口的状态信息。

地址栏：在地址栏内直接输入文件的位置以查看某文件的内容，或输入 Web 地址查看 Internet 资源，或单击地址栏右侧的三角标记，在下拉列表中选择要查看的内容。

工作区：窗口的内部区域，含有被操作的对象。

滚动条：当窗口工作区容纳不下所显示的内容时，工作区右侧或底部就会出现滚动条。滚动条包括滚动箭头和一个滚动块。

2．窗口的操作

窗口的移动：把鼠标指针移动到一个打开窗口的标题栏上，按下鼠标左键不放，拖拽鼠标，将窗口移动到要放置的位置，松开鼠标左键。

窗口的缩放：把鼠标指针移动到窗口的边框或窗口角上，鼠标光标会变为双箭头光标。按下鼠标左键不放，拖拽鼠标使该边框到新位置，当窗口大小满足要求时，释放鼠标左键。

窗口的关闭、最大化、最小化：单击窗口右上角的相应按钮，就会执行相应的操作。

五、对话框

对话框是系统和用户之间交互的界面，用户通过对话框向应用程序输入信息。图2—4是一个对话框实例，其中包含了7种对话框元素。

对话框中的各元素使用情况和功能如下：

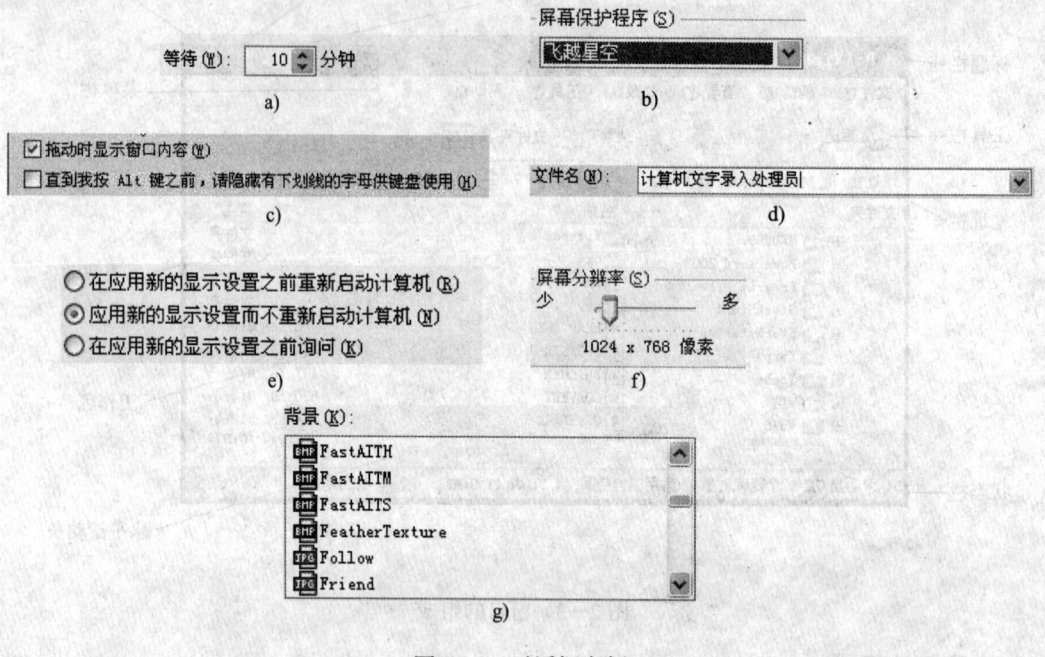

图 2—4 对话框实例

a）数值选择框 b）下拉式列表框 c）复选框
d）文本输入框 e）单选框 f）滑块 g）列表选择框

1．数值选择框

单击其中的小箭头按钮，可以更改其中的数字值，或用键盘输入数值。

2．下拉式列表框

单击箭头按钮可以查看选项列表，再单击要选择的选项。

3．复选框

单击标题，复选框中出现"√"符号，选项就被选中。可选择多个选项。

4．文本输入框

可以在其中输入文本内容。

5．单选框

单选框有多个选项，同一时间只能选其中一项。

6．滑块

用鼠标拖动设置可连续变化的量。

7．列表选择框

单击滚动箭头，可以滚动显示列表。然后用鼠标单击其中的项目。

六、菜单和工具栏

1．菜单

（1）打开和关闭菜单

菜单栏只有一行，位于标题栏的下面。

打开：将鼠标指针移到菜单栏的某个菜单选项上，单击可打开菜单，也可以按 Alt 键和方向键来选择菜单选项和打开菜单。

关闭：在菜单外面的任何地方单击鼠标，可以取消菜单显示，也可以按 Alt 键和

Esc 键。

(2) 菜单中的命令项

菜单中常常有一些特殊标记，如图 2—5 所示。系统对这些特殊标记有如下约定：

灰显的：表示该选项单当前不可使用。

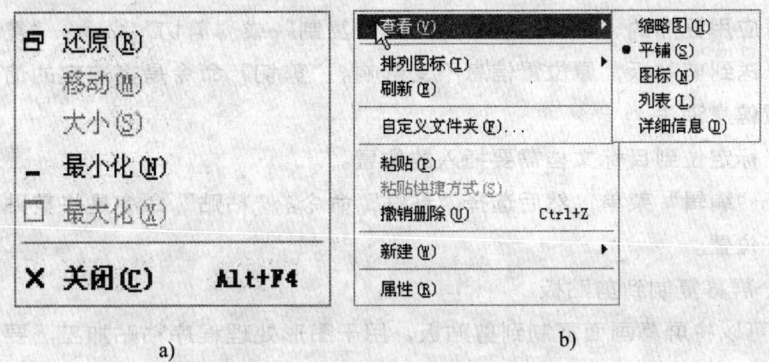

图 2—5　菜单中的特殊标记

后带省略号（...）：表示选择这样一个命令时，在屏幕上会显示出一个对话框，要求输入必需的信息。

前有复选标记（√）：出现在命令前的复选标记指出这是个开关式的切换命令，在每次选取了它时，它在打开和关闭之间交替变换。有"√"表示"打开状态"（Active）。

前带点（·）：表示当前选项是多个相关选项中的排他性选项，该点表示了当前的选中设置。

后带三角形（▶）：表示该命令有一个级联菜单，单击会出现子菜单。

带下划线的字母（_）：表示该命令的热键。

后带有快捷键：表示命令可以不打开菜单而直接执行。如图 2—5 中"关闭"图标后的 Alt + F4。

(3) 快捷菜单

快捷菜单用于执行与鼠标指针所指位置相关的操作。右击桌面的不同对象，将弹出不同的快捷菜单，快捷菜单是 Windows XP 中无处不在的一种上下文相关特性。要显示一个快捷菜单，可将鼠标指针指向对象并单击鼠标右键。例如，图 2—6 所示为在"我的电脑"图标上右击出现的快捷菜单。

2．工具栏

工具栏是为了方便用户使用应用程序而设计的。用鼠标直接单击图标按钮可以执行相应的菜单命令，免去频繁查找菜单中的命令。在工具栏上右击，可以在出现的快捷菜单中进行菜单的设置。

七、剪贴板

剪贴板是 Windows 系统为了传递信息在内存中开辟的临时存储区，通过它可以实现 Windows 环境下运行的应用程序之间的数据共享。

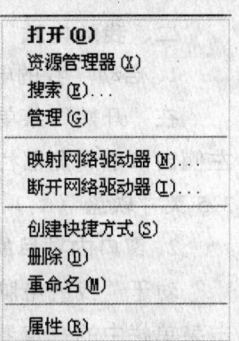

图 2—6　快捷菜单

1．通过剪贴板在应用程序之间或应用程序内传递信息

首先须将信息从源文档复制到剪贴板，然后再将剪贴板中的信

息粘贴到目标文档中,操作的步骤如下:

(1)选择要复制或剪切的信息。对文本信息的选择方法是移动鼠标指针到要选定的区域的左上角,按下鼠标左键不放,移动鼠标指针到右下角,放开鼠标。系统将改变选择部分的颜色以表示所选中的区域。

(2)打开应用程序的"编辑"菜单,选择"复制"或"剪切"命令。"复制"命令是将选定的信息送到剪贴板,原位置信息不受影响。"剪切"命令是将选定的信息移动到剪贴板,原位置信息消失。

(3)将光标定位到目标文档需要插入的位置。

(4)打开"编辑"菜单,然后选择"粘贴"命令。"粘贴"命令是将剪贴板的信息复制到当前光标位置。

2. 将整个屏幕复制到剪贴板

Windows 可以将屏幕画面复制到剪贴板,用于图形处理程序粘贴加工。要复制整个屏幕,按 PrintScreen 键。要复制活动窗口,按 Alt + PrintScreen 键。

第二节 Windows XP 中的"我的电脑"和"资源管理器"

文件管理是操作系统的重要内容。在 Windows XP 中,可以利用"我的电脑"和"资源管理器"进行文件管理。

一、文件和文件夹

在计算机中,需长时间保存的信息都应存储在外存储器上。按一定格式建立在外存储器上的信息集合称为文件。

1. 文件的命名规则

在 Windows 中,系统允许用户使用几乎所有的字符来命名文件,不允许使用的字符仅有如下的几个:\、/、:、*、?、<、>、"、|。

Windows XP 系统支持长文件名(最多可以有 255 个字符)。

2. 文件夹

文件夹是存放文件的区域,相当于 DOS 中的目录。文件夹还可以含有文件或下一级文件夹,从而形成树状层次结构。

二、我的电脑

1. 启动"我的电脑"

在"开始"菜单中选择"我的电脑",将会显示"我的电脑"窗口,如图2—7所示。左侧窗口是浏览器栏,右侧窗口显示了本台计算机中存储的文件、文件夹、存储设备,如3.5英寸软盘(A:)、本地磁盘(C:)、本地磁盘(D:)和光盘驱动器等。

2. 窗口内项目的显示方式

对于"我的电脑"右侧窗口中的图标,可根据需要按不同方式来显示。方法是通过单击菜单栏中的"查看"选项,或工具栏上的"查看"按钮,在其下拉菜单中选择"缩略图""平铺""图标""列表""详细信息"五种命令方式来改变显示方式。如图2—8所示是以详细信息方式来显示"我的电脑"窗口中的内容。

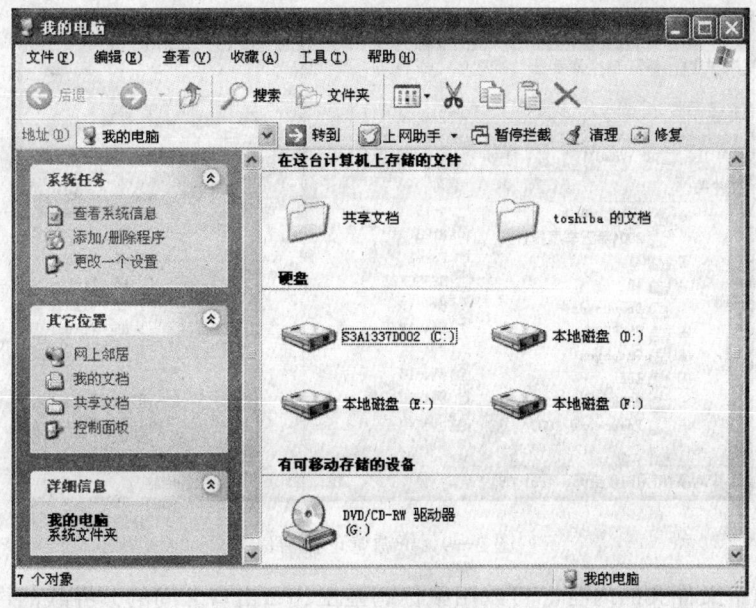

图 2—7 "我的电脑"窗口

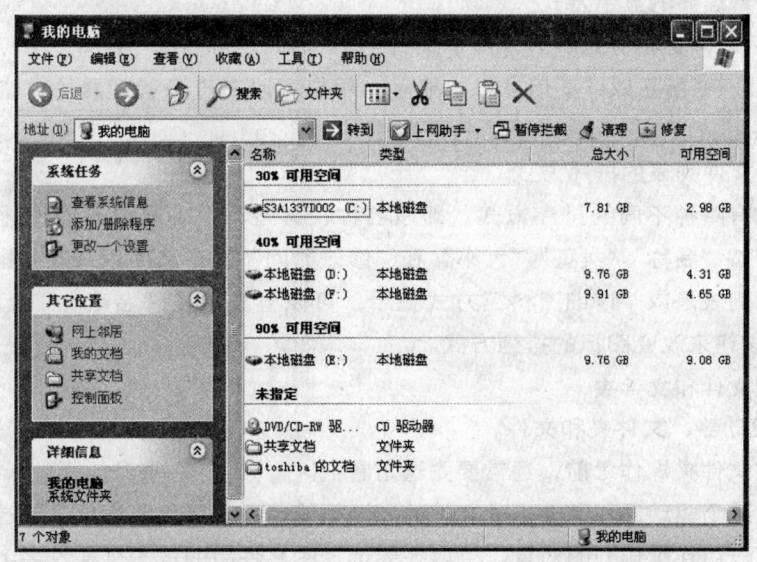

图 2—8 以详细信息方式显示"我的电脑"窗口中的内容

三、资源管理器窗口

1．资源管理器的启动

打开"开始"菜单，将鼠标指向"程序"，单击"资源管理器"项，便进入"资源管理器"窗口。用户也可以通过"开始"或"我的电脑"，单击右键由快捷菜单进入"资源管理器"。如图 2—9 所示。

2．资源管理器简介

（1）资源管理器的组成

资源管理器窗口分为两部分，左边的小窗口称为"文件夹"窗格，它以树形结构表示了"桌面"上的所有对象。右边的小窗口称为"文件列表"窗格，它显示左边"文件

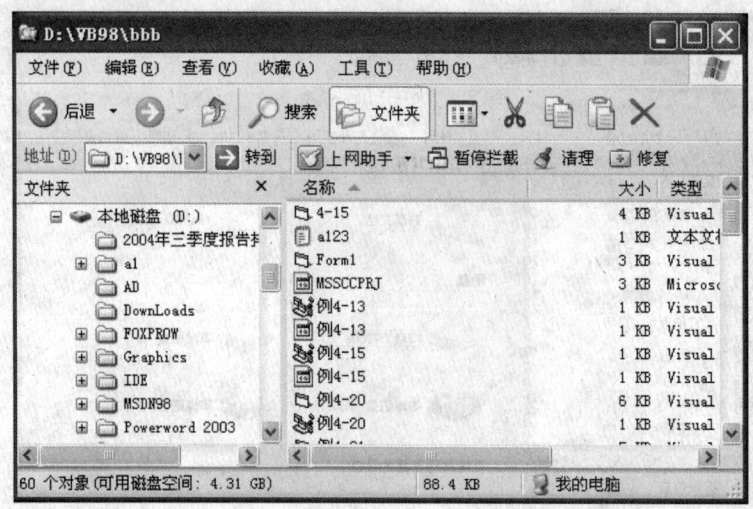

图 2—9 资源管理器窗口

夹"窗格被选中文件夹的内容。可以用鼠标调整左、右窗口之间的分界线的位置,从而调整左右窗口的大小。

(2) 资源管理器的显示方式

"文件夹列表"窗格有五种方式显示文件列表,即:缩略图、平铺、图标、列表、详细信息。如图 2—8 所示以详细信息方式显示。用户可以在资源管理器的"查看"菜单中设置显示方式。

(3) 改变文件列表的排序方式

文件列表有四种不同的排序方式,即按名称、类型、大小或修改时间排序。在"查看"菜单中有按"名称""类型""大小"和"修改时间"四个选项用来改变排序方式。

如果文件列表是以"详细资料"方式显示,可以直接单击"名称""大小""类型""修改时间"按钮来改变图标的排列方式。

四、管理文件和文件夹

1. 选定驱动器、文件夹和文件

对文件或文件夹操作之前,通常要先选定它们。

(1) 选定某个驱动器、文件夹或文件的方法很简单,只需用鼠标单击要选定的目标。

(2) 选定一组连续排列的对象,可以在要选择的文件组的第一个文件名上单击,然后把鼠标指针指向该文件夹的最后一个文件,按下 Shift 键并同时单击鼠标。

(3) 在按下 Ctrl 键的同时,选定一组并非连续排列的对象,可以用鼠标单击每一个要选择的文件或文件夹。

(4) 选定多组不连续排列的文件可以先选定第一组文件。对于其他各组文件,按 Ctrl 键并单击某组第一个文件,再按 Ctrl + Shift 键,单击该组最后一个文件。

2. 创建新文件夹

创建新文件夹的步骤如下:

(1) 在"资源管理器"左边的"文件夹"窗格中单击要在其中创建新文件夹的驱动器或文件夹。

(2) 右击"文件列表"窗格的空白处,从弹出的快捷菜单中选取"新建"子菜单下的

"文件夹"选项（见图2—10）。这时"文件列表"窗格的底部将出现一个名为"新建文件夹"的文件夹图标，并反白显示文件夹名。

(3) 键入新文件夹的名字后，按 Enter 或鼠标单击其他地方确认。

3．创建新文件

创建新的空文件的方法是：

(1) 在"资源管理器"左边的"文件夹"窗口中，选中要在其中创建新文件的驱动器或文件夹。

(2) 右击"文件列表"窗格的空白处，从弹出的快捷菜单中选取"新建"子菜单中选择文件类型。如果想创建一个文本文件，就选取"文本文档"选项，如图2—10所示。

(3) 键入新的文件名，按 Enter 或用鼠标点击其他地方确认。

4．移动/复制文件或文件夹

移动与复制的不同在于，移动时文件或文件夹从原位置被删除，并被放置到新位置；而复制时文件或文件夹在原位置仍然保留，仅仅是将副本放到新位置。

移动/复制文件或文件夹的方法是：

(1) 用鼠标左键移动/复制文件或文件夹。

1) 在"资源管理器"的"文件列表"窗格中选定要操作的文件或文件夹。

2) 然后用鼠标左键将它们拖放到"资源管理器"的"文件夹"窗格的目标文件夹上。

3) 若用户拖动鼠标的同时按下了 Ctrl 键，按下则执行复制操作；否则执行移动操作。若是复制操作，在拖动对象时图标的左下角有一个"+"号图形。

(2) 用鼠标右键移动/复制文件或文件夹

1) 在"资源管理器"的"文件列表"窗格中选定要移动或复制的文件或文件夹。

2) 然后用鼠标右键将它们拖放到"资源管理器"的"文件夹"窗格的目标文件夹上，这时出现如图2—11所示的快捷菜单。

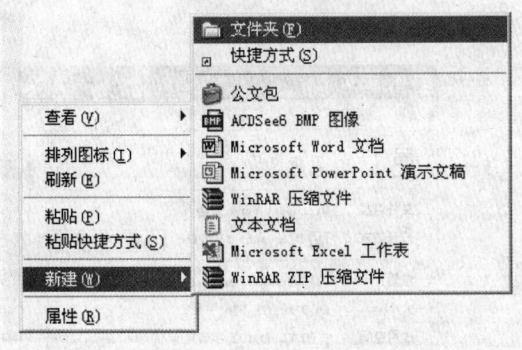

图2—10 创建文件夹

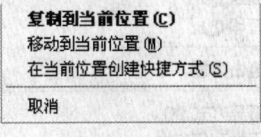

图2—11 复制快捷菜单

3) 移动操作选择"移动到当前位置"菜单选项。复制操作选择"复制到当前位置"选项。

(3) 用剪贴板移动/复制文件或文件夹

1) 在"资源管理器"的"文件列表"窗格中选定要操作的文件或文件夹，并在其上右击鼠标，要复制文件或文件夹则在快捷菜单上选择"复制"选项，要移动文件或文件夹则选择快捷菜单上的"剪切"选项。

2) 在目标驱动器或文件夹上右击，在弹出的快捷菜单上选择"粘贴"选项。

(4) 复制文件和文件夹到软盘

1) 选择要复制的对象。

2) 用鼠标右击选定的对象,在快捷菜单中单击"发送到"菜单下的"3.5英寸软盘"选项。

5. 删除文件或文件夹

选定要删除的文件或文件夹,在选定的文件或文件夹上右击,在弹出的快捷菜单上选择"删除"命令,如图2—12所示。出现确认删除提示框,如果确定要删除,单击"是"按钮,否则单击"否"按钮。

需要说明的是,这里的删除并没有把选中的文件或文件夹真正删除掉,只是将选中的文件或文件夹移到了"回收站"中,这种删除是可恢复的。

6. 文件或文件夹的更名

选定要更名的文件或文件夹,单击其文件名或者选择快捷菜单中的"重命名"命令。这时文件名呈可修改状态,输入新的文件名,按 Enter 或用鼠标点击其他地方确认。

7. 显示和修改文件属性

文件的属性有:只读和隐藏。

只读:只能查看其内容,不能修改。如果要保护文件或文件夹以防被改动,就可以将其标记为"只读"。

隐藏:表示该文件或文件夹是否被隐藏,隐藏后如果不知道其名称就无法查看或使用此文件或文件夹。通常为了保护某些文件或文件夹不轻易被修改或复制才将其设为"隐藏"。

要显示和修改文件的属性,具体操作如下:

(1) 右击要显示和修改属性的文件。

(2) 从"文件"或快捷菜单中选取"属性"命令,这时出现文件"属性"对话框,如图2—13所示。

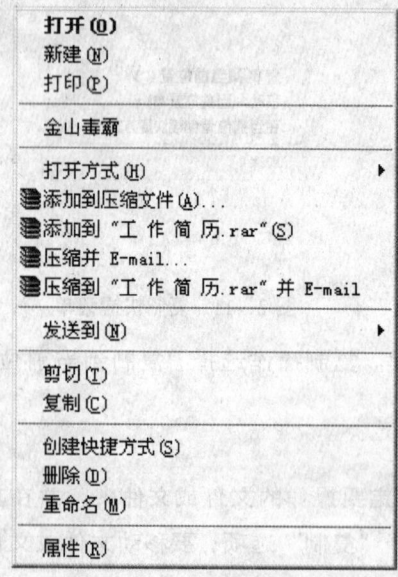

图2—12 删除文件

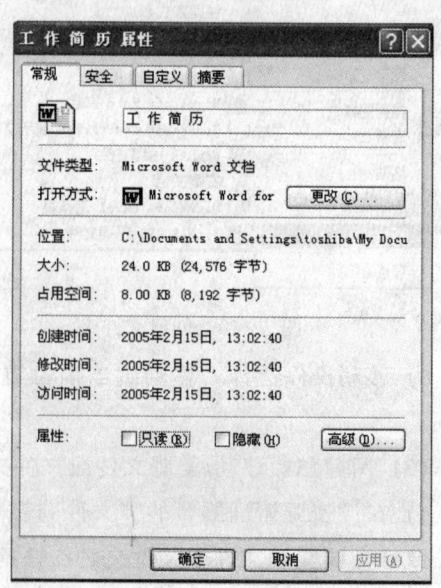

图2—13 文件属性

(3) 若要修改属性，单击相应的属性复选框，当复选框带有选中标记时，表示对应的属性被选中。

(4) 单击"确定"按钮。

8. 搜索查找文件或文件夹

在使用计算机的过程中，用户会不断创建新的文件或文件夹。当文件或文件夹越来越多时，有时很难准确知道某个文件或文件夹存放在磁盘中的具体位置。因此，利用工具来搜索查找某个文件或文件夹就显得十分必要。Windows XP 内置有功能强大的搜索查找工具，可以帮助用户搜索查找文件、文件夹、计算机甚至 Web 站点。

在 Windows XP 中，可以按以下几种步骤来执行"搜索"命令。

(1) 在"开始"菜单中选择"搜索"，打开搜索结果窗口，如图 2—14 所示。

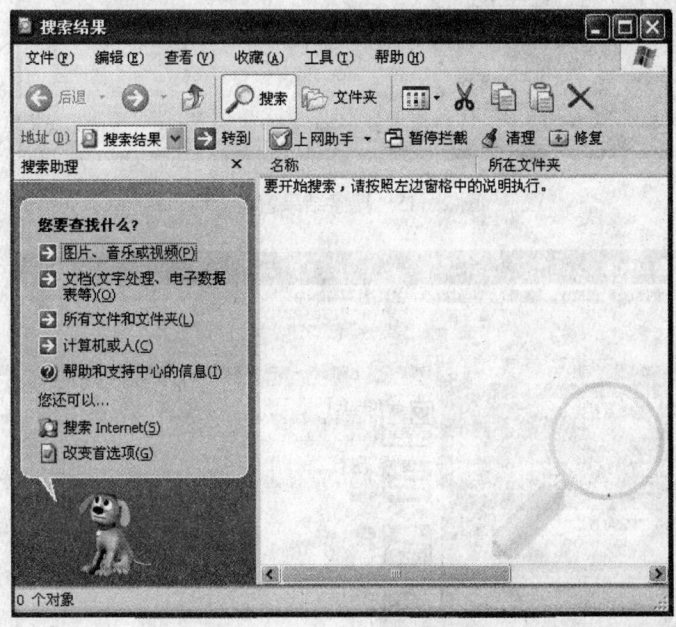

图 2—14 搜索结果窗口一

(2) 如果对文件或文件夹进行搜索，则选择左窗口中的"所有文件和文件夹"进入图 2—15 所示窗口。在"全部或部分文件名"文本框中，输入想要查找的文件和文件夹的名称。如果不知道文件的全称，或者想查找所有类似名称的文件或文件夹，那么可以使用通配符（*和?）。其中，"*"通配多个字符，如"Stu*"，可以找到"Student"和"Study"等文件或文件夹；而"?"通配一个字符，如"Stu?"只能找到"Stu1""Stue"和"Stu5"等文件或文件夹。

然后单击"搜索"按钮，搜索开始，搜索结束后，将在右窗口显示搜索结果。

五、"回收站"的使用

从 Windows XP 中删除文件或文件夹时，所有被删除的文件或文件夹并没有真正删除。而是临时存放在"回收站"中。利用"回收站"，可以对偶然误删除的文件或文件夹进行恢复。双击桌面上的"回收站"图标，即可打开"回收站"窗口（见图 2—16）。

1. 恢复文件或文件夹

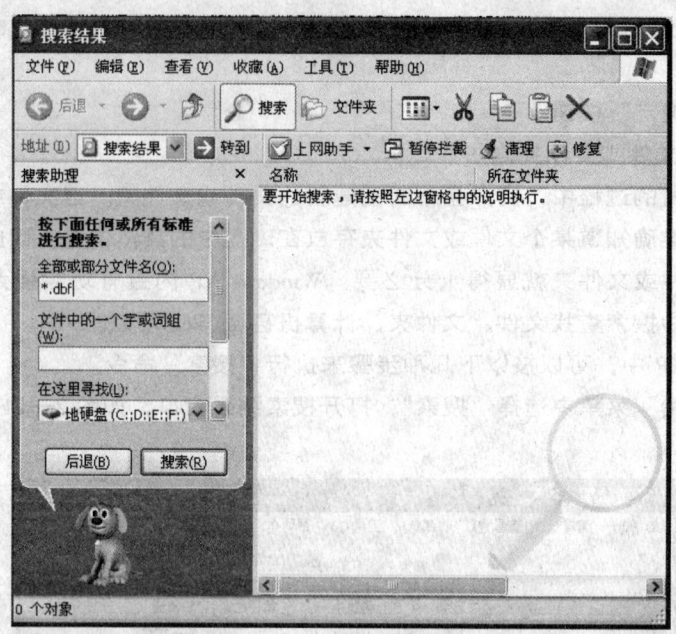

图2—15 搜索结果窗口二

图2—16 回收站窗口

要恢复文件或文件夹，方法为：

（1）从"回收站"窗口中找到要恢复的文件或文件夹，选中它们。

（2）选择"回收站任务"菜单中的"还原所有项目"命令，文件或文件夹就恢复到原来的位置。

2．清空"回收站"

如果要永久性删除所有的文件或文件夹，可以选择"回收站任务"菜单中的"清空回收站"命令。还可以选择某个或某些文件，然后选择"文件"菜单的"删除"命令来加以删除。文件被永久性删除后，就不可以再恢复。

第三章

文字处理基本知识

第一节 印刷文字常识

一、印刷文字的规格与制式

印刷文字排版中字形大小的计量，采用印刷业传统的号数制、点数制。

1．点数制

是国际上通行的一种印刷字形计量方法。"点"并不是计算机字形的点阵，而是传统计量字大小的单位，来自英文 point 的译音，一般用小写的英文 p 表示，俗称"磅"。换算关系是：

$$1\ p = 0.351\ 46\ mm \approx 0.35\ mm$$

$$1\ p（磅）= 1/72\ 英寸（1\ 英寸 = 25.4\ mm）$$

点数制的单位比较小，字的大小可以灵活地变化，更适合排版中字形的计量。电子排版系统中，实际上采用的是以号数为主、点数为辅的混合制式。

2．号数制

是将一定尺寸的字形按号排列，号数越高，字形越小。号数制是我国目前表示字形规格最广泛的方法。

3．制式换算

在电子排版系统中，点数制与号数制并存使用，互为补充，两者之间的换算关系见表3—1。

二、标点符号

1．排版中的标点符号

根据国家有关部门发布的《标点符号用法》，规定了十六种标点符号的用法及排法，见表3—2。

表3—1　　　　　　　　　　　印刷字号、磅数换算表

字号	单位（p）	单位（mm）	主要用途	字样
小七号	5	1.75	叠排公式角标	计算机录入员
七号	5.25	1.84	排角标	计算机录入员
小六号	7.78	2.46	排角标、注文	计算机录入员
六号	7.87	2.8	排脚注、版权、注文	计算机录入员
小五号	9	3.15	排注文、报刊正文	计算机录入员
五号	10.5	3.67	书刊报纸正文	计算机录入员
小四号	12	4.2	标题、正文	计算机录入员
四号	13.75	4.81	标题、公文正文	计算机录入员
三号	15.75	5.62	标题、公文正文	计算机录入员
小二号	18	6.36	标题	计算机录入员

表3—2　　　　　　　　　　　符号及排法规则

序号	名称	符　号	排　法　规　则（横排）
1	句号	。	不允许出现在行首
2	逗号	，	不允许出现在行首
3	问号	？	不允许出现在行首
4	叹号	！	不允许出现在行首
5	顿号	、	不允许出现在行首
6	分号	；	不允许出现在行首
7	冒号	：	不允许出现在行首
8	引号	" "	前半部分不允许出现在行尾；后半部分不允许出现在行首
9	括号	（ ）	前半部分不允许出现在行尾；后半部分不允许出现在行首
10	破折号	——	居中占两字位置，回行时中间不允许拆开
11	省略号	……	居中占两字位置，回行时中间不允许拆开
12	着重号	×××	排在字符下方
13	连接号	—或～	居中排，不允许出现在行首
14	间隔号	·	居中排
15	书名号	《 》	前半部分不允许出现在行尾；后半部分不允许出现在行首
16	专名号	××或××	仅用在古籍或文史著作中，排在字符下面

书刊排版中还有列出的一些特殊符号：

隐讳号×××　　　虚缺号□□□　　　星号　＊　　　六角括号〔　〕

方括号 [ ]　　　　黑月牙【 】　　　　小数点·　　　斜线号 /

2．标点符号的形式及排法

标点符号在版面上占一个汉字的位置，叫"全角"或"全身"；占半个汉字的位置，叫"对开"。具体排法上有下面几种形式：

(1) 开明制

仅句号、问号、叹号占一个汉字的位置（全身），其他标点符号全部占半个汉字位置（对开）。目前大多数出版物都是采用这种制式。

(2) 全身制

所有标点符号全部占一个汉字的位置，所以叫"全身制"。但当两个标点符号排在一起时，前一个采用对开，以免过于稀疏。

(3) 全对开制

全部标点符号都排成对开。有些工具书的排版采用这种制式。

破折号（——）、省略号（……）这一类符号比较特殊，只能是全身的。

第二节　排版工艺常识

一、版面结构

1．图书版面结构

如图 3—1 所示是图书版面结构示意图。

2．报纸版面结构

如图 3—2 所示是报纸版面结构示意图。

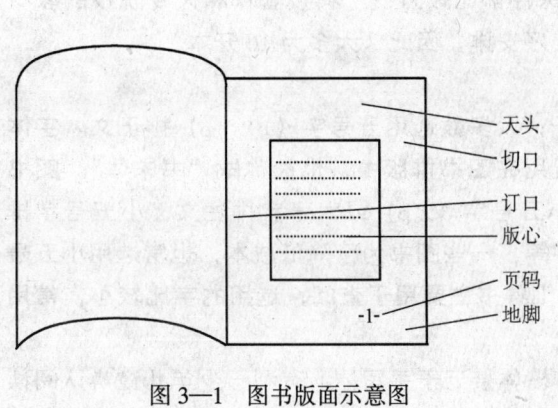

图 3—1　图书版面示意图

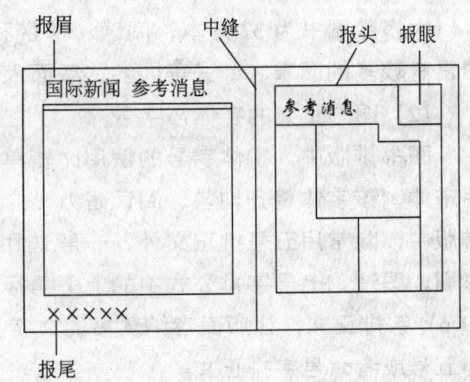

图 3—2　报纸版面示意图

二、常见出版物的规格

1．外形尺寸及开本

印刷出版物的大小都有一定的规格，通常称为"开数"，也叫"开本"。从造纸厂生产出来的纸叫全张纸或全开纸，印刷用纸一般都是对折裁切，既节约纸张，又方便加工。开数是以一张标准全张纸裁切成多少张小纸来定义的。例如，一张纸裁成 16 张，就叫 16 开，裁成 32 张小纸，叫 32 开，如图 3—3 所示。由于纸张品种规格不同，同一开本的书刊大小可能不一样。

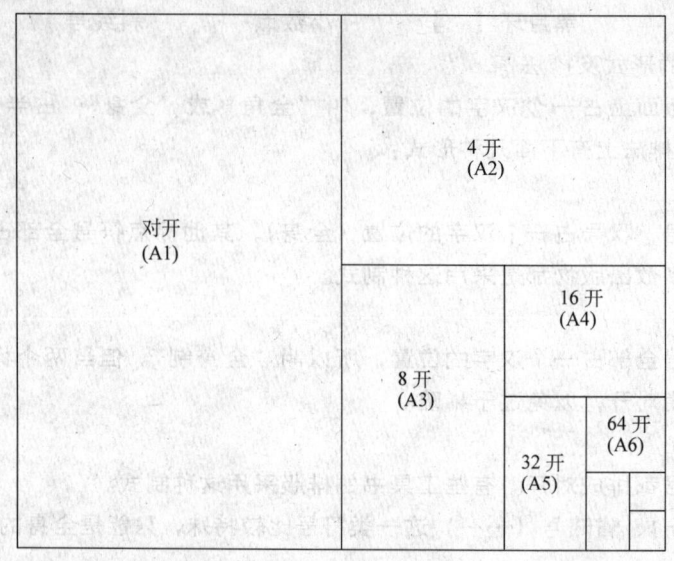

图 3—3 纸张正常开法示意图

印刷出版物幅面大小的国际标准有 A、B 两个系列，并采用标准全张纸的对折次数来表示开本大小。例如，A 系列全张纸为 A0，对折一次为 A1，对折两次为 A2，对折三次为 A3（相当于 8 开），对折四次为 A4（相当 16 开），依此类推。B 系列纸张也用同样道理可以分为 B0、B1、B2、B3、B4、B5、……。图 3—3 为纸张开法系统参数（以 A 系列纸为例）。

三、常见印刷品规格及用字

1. 图书

（1）图书开本幅面

大多数图书为 32 开本，阅读、携带和保存都比较方便。科技著作和大专院校的教材中常有较多的图表、公式等内容，版面大些好安排，因此，大多为 16 开本。

（2）图书正文的字体与字号

图书排版中，字体字号的使用比较单一，大多数选用五号字（10.5 p）排正文。字体用宋体，该字体整齐均匀、阅读省力，广泛用在图书排版中，也被称做"书宋体"。图书排版中，除常用五号排正文外，一般选用小五号字（9 p）或六号字排注文，小五号字排书眉、图注，七号字排公式中的上下角标字等。一些图书为了降低成本，也常选用小五号（9 p）字排正文，让版面容纳更多的文字。工具书主要用于查阅，选用的字比较小，常用小五号或者六号字排正文。

小学教科书和儿童读物常用楷体字排，楷体接近于手写体，有利于少年儿童辨认阅读和学习书写。这类图书的字号常选用四号或者小四号字。

2. 公文

（1）公文开本幅面

根据国家有关规定，公文全部采用 16 开本，并逐步过渡到国际标准的 A4 幅面。

（2）公文正文用字

公文一般篇幅不长，为方便阅读，更为显示其重要性，正文字比较大，一般用三号字（16 p）或者四号字（14 p）。有些内容多、资料性强的公文采用五号书宋体，如《国务院公报》等。

(3) 公文正文字体

我国公文正文的用字大多采用仿宋体，仿宋体字笔锋突出，笔画清瘦，风格古朴刚健，排出的版面比较清秀。仿宋体字的适读性也很好，适合于仔细地阅读。公文排版有的也使用楷体或者宋体字。

3．杂志期刊

（1）杂志期刊开本幅面

杂志期刊的开本多数采用 16 开，少量用 32 开，国内不少杂志期刊已经采用国际标准的 A4 幅面。这类出版物的特点是页数不是很多，印量较大，大多为一次性阅读，需考虑方便邮寄，因此，选择开本尺寸比报纸小，比图书大。

为方便印刷和机器装订配页，杂志期刊的页数大多为 32、48、64 等能被 16 整除的数字，装订采用简单的"骑马订"。

（2）杂志期刊正文用字

目前，少量的政治理论刊物、科技学报、大型文学杂志用五号字，大多数杂志期刊为了在有限的版面中容纳更多的内容信息，正文选用小五号字（9 p），少量的用六号字。杂志期刊中用字比较灵活多样，如一般正文用小五号字，遇到重要的文章，有时就采用五号字，有些内容较长的则用六号字。

杂志期刊中正文字体的选用也较灵活，一般以宋体字为主，同时也常用仿宋体、楷体、报宋体，近年来又流行细等线体、细圆体。期刊版面比较重视不同文章字体上的变化及搭配，富于变化。

4．报纸

（1）开本幅面

报纸的幅面一般都比较大，时效性强、新闻容量大、图片多、信息集中，方便人们的浏览性阅读。常见的报纸幅面有两种：大报用对开纸，对折，版面为 4 开；小报用 4 开纸对折，版面为 8 开。

（2）报纸正文的字体与字号

报纸正文排版以小五号字为主，有些报纸头版用小五号字，其他各版面用六号字排印；也有一些小报全用六号字排印。

报纸的正文采用报宋体，这种字体与书宋体基本相同，只是竖笔画变细，使字形的横、竖笔画宽度基本一致，排出的版面清爽悦目。报纸中的评论文章、社论、诗歌等内容多用仿宋体、楷体字以及细等线体。

目前，印刷出版业常见的字体、字号用法见表 3—3。

表 3—3　　　　　　　　　常见的出版物正文用字

名　称	正文字体	正文字号
图书	宋体	五号（10.5 p）、小五号（9 p）
工具书	宋体	小五号（9 p）、六号（7.87 p）
报纸	报宋	小五号（9 p）、六号（7.87 p）
公文	仿宋	三号（15.75 p）、四号（14 p）
期刊杂志	宋体为主	五号（10.5 p）、小五号（9 p）、六号（7.87p）

5．正文排版中的行距

文字的行与行之间必须留出一定的间隔才方便阅读，这种行与行之间的空白间隔就叫

"行距"。版面正文之间的行距应适当,行距过大显得版面稀疏,行距过小则阅读困难。行距一般都是根据正文字号来选定,可以得出如下的经验数据:公文行距一般为正文字大小的 2/3～1;图书行距一般为正文字大小的 1/2～2/3,工具书、辞书行距一般为正文字大小的 1/4～1/2;报纸行距一般为正文字的 1/4～1/3。

四、排版禁则

排版中对版面和文字的排列有一些基本的规则和要求,俗称"版面禁则"。下面介绍排版禁则的主要内容。

1. 标点符号排版禁则

可以归纳如下:

(1) 句号(。)、问号(?)、叹号(!)、逗号(,)、顿号(、)、分号(;)、冒号(:)不得出现在一行之首,防止出现"顶头点"现象。

(2) 引号("")、括号(())、书名号(《》)的前一半[即",(,《]不得出现在一行之末,它们的后一半[即",),》]不得出现在一行之首。

(3) 破折号(——)和省略号(……)占两个字的位置,允许出现在行首或行末,但不能中间断开,连接号(—)和间隔号(·)一般占一个字的位置。这四种符号上下居中。

(4) 横排时,着重号、专名号和浪线式书名号标在字的下边。

2. 字行排版禁则

每个自然段行首空两格。

(1) 单字不占行

即一行中不能只有一个字。数字和外文字母不允许出现单个字符占一行的现象。一行只有一个汉字,后面跟随着一个标点符号的情况是允许的。

(2) 单行不占页

即不允许一面中只有一行文字。一般要求至少有三行才能占一页,出现单行时可以用"缩行"的方法,将多出的一二行挤到上一版,或用"扩行"或"强制换页"的方法将上一版的部分内容排到下一版。

3. 转行排版禁则

数字转行时,不允许从一组数码中间断开转行,外文转行时,要符合该语种的回行要求,转行后不能在行首或行末留一个字母(一个字母的单词例外),公式不应在页末处转行(特殊情况除外)。

总之,遇到不可分开的内容时,不允许中间断开回行,如一串数字、化学元素符号等。

4. 标题排版禁则

(1) 背题

是指标题与正文背离。背题现象就是标题出现在版面的最下一行,题下无正文,这在排版中是不允许的。

(2) 对题

是指期刊杂志的对版处,两个版面上的标题按同一种排法,排在同一个位置上。如出现对题现象可以通过调整标题排列方式来解决,如一个标题横排,另一个标题竖排。

五、版式标注

原稿在排版之前,作者或编辑要对排版提出一些要求,复杂的期刊、报纸版面还要由有关编辑专门进行版式设计。版式批注是用简洁的语言形式来表达排版要求，一般用红笔在原稿上标出，简洁明确地提出版式要求，一般应在版式批注说明文字下面逐个画圈，表示不是正文的文字。看懂版式批注，正确理解作者、编辑的意图，是从事电子排版工作的基本要求。

常见的版式批注主要有下面四种：

1. 字体、字号批注

例如，二黑——二号黑体字；三仿——三号仿宋体字；四楷——四号楷体字；五宋——五号书宋体字。

2. 字体、字号和所占位置批注

例如，二黑三行居中——二号黑体字，占三行，内容排在中间位置；三标宋三行——三号标题宋体字，占三行；五楷两行——五号楷体字，占两行位置。

3. 行间距离批注

例如，五对开条——五号字的 1/2 间距；五号三开条——五号字的 1/3 间距；＊2——正文字号的 1/2 间距（用 BD 批处理注解形式）。

4. 其他批注说明

在版式批注中还有其他一些标注形式。如在一些文字下面画线，并注明画线者全部排为黑体字等，有一些批注采用校对符号。例如：

＃、∨——字间空一个字或加空；

⟊ ⟋ ⟌——分别表示字间空 1/2、1/3、1/4 距离；

××××——线上的外文排斜体；

××××——曲线上的汉字排仿宋体，外文排黑体；

××××——线上的外文排黑斜体；

××××——汉字下划虚线的排宋体；

Ā——外文字母上画两条线的表示该字母改为小写；

a̲——外文字母下画两条线的表示该字母改为大写。

版式批注目前没有统一的规定，大都按各自的传统习惯标注，上面所举的例子也只是某些出版部门的习惯用法。

第三节 校对知识

一、校对的职责

校对是一项重要的质量检查工作。校对的主要职责，一是依据原稿核对校样，消除校样中与原稿不相符的文字、符号、标点、图表及版式等错误；二是尽可能发现原稿中的疏漏、差错等其他疑难问题（如错别字、不规范的字、整体格式不统一等），予以适当的处理。除此之外，校对者有时还要承担诸如修改原稿语法错误、纠正不规范的版式等编辑工作。

在正式的图书出版部门，一部书稿在排版过程中往往由多人校对，但还要有一个责任校对，重点负责全书的核对整理、统一协调等工作。

校对与排版工作联系密切，从事电子排版工作也需要熟悉掌握校对知识，能够看懂各种校对符号，理解编辑、校对人员的意图，正确完成改版工作，必要时也应能够进行校对。

二、校对过程及要求

校对工作有一套完整的工作规范和方法。一般说来，正式出版物从原稿输入到最后成品付印，起码要进行三次校对，以确保文字排版质量，校对贯穿于排版工作的始终；排版者要根据校样上的删改标注进行改版。三次校对并不是说一定要改三次版，有时可以对一份差错不多的校样连续进行二次或三次校对，这种情况叫"连校"。连校可以减少改版次数，节省时间。对于不同的排版印刷物及工作方式，校对的过程也有所不同，但总的说来，大致可分为初校、二校、三校、核红这样一个过程。

1．初校

初校也是一校，是整个校对工作的基础，对整个校对过程的好坏影响很大。初校应依照原稿把校样上的错字、丢字、多字等错误基本排除，版式上注意检查是否符合原稿批注的要求，如标题、表题、图题和版面上的字体、字号等。

2．二校

二校是对一校的补充，进一步消除初校中遗留的错误和问题，并对版面格式进行检查。

3．三校

三校具有最后把关的责任，一般由业务比较过硬的校对人员担任。在进行严格认真的文字校对后，还要通观全书，注意扉页、目录、版权页等附属内容的完整齐全，检查版式及页码的连贯，统一全书格式。

4．核红

核红也叫校红。核红就是将改版后输出的清样，与红样核对，查看应改之处是否已经得到改正。在校对过程中，为了清晰、醒目，校对者一般用红笔进行修改标注，因此校对后的校样也叫"红样"。

5．付印

付印是在经过几次校对、改样后的校样上，由责任校对或出版负责人签署"付印"的字样，并签上本人姓名及签字时间。正规出版部门要求严格，在清样的每一页都要盖上"付印"的印章。而后的照排、制版、印刷等生产工序，均以此清样为准。由于过去铅字印刷要打纸型，所以付印也叫付型。

以上是一部图书出版中校对的基本过程。另外还要解释一下毛校。毛校是最初的、比较粗略的校对，在一校之前进行。在印刷厂生产工艺中，原稿录入后，先由厂内校对人员进行一次校对，这次校对就叫"毛校"，根据毛校样改过一次版后，再输出清样送给出版社或来稿客户。

三、校对的方法

目前的文字校对工作依靠人工完成。人工校对的方法主要有以下三种：

1．折校法

折校法方便迅速，是应用最为广泛的一种校对方法。折校法是将原稿平放桌上，用双手的拇指、中指夹持校样，食指扶持校样，并把校样轻折，凑近原稿，使校样和原稿上的字互相靠近，慢慢移动校样，一个字一个字地相互接触、逐字比较，直到完成。发现校样上的错误时，左手不动，右手持笔改正。

2．点校法

也叫对校。方法是在桌面上将原稿的校样摊开，原稿在左，校样在右。校对时双手配合，左手指原稿，右手执笔点着校样，先看原稿，后看校样，逐字逐句对下去，发现错误随时改正。在校对过程中，眼睛要看清楚原稿上的每一个字、符号和标点，并默念文句，一次以五六个字或者一二个词汇为宜，多了记不住。

3．读校法

读校需要两人以上合作，一人朗读原稿，一人或数人看校样，读稿人不但要朗读每字、每句和每个标点符号，而且要将换段、另面、空行等版式变化也清楚地读出，看校样的人要聚精会神地核对。

四、校对符号的标注

校对中发现文字或版式上的错误之后，需要在校样上标出应改正的文字或更改符号，作为改正的依据，这些特殊符号叫做"校对符号"。校对符号是用来标明校样上的错误和如何改进的符号，是编辑、校对、排版三者共同交流使用的标准语言。

1993年国家技术监督局发布了标准 GB/T 14706—1993《校对符号及其用法》，统一规定了21种校对符号。能够看懂、理解符号的意义，按照校对符号意图进行版面编辑和改版，是从事电子排版工作应当具备的基本知识。表3—4列出了标准校对符号及用法。

表3—4　　　　　　　　　　校对符号及用法

编号	符号形态	符号作用	符号在文中和页边用法示例	说明
一、字符的改动					
1		改正	增高出版物质量。 改革开防放 提	改正的字符较多，圈起来有困难时，可用线在页边画清改正的范围 必须更换的损、坏、污字也用改正符号画出
2		删除	提高出版物物质质量	
3		增补	要搞好校工作 对	增补的字符较多，圈起来有困难时，可用线在页边画清增补的范围
4		改正上下角	16=4(2) 2 H₂SO(4) 4	
二、字符方向位置的移动					
5		转正	字符颠(倒)要转正	
6		对调	认真 经验 总结 认真 验 结经 总	用于相邻的字词 用于隔开的字词
7		接排	要重视校对工作， 提高出版物质量	

续表

编号	符号形态	符号作用	符号在文中和页边用法示例	说明
8		另起段	完成了任务。明年……	
9		转移	校对工作，提高出版物质量 要重视 "以上引文均见新版新华字典》。《	用于行间附近的转移 用于相邻行首末衔接字符的推移
10		上下移	序号　名称　数量 01　显微镜　2	字符上移到缺口左右水平线处 字符下移到箭头所指的短线处
11		左右移	要重视校对工作，提高出版物质量。 3　4　5　6　唱　5 欢呼　歌　唱	字符左移到箭头所指处 字符左移到缺口上下垂直线处 字符画得太小时，要在页边重标
12		排齐	校对工作 非常 重要 国家标准	
13		排阶梯形	SO_2	
14		正图		符号横线表示水平位置。竖线表示垂直位置，箭头表示上方

续表

编号	符号形态	符号作用	符号在文中和页边用法示例	说明
三、字符间空距的改动					
15	∨　＞	加大空距	∨∨∨ ←校对程序→　∨ ＞校对影印书刊　　＞ 　注意事项：	表示在一定范围内适当加大空距 横式文字画在字头和行头之间
16	∧　＜	减小空距	∧ 二、　校对程　序　∧ 　　校对影印刊物　＜ ＜　注意事项	表示不空或在一定范围内适当减小空距 横式文字画在字头和行头之间
17	♯ ⟂ ⟂ ⟂	空1字距 空1/2字距 空1/3字距 空1/4字距	♯　　　　　♯ 第一章校对职责和方法　　⟂ 　∨∨∨ 1责任 校 对　　　⟂	多个空距相同的,可用引线连出,只标一个符号
18	Y	分开	Good Y afternoon　　Y	用于外文
四、其　他					
19	△	保留	认真搞好校对工作。	除在原删除的字符下面画△外,并在原删除符号上面画两竖线
20	○＝	代替	⌒兰⌒色的程度不同, 从淡⌒兰⌒色到深⌒兰⌒色: 具有多种层次。 　　　　　○＝蓝	同页内有两个或多个相同的字符需要改正,可用符号代替,并在页边注明
21	○○○	说明	改黑体 　　　　○○○ 第一章 校对的职责	说明或指令性文字不要圈起来,在其字下画圈,表示不作为改正的文字,如说明文字较多时,可在首末各三个字下画圈

使用要求:

(1) 校对校样,必须用色笔(墨水笔、圆珠笔等)书写校对符号和示意改正的字符,但是不能用灰色铅笔书写。

(2) 校样上改正字符要书写清楚,校改外文,要用印刷体。

(3) 校样中的校对引线要从行间画出,墨色相同的校对引线不可交叉。

校对符号应用实例
(参考件)

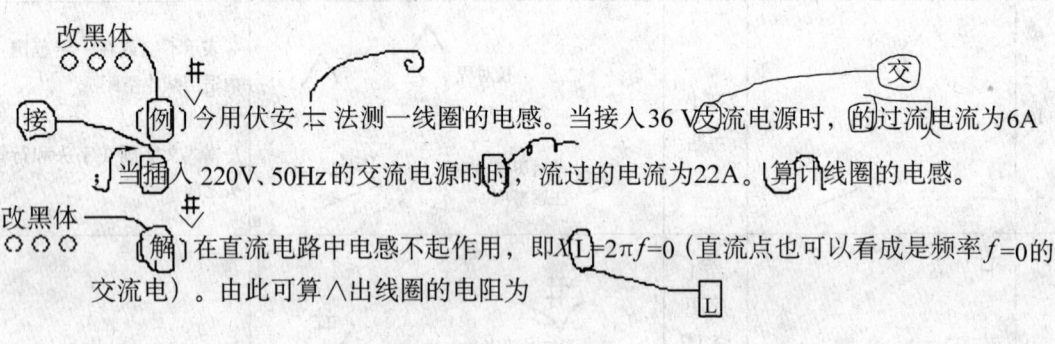

第四节　公文排版

一、公文基本形式

1. 公文的结构形式

公文的结构主要由文头、正文、文尾三部分组成。文头有密级、版头、发文字号、文头线,正文有正文标题、主送机关名称或范围、正文内容、发文机关落款、行文日期,以及附件、主题词和文尾等内容。公文结构示意如图3—4所示。

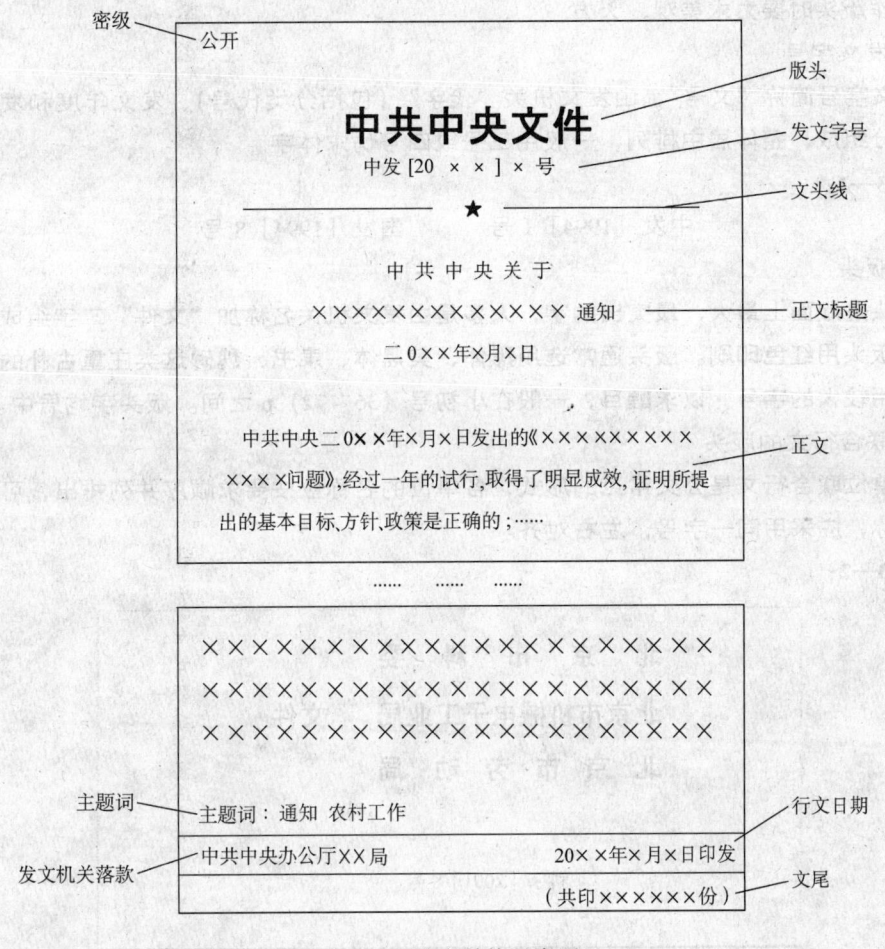

图3—4 公文结构示意图

2．开本及版心

公文幅面为16开或A4。

3．字体与字号

公文排版字号一般选得稍大，正文排版最常用的为三号字或四号字。公文正文字体一般选用仿宋体字，仿宋体字字形庄重而美观，笔画粗细一致，笔锋清晰锐利，排出的版面整洁清秀，便于阅读。除此之外，也有使用楷体字或宋体字排正文的。公文大标题一般用二号标题宋体字或黑体字排印；小标题用三号黑体字或标题宋体字排出。注释、印发说明等内容一般用四号或者五号仿宋体字。

二、文头排法

1．文头

文头就是公文的正文以上部分。文头一般由文件编号、文件密级、版头、发文字号、签发人姓名及分隔线组成（见图3—4）。公文首页版面起着封面的作用，因此，文头的排版制作要十分精心，要求准确统一，不能随意更换。

文头的尺寸没有统一规定，文头的大小以大于版心高度的1/3、小于1/2为宜，关系可表示为：

版心高/3 ＜ 文头高度 ＜ 版心高/2

制作版头时要力求美观、大方。

2．发文字号

发文字号简称"文号"，由发文机关"代字"（包括分类代号）、发文年度和发文顺序号三部分组成，整体居中排列，一般用三号或四号仿宋体字。

例3—1：

中发［1994］1号　　国发［1994］8号

3．版头

版头是版面上最大、最突出的字，大多是由发文机关名称加"文件"二字组成，重要文件的版头用红色印刷。版头通常选用黑体、美黑体、隶书、魏碑这类庄重古朴的标题字体，选用较大的字号，以求醒目，一般在小初号（36～72）p之间。版头字均居中。

4．联合行文的版头

多单位联合行文是公文常见的形式，各单位的名称应按要求顺序并列排出，可采用标准化简称，应采用同一字号，左右对齐。

例3—2：

```
┌─────────────────────────────────┐
│                                 │
│      北 京 市 科 委              │
│                                 │
│    北京市机械电子工业局    文件  │
│                                 │
│     北 京 市 劳 动 局            │
│                                 │
│                                 │
│   科字［2001］8号                │
│─────────────────────────────────│
│                                 │
└─────────────────────────────────┘
```

三、公文标题与正文排法

1．公文标题

正文大标题一般用二号标题宋体或黑体字，居中排列。标题长度超过版心宽度的2/3～3/4（如二号字的12～15字）时，应回行排成两行或多行。回行标题的整体排列形式，多呈上小下大的宝塔形，也可以排成倒宝塔形或菱形。

2．正文内容排法

（1）台头

公文的主送机关俗称"台头"，列出该文的主要接收者。台头排在大标题下面顶格处，后面加冒号，一行排不下可回行顶格接排，字体、字号与正文相同。

（2）正文

公文正文一律通栏从左到右横排，严格执行排版禁则。

（3）附件

公文中如有附件，应在正文之后、文尾之前列出，并用顶格的黑体字排出"附件："或"附件一：附件二…"等字样，而后排出附件标题。附件内容另页排出，首行顶头排出"附件"及编号。附件的标题及内容可用与正文相同或小一号的字体、字号排出。

(4) 落款

落款有发文机关印章、领导人签署和发文机关署名三种形式，下排成文日期，整体排在正文最后的右下方，与正文之间空一行距离。落款的字体、字号与正文相同。

四、公文文尾排法

1. 文尾格式

文尾是正式公文的一项固定内容，主要由主题词，文件送、抄、报范围的机关名称或领导姓名，印发部门，印发日期，印数，分隔线等项内容组成。如果是翻印件，还要注明翻印单位及翻印时间。文尾要求排印在公文最后一面的下方。

例 3—3：

```
××××××××××××××××××××××××××××
××××××××××××（正文最后一行）××××××。


主题词：发行  国库券  通知

抄报：党中央各部门，全国人大常委会办公厅，国务院办公厅、各部委、各
      直属机构，中央军委办公厅，全国政协办公厅，高法院，高检院
抄送：市委办公厅、各部、委，市人大常委会办公厅，市政协办公厅，北京
      卫戍区，市高、中级人民法院，市人民检察院、检察分院

北京市人民政府办公厅              2000年6月12日印发
                                          （共印3000份）
```

2. 文尾排法

(1) 主题词

"主题词："三个字为黑体，顶格排，后面跟的词条内容用标题宋体或宋体。两者用与正文相同的字号（三号或四号）排出。词条与词条相互之间空一个字，一行排不下回行时，应在冒号之后齐肩排列。

(2) 分隔线

分隔线的作用是将文尾的几部分内容分隔开，一般用反线（粗线），三条线时中间的线用正线（细线），线长与版心宽度相等。

(3) 抄送范围

抄送范围一般用四号仿宋体排出，排版时宽度要与版心两边各缩进半个字，回行排时和首行齐肩排。行距为正文行距或五号字的1/2。

(4) 印发说明

印文部门、印发日期左右对称排在同一行，用四号仿宋体字排出。

(5) 印数

印发数量的排法有两种：一是放在分隔线下面右侧，距离版心右边两个字；二是放在分隔线内。一般用小四号字或五号仿宋体字排出。

第二部分

初级计算机文字录入处理员技能要求

第四章

汉字处理基础操作

第一节 汉字处理的一般知识

一、汉字系统

1. 汉字操作系统

系统软件平台是应用软件的基础,而对计算机进行控制和管理的操作系统又是一切软件的基础。然而早期的操作系统都是西文操作系统。它不能识别汉字,也不支持汉字操作,这无疑对于使用汉字作为主要信息交流的中国,实现计算机的普及是极为不利的。因此,要在我国大力推广计算机普及,就必须配备能够支持汉字的输入、输出、存储、传输、编辑等功能的操作系统。

支持汉字功能的操作系统称为汉字系统,或叫作中文平台。它是在相应的西文操作系统基础上增加了汉字处理的模块而构成的。1992 年以来在 DOS 基础上研制出来不少优秀的汉字系统,如常用的有 UCDOS、CXDOS、SPDOS、CCDOS 等以及 Windows 系统下使用的中文之星。每种汉字系统通常都包含几种汉字输入法,相同的输入法的操作基本一样,但每种输入法都有其独特的输入方式。

2. 字编码

计算机中使用的各种数字、字母图形符号、控制符号和汉字等,在计算机内部都设置了唯一的编码,这些编码有多种。在输入、显示、打印时需要使用输入码、字形点阵码、字形输出码和字形地址码等;而在处理字符时则需要使用机器内码(简称内码)。

由于计算机内部只能识别二进制代码 0 和 1,因此输入计算机的信息要能被计算机识别,则输入代码就必须转换成相应的二进制代码,即机内码。

西文内码常使用的代码是 ASCII 码（美国信息交换码），它是最高位为 0 的一个字节的内码，如 A 的内码是 01000001 等，这样 7 位二进制的编码就可代表 128 个字符，完全能够满足西文的表示。

然而，对于数量众多的汉字来说，128 种表示方式显然不够使用，汉字和全角字符的内码是由两个字节组合而成的。它是由国标码和 ASCII 码组合而成的。汉字系统有很多种，但汉字的内码必须是统一的。

汉字是特殊的图形文字，因此，汉字的输出是用点阵的方式来处理的。即将汉字放置在由若干行、列构成的表格内，有笔画的位置为黑点，否则为白点。由二进制的 1 表示点阵的黑点，0 表示点阵的白点。由此而构成了汉字的输出码，也叫汉字字形码。

3．汉字字库

要让计算机能够处理汉字，就要建立汉字字库，将汉字转换成计算机能够识别的内码，再根据一定的规则将这些内码和汉字的一一对应的关系存储在专门的数据库中，这样的数据库即叫作汉字字库。汉字字库还存储有字体（如宋体、楷体、黑体等）、字号（字的大小的缩放技术）和字形（如长形、扁形、加粗、斜体等）等信息。

4．国标码

中国于 1981 年发布了 GB2312－80 码（中华人民共和国国家标准信息交换汉字编码），简称"国标码"。

GB2312—80 中收录了常用的汉字、图形符号等 7 445 个。并将其排列在 94 个区（行）中，每行 94 位（列）。由区号和位号就构成了每个汉字或符号的 4 位输入编码，称为区位码。

1995 年 12 月全国信息技术标准化技术委员会又通过了汉字内码扩展规范 GBK，实现了 GB 由 8 位到 16 位的过渡，并打入了国际市场。Windows95 就是采用这一规范。

二、常用中文输入法

汉字的输入方法有键盘输入、语音输入、扫描输入等，目前比较普及是键盘输入。

汉字的键盘输入法有很多种，较为流行的有十几种。根据汉字的音、形、义三要素的特点，故汉字的编码均在此特点上研制而成。所以，汉字的编码大致可分为音码、形码、音形码和数码 4 种。

（1）音码

根据汉字的读音特性进行编码。其编码规则与音素有关。常用的音码输入法有：全拼码、双拼码、智能 ABC、紫光码等。音码便于掌握，但重码率太高，输入速度较慢。

（2）形码

根据汉字的字形来确定汉字的编码。此法利用汉字书写顺序将汉字拆分成若干块（笔画和字根），对每一块用一个字母进行取码，整个汉字所得的代码序列就是该汉字的形码。目前常用的形码有：五笔字形码、郑码、表形码等。形码需要背记大量的字根，因而学习和掌握较音码要困难一些，但形码的重码率较低，因此，一旦学会并熟悉和掌握了形码输入法后，用形码输入的速度之快是音码不能比的。

（3）音形码

音形码是一种综合了音码和形码各自的优点，兼顾了汉字的音和形，以音为主，以形为辅的输入编码。此种编码中需要死记的内容比形码少得多，并充分利用了音码便于学习和掌握的特点，其重码率又比音码少得多，易学易记，速度虽比形码慢，但比音码快。常用的音形码有：自然码、唐人码、二笔输入码等。

(4) 数码

数码也叫流水码。将汉字按一定的顺序排列，然后逐一赋给每个汉字一个号码即为该汉字的编码。此编码方式的特点是整齐、简单。但编码与汉字的属性（即汉字的字形、发音、字义）没有直接对应关系，因此其编码很难记忆。区位码和国标码就属于数码编码。

任何一种汉字系统都包含有区位码输入法。它是一种无重码的编码输入法。如前所说，区位码有4位编码。前两位是区号（01~94），后两位是位号（01~94）。01~15区是图形符号和字母（英、美、日）。16~55区是按汉字拼音顺序排列的最常用的一级汉字，共有3 755个。56~87区安排的是按首部排列的二级汉字，共有3 008个。两级字库约占用内存256 KB。

第二节　智能 ABC 输入法

1. 智能 ABC 输入法的特点

智能 ABC 输入法是集成在 Windows 系统中的一种汉字输入法。即只要安装了 Windows 系统，就可以使用该输入法。因此，是一种使用较广泛的拼音输入法。智能 ABC 输入法具有很强的灵活性，既可以输入单字，也可以输入词组和词条。智能 ABC 输入法是由全拼、简拼、混拼和音拼与笔形相结合的输入法。

智能 ABC 输入法的词库以《现代汉语词典》为蓝本，同时增加部分新词，共收集了约六万个词条。词库中不仅存储有一般的词汇，还收入了一些常见的口语、数词、序数词、国家名、地名、专业术语等，还允许输入40个字符以内的字符串。

智能 ABC 输入法的输入过程中具有自动分词和构词的功能，对输入的词条具有自动记忆、强记和朦胧回忆的功能，能够自动处理构词中的前加成分和后加成分，可以对候选词的频度自动进行调整和记忆。

(1) 自动记忆功能

智能 ABC 能够自动记忆词库中没有的新词，这些新词都是标准的拼音词，可以和基本词汇库中的词条一样使用。智能 ABC 输入法允许记忆的词条最大长度为9个汉字。词容量最多为1.7万条。使用自动记忆功能有以下两个注意事项：

1) 刚键入的新词并不会立即存入用户词库中，一般至少要使用三次后才有资格进入词库被长期保存。新词栖身于临时记忆栈之中，当记忆栈被填满时栈中以前存放的词会被后来者挤出，因此，存放在临时栈中的词并不具备永久保存的资格。

2) 刚被记忆的新词具有高于普通词语、但低于常用词的频度。

(2) 朦胧回忆

智能 ABC 输入法的输入过程中会自动记忆输入的历史情况，对刚输入的字、词可敲击组合键 Ctrl + - 和空格键即可得到重复的字、词。例如，刚录入了词语"顺利"，紧接按 Ctrl + - 和空格键，即可得到重复的"顺利"二字。

(3) 强制记忆与强制词条的输入

强制记忆一般用于定义一些个别的或非标准的汉语拼音的词语。利用该功能可将生词直接加入到用户词库中去。该词库可容纳400条词语，词条的最大长度为30个字符即15

个汉字，输入码的最大长度为 9 个字符。操作如下：

1）右击输入法状态条，选择菜单中的"定义新词"命令项，弹出如图 4—1 的对话框。

2）在"新词"框中输入新词内容，如"滚动"。

3）在"外码"框中输入新造之词的外码，即输入码，如可用"gd"作为"滚动"的外码。

4）单击"添加"按钮，刚造的新词即会出现在"浏览新词"列表框中。当需要录入用户词库中的自造词时，应先敲入一字母"u"，然后键入设置的外码。如敲入"ugd"，在敲空格键即可得到新造词"滚动"。

2. 智能 ABC 输入法属性的调整

在进行中文文稿输入时，各个字词的使用频度是不相同的，智能 ABC 标准词库中同音字、词的排列顺序反映了它们的使用频度。然而对于不同的用户可能会有很大的偏差。为此智能 ABC 提供了字、词频度调整的记忆功能，此功能可通过智能 ABC 属性的设置来调整。方法如下：

第一步，鼠标指向智能 ABC 输入法的状态条并右击鼠标。

第二步，在弹出的菜单中选择"属性设置"命令项。

第三步，在弹出的"智能 ABC 输入法设置"对话框中选取"词频调整"，如图 4—2 所示。

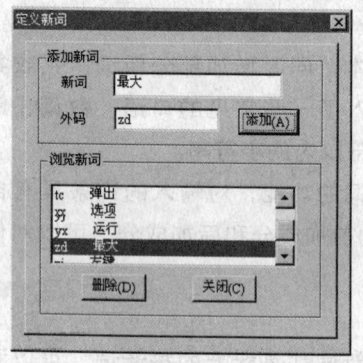
图 4—1 定义

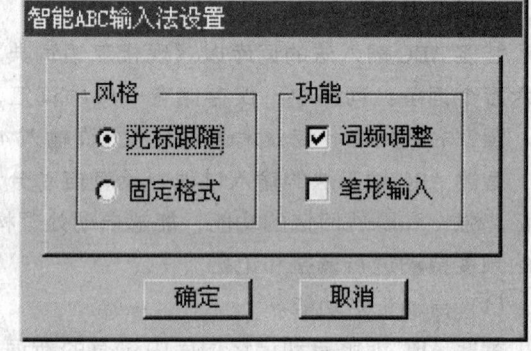
图 4—2 设置

第四步，单击"确定"按钮，即完成词频调整的操作。

设置了词频后，用户在输入时常用的字、词会被系统自动记忆在"外码输入条"上，用户可不必再做选字操作，从而达到提高输入速度的效果。

在智能 ABC 的属性设置中还设置有固定格式、光标跟踪和笔形输入三个特性：

（1）固定格式

此格式方式下，输入法的状态条、外码输入条及候选窗口的位置均相对固定。一般处于显示屏的左下方，汉字输入过程中不跟随光标移动。

（2）光标跟踪

此设置会使候选窗口和外码板自动跟随光标的位置移动。

（3）笔形输入

选择此属性，则可通过智能 ABC 进行纯笔形或音形输入。

第三节 中文智能 ABC 输入法

一、智能 ABC 输入法的使用

1. 智能 ABC 输入法的启动

启动智能 ABC 输入法的方式有以下两种：

鼠标操作：单击 Windows 任务栏输入法指示器 ，从调出的列表栏中选择"智能 ABC"。

键盘操作：反复按组合键 Ctrl + shift，直到任务栏上的输入法指示器 显示为智能 ABC 为止。

智能启动成功后，会显示其智能输入法的状态条：  。

2. 智能 ABC 输入法与纯英语输入的切换

智能 ABC 输入法与纯英文输入法的切换也有以下两种方式：

键盘操作：按下组合键 Ctrl + Space 便可方便地在汉字与英文输入法之间切换。

鼠标操作：单击 Windows 任务栏上的"智能 ABC"输入法指示器 ，从列表栏中选择"En 英语（美国）"，反之亦然。

3. 智能 ABC 输入法的标准输入方法

在"标准"输入法方式下，可采用全拼、简拼、混拼、笔形、音形混合几种输入方法。输入的过程为：

（1）输入小写字母和数字组成的编码。

（2）用空格键、标点符号或 Enter 作为输入码的结束。

（3）通过 [、]、或者 -、+ 键在候选窗口上顺序翻页查找重码字、词。

（4）选择所需要的字或词前面的数码；若需要的字、词已在选取板上，则不必作选择操作直接输入下一个字或词的编码即可，由此完成输入。

另外，在中文输入时智能 ABC 状态条上的标点按钮为中文状态： 。

利用组合键 Ctrl + 。，可以实现中英文标点状态的快速切换。标点按钮的英文状态为 。

（1）全拼输入

规则：按照字或者词组的完整的拼音字母全部输入，此方法较适合于单字的输入。

例如： 单字： 是 shi 的 de

词组： 数据库 shujuku 方案 fang'an

若词组中含有没有声母的音节，可用"'"单引号；划分出音节的位置。否则用"fangan"编码得到的是词组"反感"而不是想要的"方案"。

（2）简拼输入

简拼多用于词组输入。

规则：取各音节的第一个字母，对于包含 zh、ch、sh 音节的词，也可取前两个字母。

例如： 知识 zs 或 zhsh 组合 z'h 平安 p'a

波澜壮阔	blzk	鹏程万里	pcwl	任重道远	rzdy
联合国	lhg	中国人民解放军	zgrmjfj		

(3) 混拼输入

在智能 ABC 输入法中，混拼输入法是最实用的，特别在输入多字词的时候。

规则：两个音节以上词组的输入。各字可全部用全拼、或全部用简拼，也可以部分音节用全拼，而部分音节用简拼。

例如：蒸蒸日上　zhengzhengrishang　或　zzrs　或　zhengzris　或　zzris　等
　　　安排　anpai　或　ap　或　anp　或　a'p　或　apai　等

二、智能 ABC 输入法的技巧

1．自动分词和构词

依照语法规则，把一次输入的拼音字串划分成若干个简单语段，分别转换成中文字词语的过程，称为自动分词；把这若干个词和词素组合成一个新的词条的过程，称为构词。

例如，在智能 ABC 的"标准"方式下，要输入"汉语拼音"一词的操作如下：

输入该词的简拼外码：hypy，敲一下空格。由于词库中没有"汉语拼音"一词，所以先分出前一个词"汉语"，在外码窗口条中显示："汉语 py"，并等待选择纠正。敲 8 选取候选窗口中的"汉语"。外码窗口条中的词条随之改变。选取候选窗口中"拼音"一词的号码 2，完成分词构词的过程，一个新词"汉语拼音"即存入暂存区中。若再次输入"hypy"时，外码窗口将直接显示"汉语拼音"一词。

事实上，用全拼、混拼等其他方法同样可得到需要的结果。

另外，有些特殊词组在输入时应当使用分隔符"'"强行分隔才能得到想要的词组。例如：需要词组"西安"，若输入"xian"，会得到"先"字等，所以应当输入"xi'an"或者"x'a"，才会得到想要的词组"西安"。

又如：　　社会→s'h　　称呼→c'h　　最后→z'h　　安宁→a'n
　　　　　方案→f'a　　图案→t'a　　平安→p'a

2．自动记忆的使用

智能 ABC 的自动记忆功能能够记下用户输入的新词。例如，需要输入"威力无比"一词的操作如下：

输入该词的拼音编码："wlwb"，敲空格。外码窗口会显示"五里雾 b"。敲击 Backspace 键，外码窗口显示"物理 wb"，在候选窗口选择"威力"一词的号码 6。

外码窗口则显示"威力未必"，在候选窗口选取"无比"一词的号码 7，由此完成新词"威力无比"的创建。

智能 ABC 会将该词记入暂存区，以后需要时只需输入编码"wlwb"，再敲空格，即可得到"威力无比"一词。

3．中文数量词的简化输入

对于一些常用的中文量词，智能 ABC 提供简化输入的方式。输入小写数词时，规定用小写字母"i"作前导字符，如要输入"五"，可键入"i5"后敲空格即可。要输入大写数词时，规定用大写字母"I"作为前导字符，如要输入"伍"，可先按下组合键"Shift + i"，再键入 5，在外码窗口内显示"I5"，再敲空格键即可。要输入量词"年"，可键入"in"后敲空格键。

数词和量词的字母键的含义：

g（个）		s（十，拾）		b（百，佰）		q（千，仟）		w（万）	e（亿）
z（兆）		d（第）		n（年）		y（月）		r（日）	t（吨）
k（克）		$（元）		f（分）		l（里）		m（米）	j（斤）
o（度）		p（磅）		u（微）		i（毫）		a（秒）	c（厘）
x（升）									

例如，输入"i2003ns1y2s5r"后再敲空格键，即可得到"二○○三年十一月二十五日"
　　　若输入"i1b8so"，再敲空格键，即得到"一百八十度"
　　　若输入"I5w3q9b6s $"，然后敲空格键，即可得到"伍万叁仟玖佰陆拾元"
　　　若输入"i5w3q9b6s $"后敲空格键，得到的是"五万三千九百六十元"

4．以词定字的单字输入和图形符号输入

有时用拼音输入单个汉字时不易找到，用户可以先输入一含有所需单字的词语，再利用"["键提取前一个字，或用"]"键提取后一个字。

例如：要输入"集"字，输入"ji"后，要后翻 4 页才能选到。此时可用"集中"这个词来定"集"这个字，方法是：

输入编码"jz"，然后敲"["键即可得到"集中"的前一个字"集"。同理，若敲"]"键得到的就是后一个字"中"。

在智能 ABC 的标准输入状态下，敲击字母键"V"后再键入数字键（1～9），便可调出 GB2312 字符集 1～9 区中的各种符号。如：～、‖、±、◎等。

5．ABC 中文输入状态下的英文输入

在智能 ABC 中文输入状态下，若需要输入英文，可以不必切换到英文方式下，只需：先输入"v"字母作为标志符，后面跟随要输入的英文，再按空格键即可。

例如：需要"windows"，只需输入"vwindows"即可。

第四节　五笔字型输入法

凡是使用过《新华字典》的人，大都对诸如"一、丨、丿、丶、亻、彳、宀、廾"这些偏旁部首不会陌生。这些偏旁部首在"五笔字型输入法"中称为字根，当然，五笔字型输入法所选用的字根和《新华字典》中的偏旁部首并不相同，但其作用是一样的。

五笔字型输入方法精心选择了 125 个字根，并制定了若干汉字的拆分规则。用户只要记住这些字根所对应的按键，并记住五笔字型输入方法中所制定的规则，也就学会了五笔字型输入方法。要认识五笔字型的构造思路，实际上，五笔字型就是把汉字分解的过程。五笔字型输入方法的最大特点是重码少，基本不用选字，且字词兼容、字词之间无需换挡。同时，由于五笔字型输入方法对字根进行了优选，键盘布局经过精心设计，并反复实践修改，具有较强的规律性。经过指法训练，每分钟可以输入 120～180 个汉字。

一、汉字字根的拆分

1．汉字的五种笔画

所有汉字都是由笔画构成的，但笔画的形态变化很多，如果按其长短、曲直和笔势走向来分，可以分成几十种。为了易于被人接受和掌握，必须进行科学的分类。

在书写汉字时，不间断地一次写成的一个线条叫做汉字的笔画。两笔写成者不叫笔画，如"十、口"等，只能叫笔画结构。一个连贯的笔画，不能断成几段来处理。如不能把"申"分解为"丨、田、丨"等。码元由笔画写成。汉字、码元、笔画是汉字结构的三个层次。

在这样一个定义的基础上，便可以对成千上万的汉字加以分析。只考虑笔画的运行方向，而不计其长短，根据使用频率的高低，依次用1、2、3、4、5编码，见表4—1。

表4—1　　　　　　　　　　　汉字的5种笔画

编码	笔画	笔画走向	笔画及其变体	说明
1	横	从左到右	一 ✓	"提笔"均视为横，如，"现"是"王"字旁中的提笔，"✓"应属于横
2	竖	从上到下	丨丨	左竖钩属于竖
3	撇	从右上到左下	丿	
4	捺	从左上到右下	丶	点属于捺，如，"村"字中的"木"字旁可知，点笔"W"应属于捺
5	折	方向转折	乙ㄣㄋ丁乚	除左竖钩除外，带折的编码均为5

2. 字根之间的结构关系

一般说来，字根是有形有意的，是构成汉字的基本单位。这些基本单位，经过拼形组合，就产生了为数众多的汉字。因此，字根是构成汉字最重要和最基本的单位。

由此可见，汉字可以划分为三个层次：笔画、字根和单字。由若干笔画交叉连接而形成的相对不变的结构就叫做字根。在五笔字型方案中，字根的选取主要基于以下两点标准：

首先选择那些组字能力强、使用频率高的偏旁部首（某些偏旁部首本身即是一个字），如"王、土、大、木、工、目、日、口、田、山、亻、氵、禾"等。

组字能力不强，但组成的字在日常汉语文字中出现次数很多，如"白"组成的"的"字可以说是全部汉字中使用频率最高的。

所有被选中的偏旁部首可称作基本字根，所有落选的非基本字根都可按"单体结构拆分原则"拆分成几个基本字根。例如：平时说的"弓长——张"，是说"张"字由"弓""长"组成，"弓"字是五笔字型基本字根，但"长"还需要分解成基本字根。即一切汉字都是由基本字根组成的，或者说是拼合而成的。包括没有资格入选为基本字根的单体结构（注意并不一定都是汉字），也全部是由基本字根与基本字根或者基本字根与单笔画按照一定的关系组成的。基本字根在组成汉字时，按照它们之间的位置关系可以分为四种类型。

（1）单

单是指基本字根本身就单独成为一个汉字，不与其他的字根发生联系。这样的字根称为"成字字根"如"口、木、山、田、马、寸"等。

（2）散

散是一个汉字由多个字根组成。各个字根之间不相连也不交，保持一定的距离。如："吕、足、困、识、汉、照"等。

注意：既然字根间是可以保持一定距离的，那么它们就有一个相互位置关系的问题。要么左右，要么上下，要么杂合，总归属于一种，从而形成三种不同的字型。

（3）连

"连"的情况有两种：

一个基本字根连着一个单笔画。如"丿"和"目"相连构成"自","丿"下连"十"成为"千","月"下连"一"成为"且"等。其中单笔画可连前也可连后。

注意：这种情况下的字根与单笔画之间，不能当作散的关系。

另一种情况是所谓"带点结构"，即一个基本字根之前或之后带一个孤立的点。例如，"勺、术、太、主"等字中的点，近也可，稍远也可，连也可，不连也可。

由此可以看到，一切基本字根与单笔画相连之后形成的汉字，都不能分为几个保持一定距离的部分。因此，在判断这一类汉字的字型时，它们只能是第三类字型。

（4）交

交是指多个基本字根相互交叉连接成一个汉字，字根之间有重叠的部分。如"申"是由"日丨"，"里"是由"日土"，"夷"是由"一弓人"交叉构成的等。

由此可以看到，一切由基本字根相交叉构成的汉字，基本字根之间更是没有距离的。因此，在判断这一类汉字的字型时，毫无疑问都属于第三型。

利用字根组字时，还有一种情况是混合型，即几个字根之间有连的关系，又有交的关系。如"丙"，是"一"一边连一个"内"，而"内"又是由"冂"与"人"相交形成的，自然这类字也属于第三型。因此，基本字根单独成字，不需要判断它的字型结构；属于"散"的汉字，可以属于左右型和上下型结构（1型或2型）；属于"连"与"交"的汉字，一律属于杂合型结构（3型）；不分左右、上下的汉字，一律属于杂合型结构（3型）。

3. 汉字的三种字型结构

根据构成汉字的各字根之间的相对位置关系，可以把成千上万的方块汉字分为三种类型：左右型、上下型和杂合型。同样也按照它们拥有汉字的字数多少从1～3编成代号，见表4—2。

表4—2　　　　　　　　　　三　种　字　型

字型代号	字型	图示	字例	说明
1	左右		桂 陶 结 到	字根之间可有间距，总体左右排列
2	上下		字 室 花 李	字根之间虽有间距，总体上下排列
3	杂合		韦 月 凶 天 年 且 果 因	字根之间虽有间距，但不分上下左右，即不分块

表中的最后一种字又叫独体字，这三种统称合体字。两部分合并在一起的汉字又叫双合字，3部分合并在一起的，又叫三合字。合体字的分类，一般只分到三合字这一级。因为在为汉字编码时，由于这些字的字根较少，用行话叫"信息量不足"离散不开，所以才有必要再补加一个字型信息。而对于由四个部分以上组成或者可以分作四部分的汉字，其信息量已够丰富，就不必要再考虑字型信息了。这就是我们今后要取"一二三末"四个字根，且不足四码要追加末笔交叉识别码的原因。

3种字型的划分是基于对汉字整体轮廓的认识，指的是整个汉字中有着明显界线，彼此间隔一定距离的几个部分之间相互的位置关系。

（1）左右型

左右型分为以下两种情况：

在双合字中，两个部分分列左右，其间有一定的距离。如肚、胡、胆、咽、拥等。此外，虽然"咽"和"枫"的右边也由两个字根构成，且这两个字根之间是外内型关系，但整个汉字却属于左右字型。

三合字中，整字的三个部分从左到右并列，或者单独占据一边的一部分与另外两个部分呈左右排列，如："侧、别、谈"等，都应属于左右型。

(2) 上下型

上下型也可分为两种情况：

双合字中，两个部分分列上下，其间有一定距离，如："字、节、看"等。

三合字中，三个部分上下排列，或者单占一层的部分与另外两部分作上下排列，如"意、想、花"等。

注意：上下型汉字的上部分和下部分之间要有一定的距离，否则不成为上下型。例如"自"字虽然也是由"丿"和"目"上下两部分组成的，但是它们是连接在一起的，没有一定的距离，因此不能算是上下型结构，应算是混合型结构。

(3) 杂合型

在五笔字型输入法中，将杂合型的汉字代号定为3。

三型（内外型汉字和单体型汉字）指组成整个汉字的各部分之间不存在明确的左右或上下型的关系，定义为杂合型。杂合型汉字主要有内外型、单体型和既不属于左右型，也不属于上下型的汉字。如"团、同、这、斗、头、飞、本、天、册、成"等。

汉字的图形特征，是每一个有文化的中国人从上小学起就熟知的。这里，可以作为识别汉字的一个重要依据。例如，"口""八"上下排列为"只"，左右排列即为"叭"等。因此，还可以把三种字型叫做字根的三种排列方式。

在向计算机中输入汉字时，除了输入组成汉字的字根外，有时还有必要告诉计算机那些输入的字根是以什么方式排列的，即补充输入一个字型信息，目的就是在有的字取码不足四码时，要追加末笔交叉识别码的原因。

二、基本字根及键盘分布

1. 基本字根

五笔字型输入法把130多个字根分成五区五位，科学地排列在25个英文字母键上便于记忆，也便于操作，其特点如下：

(1) 每键平均2~6个基本字根，有一个代表性的字根成为键名，为便于记忆起见，关于键名有一首"键名谱"：

1) (横) 区：王、土、大、木、工。

2) (竖) 区：目、日、口、田、山。

3) (撇) 区：禾、白、月、人、金。

4) (捺) 区：言、立、水、火、之。

5) (折) 区：已、子、女、又、纟。

(2) 每一个键上的字根其形态与键名相似。例如，"王"字键上有"一、五、戈、 ⫶、王"等字根；"日"字键上有"日、曰、早、虫"等字根。

(3) 单笔画基本字根的种类和数目与区位编码相对应。例如，"一、二、三"这三个单笔画字根，分别安排在1区的第一、二、三位置上。

"丶、丷、氵、灬"这四个单笔画字根，分别安排在4区的第一、二、三、四位上。

"丨、刂、川"这三个单笔画字根分别安排在2区的第一、二、三位上等。

为了帮助学员进行记忆,五笔字型的发明者为每个键位上的码元编写了助记词,对快速记忆码元十分有效,86版的助记词如图4—3所示。

11 王旁青头戋(兼)五一	21 目具上止卜虎皮	31 禾竹一撇双人立 反文条头共三一	41 言文方广在四一 高头一捺谁人去	51 已半巳满不出己 左框折尸心与羽
12 土士二干十寸雨	22 日早两竖与虫依	32 白手看头三二斤	42 立辛两点六门疒	52 子耳了也框向上
13 大犬三(羊)古石厂	23 口与川,字根稀	33 月彡(衫)乃用家衣底	43 水旁兴头小倒立	53 女刀九臼山朝西
14 木丁西	24 田甲方框四车力	34 人和八,三四里	44 火业头,四点米	54 又巴马,丢矢矣
15 工戈草头右框七	25 山由贝,下框几	35 金勺缺点无尾鱼 犬旁留叉儿一点夕 氏无七(妻)	45 之字军盖道建底 摘礻(示)衤(衣)	55 慈母无心弓与匕 幼无力

图4—3 86版的助记词

总的来讲,读者不必靠死记硬背来熟记这些助记词。在通常情况下,读者如能拆分大约500个字便大致可掌握它了。当然,要想通过理解来记住该表,其中也有一些方法。

2.字根的键盘分布

把125种基本字根按照字根分区划位原则,兼顾其键位设计的需要,共分成五个区,每个区又分成五个位,这样共得到:11～15即G、F、D、S、A为一区;21～25即H、J、K、L、M为二区;31～35即T、R、E、W、Q为三区;41～45即Y、U、I、O、P为四区;51～55N、B、V、C、X为五区。共25个键位(见图4—4)。

五笔字型基本字根排列

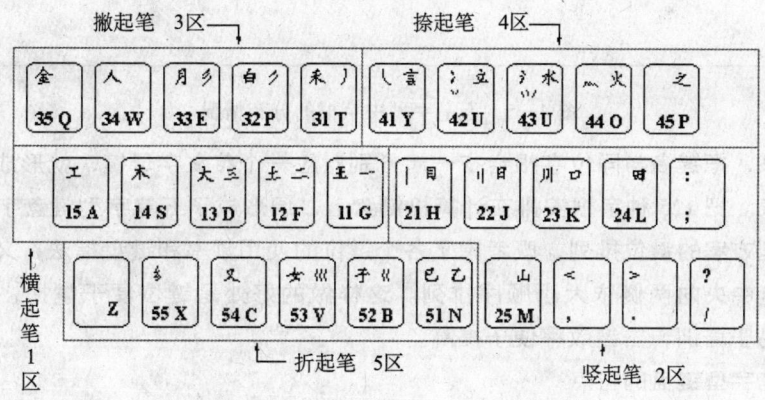

图4—4 字根的键盘分布图

(1)区号和位号的定义原则

区号按起笔的笔画横、竖、撇、捺、折划分,如"禾、白、月、人、金"的首笔均为撇,撇的代号为3,所以它们都在3区。也可以说,以撇为首笔的字根,其区号为3。

一般说来,字根的次笔代号尽量与其所在的位号一致,如:"土、白、门"的第2笔均为竖,竖的代号为2,故它们的位号都为2。但并非完全如此,如"工"字的次笔为竖(代号应为2),但它却被放在了15位,而不是12位。

单笔画与复笔画字根尽量与位号一致,例如,单笔画:一、丨、丿、丶、乙都在第1位,两个单笔画（如"二、冫"）的复合字根都在第 2 位，3 个单笔画的复合字根（如"三、川、彡"）都在第 3 位，依此类推。

（2）键名

每个键位上一般安排 2~6 种字根，字体较大的字根是键名，或称为主字根。每个键位方框左上角的字根就是键名。

（3）同位字根

每个键位上键名后较小的字根被称为同位字根。同位字根有几种情况：某些字根与键名形似或意义相同，如"土"和"士""言"和"讠""人"和"亻"等；某些字根，其首笔既不符合区号，次笔更不符合位号，但它们与键上的某些字根"沾亲带故"，如"忄"和"氵"等。

总体来讲，同位字根可分为三类：笔画、成字字根和其他字根。所谓成字字根是指该字根本身是一个字，如"甲、文、上、心"等。此外，成字字根还包括一些大家日常并不作文字使用的字根，如"彳、亻、讠、氵、夂、匚、宀、冂、廴、礻、衤、彡、纟"等。至于在五笔字型中都有哪些成字字根，将在后面给出。图 4—5 以图示方式给出了五笔字型中字根的分布情况，供大家参考。

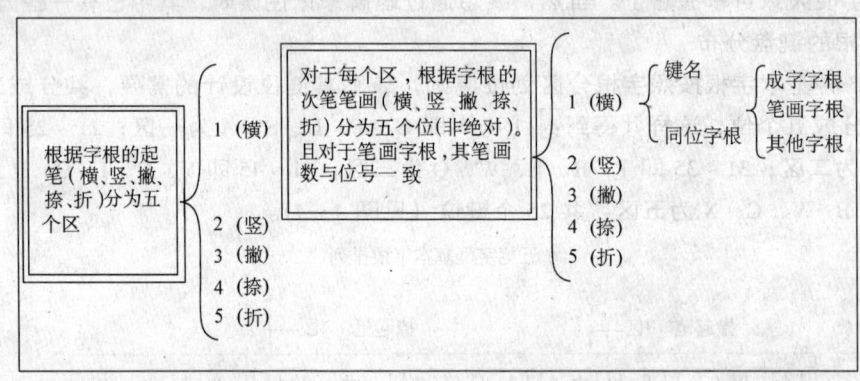

图 4—5　五笔字型中字根的分布情况

如此一来，把键名与同位字根合在一起分别对应一个英文字母键，就形成了一张五笔字型字根总表。把 125 种字根安排在计算机键盘上，便形成了五笔字型键盘字根总表。

五笔字型方案的键位排列，既考虑了各个键位的使用频率和键盘指法，又做到了使字根代号从键盘中央向两侧依大小顺序排列。这样做的好处是键位便于掌握，代号好学好记，操作员易于培训，击键效率便于提高。

（4）五笔字型键盘的特点

根据 125 种基本字根的笔画类别，将其对应于英文字母键盘的一个区。每个区又尽量考虑字根的第二个笔画，再分作 5 个位，即形成 5 区 5 位的键盘布局。其中的位号从键盘中部起，向左右两端顺序排列，这就是分区划位的五笔字型字根键盘。

五笔字型键盘充分体现了形码设计的三项要求，即：

相容性：使字根组合产生的重码最少，重码率在万分之二以内。

规律性：键位或字根的排列井然有序，使用都好学易记。

谐调性：用手击键时"顺手"，能充分发挥各手指的功能，使效率最高。

（5）98 版的键盘布局

在五笔字型 98 版中，码元总共有 150 多个。这么多码元设计在标准键盘除 Z 键以外的 25 个键上，是很有规律的，如图 4—6 所示。

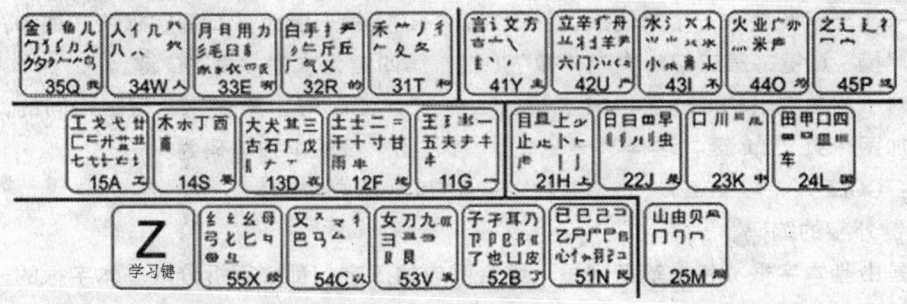

图 4—6　98 版的键盘布局

第五节　五笔字型输入操作

一、五笔字型的单字编码输入规则

精心地选择基本字根及由基本字根组成的所有的汉字，然后有效地、科学地、严格地在目前计算机的输入键盘上实现汉字输入，这是五笔字型输入法的基本思想。使用五笔字型输入法输入汉字，一般敲击键盘四次完成一个汉字的输入，编码规则总表如图 4—7 所示。

末笔形＼字型		左右型 1	左右型 2	左右型 3
横	1	11（一）	12（二）	13（三）
竖	2	21（丨）	22（刂）	23（川）
撇	3	31（丿）	32（彡）	33（彡）
捺	4	41（㇏）	42（冫）	43（氵）
折	5	51（乙）	52（巛）	53（巛）

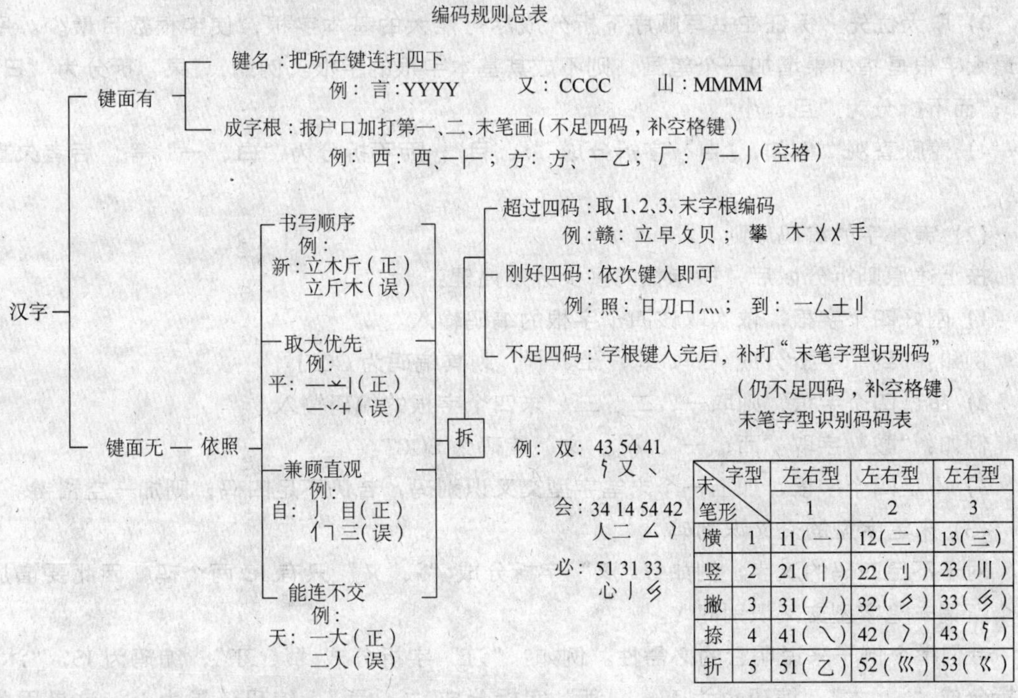

图 4—7　编码规则总表

1. 键名汉字的编码

键名汉字指：“王、土、大、木、工、目、日、口、田、山、言、立、水、火、之、禾、白、月、人、金、已、子、女、又、纟”共 25 个。它们采用把该键连敲四次的方法输入。

2. 成字字根汉字的编码

一般成字字根的汉字输入采用先敲字根所在键一次（称为"挂号"），然后再敲该字字根的第一、二以及最末一个单笔按键。例如，"石"，第一键为"石"字根所在的 D，二键为首笔"横"G 键，第三键为次笔"撇"T 键，第四键为末笔"横"G 键。

但对于用单笔画构成的字，如"一、丨、丿、丶、乙"等，第一、二键是相同的，规定后面增加两个英文 LL 键。这样"一、丨、丿、丶、乙"等的单独编码为：

一：GGLL 丨：HHLL 丿：TTLL 丶：YYLL 乙：NNLL

3. 键外字的编码

凡是由基本字根（包括笔型字根）组合而成的汉字，都必须拆分成基本字根的一维数列，然后再依次键入计算机。

例如，"新"要拆分成"立、木、斤"；"灭"要拆分成"一、火"；"未"要拆分成"二、小"等。拆分要有一定的规则，才能最大限度地保持输入的唯一性。

(1) 键外字的拆分原则

1) 按书写顺序 例如，"新"字要拆分成"立、木、斤"，而不能拆分成"立、斤、木"；"想"拆分成"木、目、心"，而不是"木、心、目"等，以保证字根序列的顺序性。

2) 能散不连，能连不交 例如，"于"字拆分为"一、十"，而不能拆分为"二、丨"。因为后者两个字根之间的关系为交而前者是"散"。拆分时遵守"散"比"连"优先，"连"比"交"优先的原则。

3) 取大优先 保证在书写顺序下拆分成尽可能大的基本字根，使字根数目最少。所谓最大字根是指如果增加一个笔画，则不成其基本字根的字根。例如，"果"拆分为"日、木"；而不拆分为"旦、小"。

4) 兼顾直观 例如，"自"字拆分成"丿、目"；而不拆分为"白、一"等，后者欠直观。

(2) 键外字的编码原则

按上述原则拆分以后，按字根的多少分别处理：

1) 刚好四个字根，依次取该四个字根的编码输入。

例如："到"字拆分成"一、厶、土、刂"，则其编码为 GCFJ。

2) 超过四个字根，则取一、二、三、末四个字根的编码输入。

例如："酸"字取"西、一、厶、文"编码为 SGCT。

3) 不足四个字根，加上一个末笔字型交叉识别码，若仍不足四码，则加一空格键。

(3) 末笔字型的交叉识别码

对于不足四码的汉字，例如，"汉"字拆分成"氵、又"只有 IC 两个码，因此要增加一个所谓末笔字型交叉识别码 Y。

我们举个例子来说明它的必需性。例如："汀"字拆分成"氵、丁"，编码为 IS，"沐"字拆分成"氵、木"，编码也为 IS；"洒"字拆分成"氵、西"，编码还是为 IS。这是因为"木、丁、西"三个字根都是在 S 键上。就这样输入，计算机无法区分它们。

为了进一步区分这些字，五笔字型编码输入法中引入一个末笔字型交叉识别码，它是由字的末笔笔画和字型信息共同构成的，如图 4—8 所示。

末笔笔画只有五种，字型信息只有三类，因此，末笔字型交叉识别码只有 15 种，如上表所示。

字型 末笔笔形	左右型 1	上下型 2	杂合型 3
横 1	11G	12F	13D
竖 2	21H	22J	23K
撇 3	31T	32R	33E
捺 4	41Y	42U	43I
折 5	51N	52B	53V

图4—8 末笔字型交叉识别码表

从表中可见,"汉"字的交叉识别码为Y,"字"字的交叉识别码为F,"沐、汀、洒"的交叉识虽码分别为Y、H、G。如果字根编码和末笔交叉识别码都一样,这些汉字称重码字。对重码字只有进行选择操作,才能获得需要的汉字。

(4) 单字的编码输入规则(单字的编码口诀)

五笔字型的取码规则有一首口诀,内容是:五笔字型均直观,依照笔顺把码编;键名汉字打四下,基本字根请照搬;一二三末取四码,顺序拆分大优先;不足四码要注意,交叉识别补后边。

规则的具体含义为:

1)对于键名字,可连接按四次该键输入。

2)对于成字字根,可按笔画输入。

3)对于大量的键外字应依据以下原则:

第一,按书写顺序:从左到右,从上到下,从外到内取码。

第二,以基本字根为单位取码。

第三,按一二三末字根,最多只取四码。

第四,单体结构,取大优先;字型末笔取识别码。

二、五笔字型简码输入

1. 一级简码

对一些常用的高频字,敲一键后再敲一空格键即能输入一个汉字。高频字共25个,如下图键左上角为键名字,键右下角为高频字即一级简码字,如图4—9所示。

键名	Q	W	E	R	T	Y	U	I	O	P
简码	我	人	有	的	和	主	产	不	为	这
键名	A	S	D	F	G	H	J	K	L	
简码	工	要	在	地	一	上	是	中	国	
键名	Z	X	C	V	B	N	M			
简码		经	以	发	了	民	同			

图4—9 一级简码

2. 二级简码

由单字全码的前两个字根代码接着一空格键组成,最多能输入25×25=625个汉字。

　　　　　GFDSA　　　HJKLM　　　TREWQ　　　YUIOP　　　NBVCX
　　　G　五于天末开　下理事画现　玫珠表珍列　玉平不来　　与屯妻到互

F	二寺城霜载	直进吉协南	才垢圾夫无	坟增示赤过	志地雪支
D	三夺大厅左	丰百右历面	帮原胡春克	太磁砂灰达	成顾肆友龙
S	本村枯林械	相查可楞机	格析极检构	术样档杰棕	杨李要权楷
A	七革基苟式	牙划或功贡	攻匠菜共区	芳燕东 芝	世节切芭药
H	睛睦眭盯虎	止旧占卤贞	睡睥肯具餐	眩瞳步眯瞎	卢 眼皮此
J	量是晨果虹	早昌蝇曙遇	昨蝗明蛤晚	景暗晃显晕	电最归紧昆
K	呈叶顺呆呀	中虽吕另员	呼听吸只史	嘛啼吵噗喧	叫啊哪吧哟
L	车轩因困轼	四辊加男轴	力斩胃办罗	罚较 辚边	思团轨轻累
M	同财央朵曲	由则 崭册	几贩骨内风	凡赠峭赋迪	岂邮 凤巍
T	生行知条长	处得各务向	笔物秀答称	入科秒秋管	秘季委么第
R	后持拓打找	年提扣押抽	手折扔失换	扩拉朱搂近	所报扫反批
E	且肝须采肛	胖胆肿肋肌	用遥朋脸胸	及胶腔朦爱	甩服妥肥脂
W	全会估休代	个介保佃仙	作伯仍从你	信们偿伙	亿他分公化
Q	钱针然钉氏	外句名甸负	儿铁角欠多	久勾乐炙锭	包凶争色
Y	主计庆订度	让刘训为高	放诉衣认义	主说就变这	记离良充率
U	闰半关亲并	站间部曾商	产瓣前闪交	六立冰普帝	决闻妆冯北
I	汪法尖洒江	小浊澡渐没	少泊肖兴光	注洋水淡学	沁池当汉涨
O	业灶类灯煤	粘烛炽烟灿	烽煌粗粉炮	米料炒炎迷	断籽娄烃糯
P	定守害宁宽	寂审宫军宙	客宾家空究	社实宵灾之	官字安 它
N	怀导居 民	收慢避惭届	必怕 愉懈	心习悄屡忧	忆敢恨怪尼
B	卫际承阿陈	耻阳职阵出	降孤阴队隐	防联孙耿辽	也子限取陛
V	姨寻姑杂毁	叟旭如舅妯	九 奶 婚	妨嫌录灵巡	刀好妇妈姆
C	骊对参骠戏	骒台劝观	矣牟能难允	驻驸 劝观	马邓艰双
X	线结顷 红	引旨强细纲	张绵级给约	纺弱纱继综	纪弛绿经比

3. 三级简码

由单字前三个字根接着一个空格键组成。凡前三个字根在编码中是唯一的,都选作三级简码字,一共约 4 400 个。虽敲键次数未减少,但省去了最后一码的判别工作,仍有助于提高输入速度。

三、五笔字型的词语输入

汉字以字作为基本单位,由字组成词。在句子中若把词作为输入的基本单位,则速度更快。五笔字型中的词和字一样,一词仍只需四码。用每个词中汉字的前一、二个字根组成一个新的字码,与单个汉字的代码一样,来代表一条词汇。词汇代码的取码规则如下:

1. 二字词

分别取每个字的前两个字根构成词汇简码。

例如,"计算"取"言、十、竹、目"构成编码 YFIH。

2. 三字词

前二个字各取一个字根,第三个取前二个字根作为编码。

例如:"操作员"取"扌、亻、口、贝"构成编码 RWKM;"解放军"取"刀、方、冖、车"构成编码 QYPL 等。

3. 四字词

每字取第一个字根作为编码。

例如,"程序设计"取"禾、广、言、言"构成词汇编码 TYYY;"经济管理"取"纟、氵、竹、王"构成编码 XITG;"科学技术"取"禾、⺌、扌、木"构成编码 TIRS。

4. 多字词

取一、二、三、末四个字的第一个字根作为构成编码。

例如,"中华人民共和国"取"口、人、人、口"(KWWL),"电子计算机"取"日、子、言、木"(JBYS)等。

五笔字型中的字和词都是四码,因此,词字占用了同一个编码空间。之所以词字能共同容纳于一体,是由于每个字四键,共有 $25 \times 25 \times 25 \times 25$ 种可能的字编码,约 39 万个,大量的编码空闲着。对词汇编码而言,由于词和字的字根组合分布规律不同,它们在汉字编码空间中各占据着基本上互不相交的一部分。因此词和字的输入完全一样。

四、重码、容错码和学习码

1. 重码处理

若一个编码对应着几个汉字,这几个汉字称为重码字;若几个编码对应一个汉字,这几个编码称为汉字的容错码。

在五笔字型中,当输入重码时,重码字显示在提示行中,较常用的字排在第一个位置上,并用数字指出重码字的序号,如果需要的就是第一个字,可继续输入下一个字,该字会自动跳到当前光标位置。其他重码字要用数字键加以选择。

例如,"嘉"字和"喜"字,都分解(FKUK),因"喜"字较常用,它排在第一位,"嘉"字排在第二位。若需要"嘉"字则要用数字键 2 来选择。

2. 容错码

为了减少重码字,把不太常用的重码字设计成容错码字即把它的最后一码修改为 L,例如:把"嘉"字的码定义为 FKUL,这样用 FKUL 输入,则获得唯一的"嘉"字。

在汉字中有些字的书写顺序往往因人而异,为了能适应这种情况,允许一个字有多种输入码,这些字就称为容错字。在五笔字型编码输入方案中,容错字有 500 多个。

3. Z 学习键

从五笔字型的字根键位图可见,26 个英文字母键只用了 A~Y 共 25 个键,Z 键用于辅助学习。当对汉字的拆分一时难以确定用哪一个字根时,不管它是第几个字根都可以用 Z 键来代替。借助于软件,把符合条件的汉字都显示在提示行中,再键入相应的数字,则可把相应的汉字选择到当前光标位置处。在提示行中还显示了汉字的五笔字型编码,可以作为学习编码规则用。

第五章

Word 2000 的基本操作(一)

第一节　Word 2000 的基础知识

一、Word 2000 的启动与退出

1．Word 的启动

启动 Word 有许多种方法，下面介绍几种常用的方法。

（1）从开始选项菜单中启动 Word

1）选择 Word 程序命令启动 Word　在操作系统桌面上单击"开始"，选择"所有程序"，单击"Microsoft Word"启动 Word 程序。如图 5—1 所示。Word 启动后，自动建立一个名称为"文档 1"的新文档。

图 5—1　从开始菜单中选择 Word 程序命令启动

2）从开始菜单中选择新建 Office 文档启动 Word　在操作系统桌面上单击"开始"，选择"所有程序"，单击选择"新建 Office 文档"，打开新建 Office 文档对话框，选择 Office 文档类型，单击"确定"按钮，即可启动 Word 程序。启动后，Word 自动建立一个名称为"文档 1"的新文档。操作步骤如图 5—2 所示。

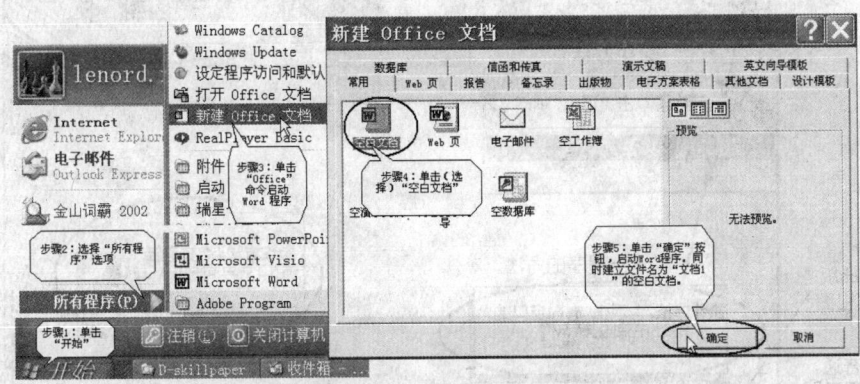

图 5—2 从开始菜单中选择"新建 Office 文档"

也可以在步骤 3 中，双击"空白文档"，完成步骤 3、4 中的操作。

3）从开始菜单选择"文档"中最近使用的文档快捷键启动 Word 在操作系统桌面上单击"开始"，单击或选择"我最近的文档"，单击选择最近使用过的文档，启动 Word 程序，同时打开该文档，如图 5—3 所示。

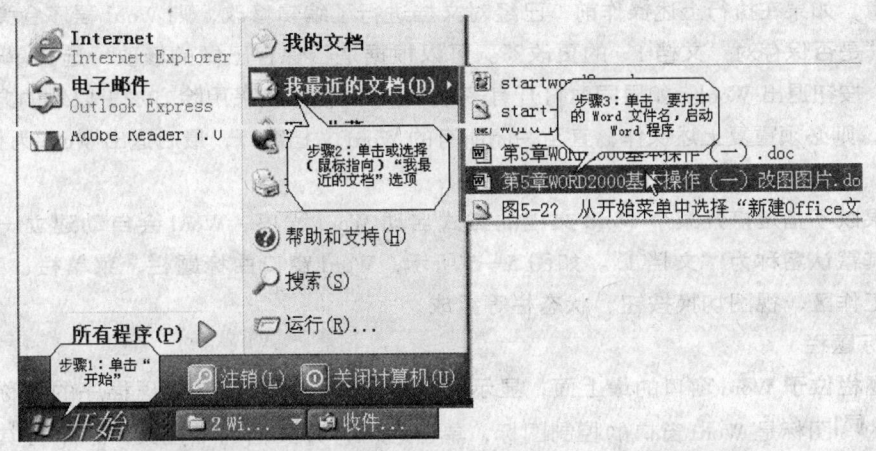

图 5—3 从开始菜单中选择最近使用过的文档，启动 Word 程序

（2）打开 Word 文档时启动 Word

在 Word 启动前，如果想打开已经保存的文档，可以通过查找、打开资源管理器浏览等方法，找到文档文件名或其快捷方式，双击图标，此时会自动启动 Word，并且打开这个文档。

2. 退出 Word 程序

退出 Word 的方法有许多，下面介绍四种常用的方法：

（1）从 Word 的文件菜单栏退出 Word。操作步骤如图 5—4 所示。

（2）双击 Word 窗口的控制图标 退出 Word，如图 5—4 所示。

（3）单击 Word 窗口按钮中的关闭按钮 退出 Word，如图 5—4 所示。

（4）利用快捷键 Alt + F4 退出 Word。

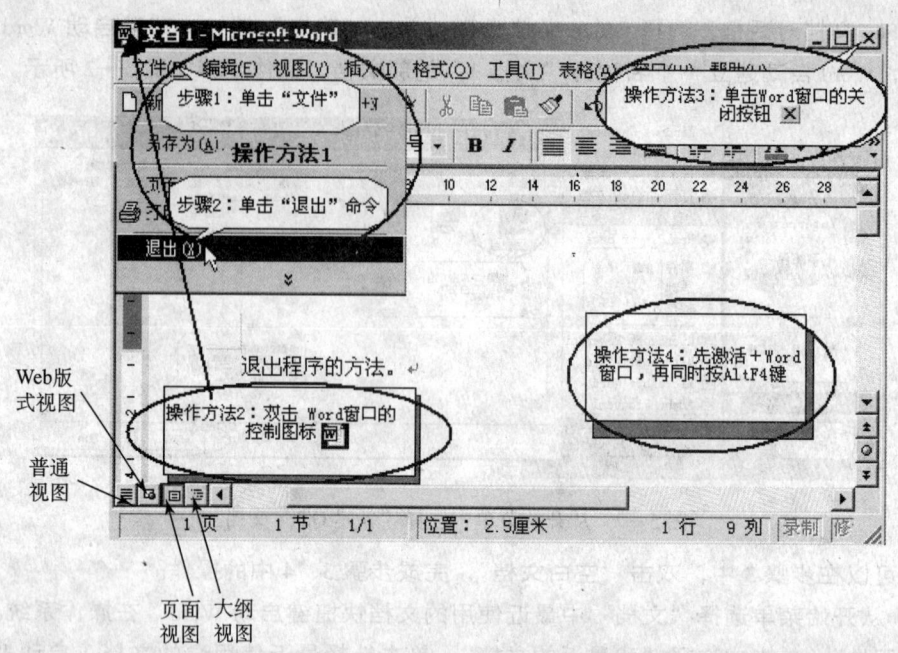

图 5—4　退出 Word 程序的常用方法

注意，如果在执行上述操作前，已经对文档进行了编辑修改，则 Word 程序会弹出显示对话框"是否保存对'文档1'的更改?"。可以根据是否保存已做的修改，选择单击"是"或"否"按钮退出 Word。如果同时打开有多个 Word 文档，在采用除方法1以外的方式退出 Word 时，则必须重复上述操作，直至关闭所有的 Word 文档窗口，最后退出 Word 为止。

二、Word 2000 窗口简介

如果以不指定打开某个 Word 文档的方式启动 Word 程序，Word 会自动建立一个空白文档，其默认名称为"文档1"。如图5—5所示，Word 窗口由标题栏、菜单栏、工具栏、标尺、工作区、视图切换按钮、状态栏等组成。

1. 标题栏

标题栏位于 Word 窗口的最上面，显示文档的文件名，以及字处理程序的名称。标题栏左边的图标是 Word 窗口的控制图标，单击它可打开文档的下拉菜单，单击其中的命令可以完成移动、调整窗口大小、关闭文档等窗口控制的操作。标题栏右边是控制窗口最小化、最大化（或还原）、关闭按钮。

2. 菜单栏

菜单栏由9个菜单组成，每个菜单内包含有一组命令。单击其中的某个菜单，打开其下拉菜单，移动鼠标选择其中的命令，单击命令，就可执行其相应功能。

3. 工具栏

工具栏由许多不同的工具条组成，每个工具条又由许多工具按钮构成。这些工具按钮能够实现菜单中大部分命令的功能，而且通过单击工具栏中工具按钮，就可以快速执行相应的操作。Word 程序的默认设置只显示出常用工具条和格式工具条，如图5—5所示。但是，Word 程序提供了多种类型的工具，可以单击菜单栏中的"视图"，选择"工具栏"，展开如图5—6所示的工具条类型下拉菜单，再单击相应的工具条名称，Word 窗口就可以显示或隐藏选定的工具条。

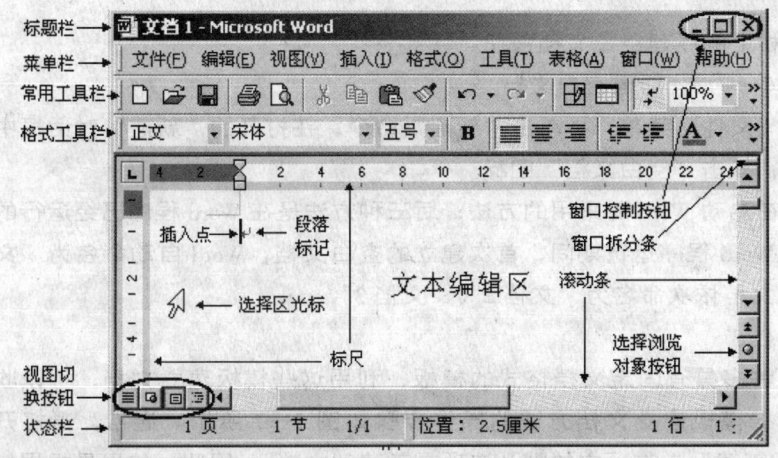
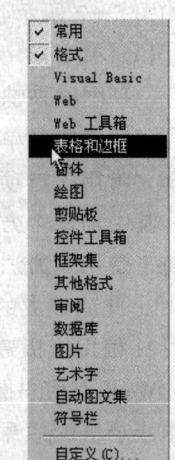

图 5—5 Word 2000 窗口组成部分　　　　　　图 5—6 工具条类型

4．标尺

标尺有水平标尺和垂直标尺。标尺用于显示、查看、设置段落缩进、制表符位置，查看文档、图片、表格等宽度和高度，便于直观地编排文档。通过单击菜单栏中"视图"，单击"标尺"，实现标尺的显示和隐藏功能。

5．工作区

工作区是录入和编排文档的区域。光标位置就是录入文字、图表等内容的插入点。

6．视图切换按钮

视图切换按钮位于 Word 窗口左下角的四个按钮，如图 5—5 所示。单击视图切换按钮，在不同的视图之间切换。可以单击"视图"菜单中的"普通""Web 版式""页面"或"大纲"命令进行切换。

7．状态栏

状态栏位于 Word 窗口最下端，显示目前光标在文档中的位置、录入编辑状态（如修订、改写、插入等）信息，如图 5—5 所示，表明目前光标位于文档的第 1 页、第 1 节、距离页面顶边 2.5 厘米、第 1 行、9 列。

第二节　Word 2000 文档的基本操作

Word 2000 文档的基本操作包括创建或打开 Word 文档、录入文字、插入图片、切换视图、调整文档窗口、保存文档等操作。

一、创建新的 Word 文档

使用 Word 的目的就是要处理文档资料，而其中最基本的一项任务就是创建 Word 文档。创建 Word 文档的方法是从创建新的 Word 文档开始的。

1．建立空白文档

建立空白文档的方法有以下几种。

（1）采用从开始菜单中选择 Word 程序命令启动 Word 的方法建立空白文档。操作步骤如图 5—1 所示。

（2）采用从开始菜单中选择新建 Office 文档启动 Word 的方法建立空白文档。操作步骤如图 5—2 所示。

（3）单击常用工具栏上的新建空白文档按钮。

（4）同时按快捷键 Ctrl + N，新建空白文档。

（5）单击菜单栏上"文件"菜单，再单击"新建"命令，在打开的"新建"对话框中选择"常用"选项卡中，双击"空白文档"图标。

其中前两个方法是在启动 Word 时采用的方法；后三种方法是在 Word 程序已经运行的环境下使用的方法。在 Word 程序运行期间，首次建立的空白文档，Word 自动命名为"文档1"，此后建立的空白文档依次命名为"文档2"、"文档3"、…。

2．根据模板建立文档

Word 为用户提供了许多具有固定文档格式的模板，利用这些模板建立文档，可以收到事半功倍的效果。根据模板建立文档方法的操作步骤如图 5—7 所示。通常，当打开"新建"对话框时，在"新建"单选项中的默认选项是新建"文档"。因此，如果是根据模板建立文档，则可在操作步骤 4 中，双击选定的模板图标，取代步骤 4、5、6 操作。

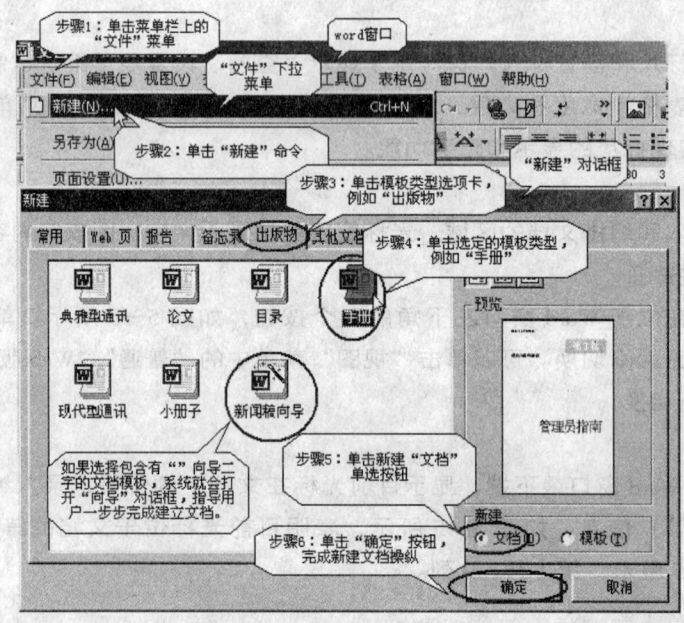

图 5—7　根据模板建立文档

3．利用模板向导建立文档

Word 还提供了模板向导，其模板文件名中包含有"向导"二字，如图 5—7 中的文档模板"新闻稿向导"就是模板向导文件。如果在图 5—7 所示的操作步骤 4 中，选择包含有"向导"二字的文档模板建立文档，则会打开相应的向导对话框，指导用户一步一步完成建立文档的操作。

二、打开 Word 文档

建立 Word 文档后，常常需打开文档阅览，并进行修改、编辑等操作。因此，打开 Word 文档是一项基本操作。在 Word 已经启动的环境中，用户不必关闭 Word 程序，再采用本章第一节启动 Word 方法来打开 Word 文档。而应采用下面的方法打开 Word 文档。

1．打开最近使用过的 Word 文档

在 Word 已经启动的环境中，采用打开最近使用过的 Word 文档的操作步骤如图 5—8 所示。如果在"文件"下拉菜单中没有出现最近打开过的文档文件名，可能是因为最近没有打开该文档，或系统设定的显示列出最近所用文件的数量太小所致，可以通过单击菜单栏上的"工具"，单击"选项"按钮，打开"选项"设置，单击"常规"选项卡，如图 5—9 所示，确定在"列出最近所用文件"复选框内置"√"符号，并在其后设置列出最近所用文件的数量。

2．打开指定位置的 Word 文档

（1）单击工具栏上的打开文件按钮，或单击菜单栏上"文件"，再单击"打开"命令，弹出如图 5—10 所示的"打开"对话框。

（2）单击"打开"对话框中"查找范围"的下拉列表框，单击选择 Word 文档所在的驱动器名，双击打开其所在的文件夹，双击要打开的文件名，完成打开 Word 文档的操作。

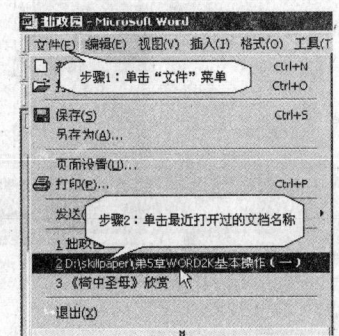

图 5—8　打开最近使用过的 Word 文档

也可以在"文件名"下拉列表框内输入文件名，或单击其下拉列表框的下拉按钮，选择要打开的文件名，再单击"打开"按钮，完成打开 Word 文档的操作。

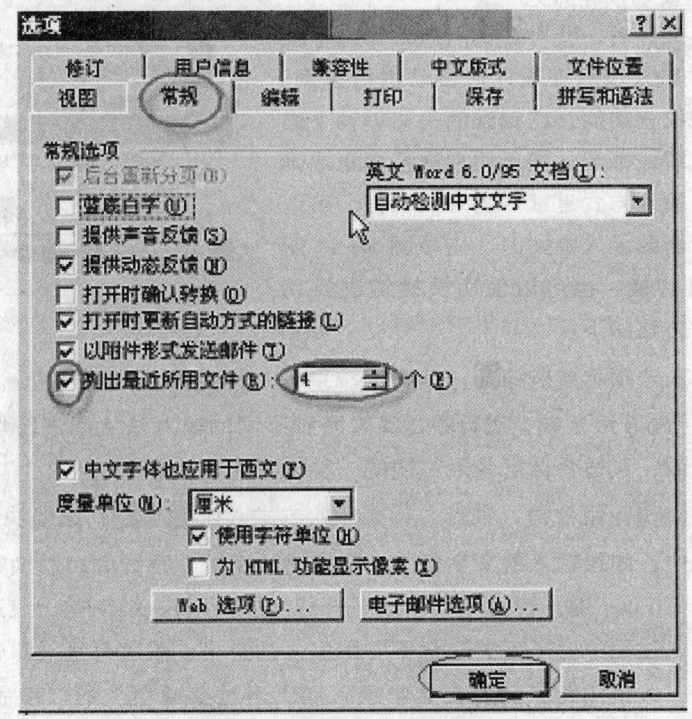

图 5—9　设置列出最近所用文件的个数

如果要打开不是以 .doc 为扩展名的 Word 文档，则应单击"文件类型"下拉列表框的下拉按钮，选择要打开文件的类型或选择"所有文件"，使文件显示窗口中显示出指定类型的文件名。

图 5—10 "打开"文件对话

三、文档录入

在 Word 窗口内不断闪烁的光标,称为插入点,表示当前录入或插入文本、符号、图片等对象的位置。在进行录入时,必须先将光标移动、定位到需要插入对象的位置,确定插入点后,再进行录入操作。

1. 录入文本及切换输入法

打开或创建文档后,就可在插入点处输入中英文文字。Word 系统还设有在输入时自动进行单词、词组拼写和语法检查功能,在错误的拼写单词下面用红色或绿色波纹线标示,提示用户进行更正或确认。通常,英文输入方式是默认的录入语言,可以直接录入英文。当要录入中文时,应按图 5—11 所示操作步骤进行切换。也可以使用快捷键进行切换。切换输入法方法如下:

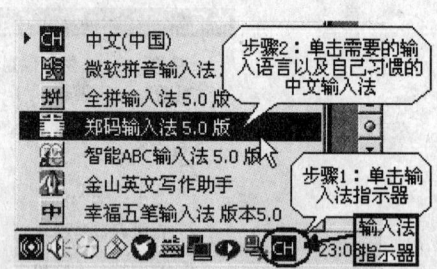

图 5—11 输入法切换

(1) 单击输入法指示器按钮 CH,单击上拉菜单中要选用的输入法。

(2) 按 Ctrl + Shift 组合键,进行中、英文各种不同的输入法之间进行切换,直至选择出与输入语言一致、又适合自己录入习惯的一种输入法为止。

(3) 按 Ctrl + Space 组合键,进行中英文输入方式(如 与 CH)之间快速切换。

在文字录入中,如果输入的文字多于一行容纳的字数,系统会自动换行。只有在录入完一个段落后,按 Enter 键,使插入点移到下一行(即换行),结束前一段落的录入,新的段落开始。在录入过程中,千万要注意不要用多余的空格、段落符号(即"Enter"回车符↵)来调整字符、段落间距,而应在文字录入后,通过菜单栏上的"格式"菜单或单击鼠标右键的格式命令等方法进行格式设置和调整。否则,会影响其后的编辑、排版效率和文档的版面效果。

2. 插入符号

中英文标点符号从键盘输入,其他符号可以通过插入符号的方法输入。

(1) 插入符号操作步骤

1) 单击菜单栏上的"插入",再单击"符号"命令,弹出如图 5—12 所示的"符号"对话框。

2) 分别单击图 5—12 插入符号对话框中相应的符号类型"符号"选项卡或"特殊符号"选项卡、"字体""子集"下拉列表框,列出不同的符号,单击其中要插入的符号。

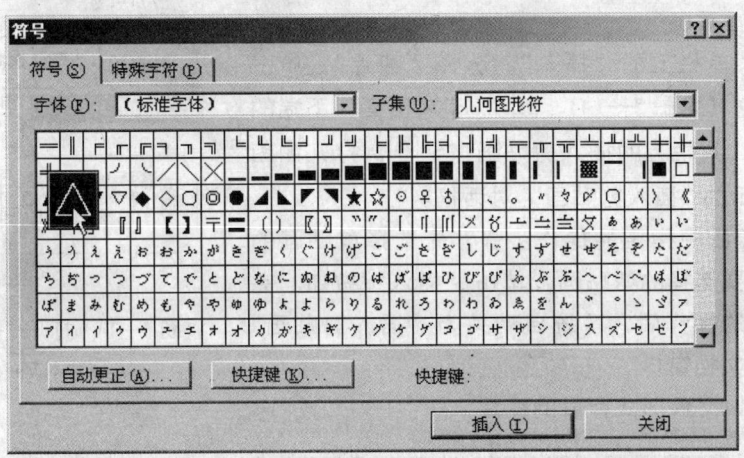

图 5—12 插入符号对话框

3) 再单击"插入"按钮,则所选中的符号就录入到文档的插入点处。

也可以双击选中的符号,一步完成插入符号操作。如果不再插入其他符号,可单击"关闭"按钮,关闭"符号"对话框。

(2) 插入特殊符号操作步骤

1) 单击菜单栏上的"插入"菜单,再单击"特殊符号"命令,弹出如图 5—13 所示的"插入特殊符号"对话框。

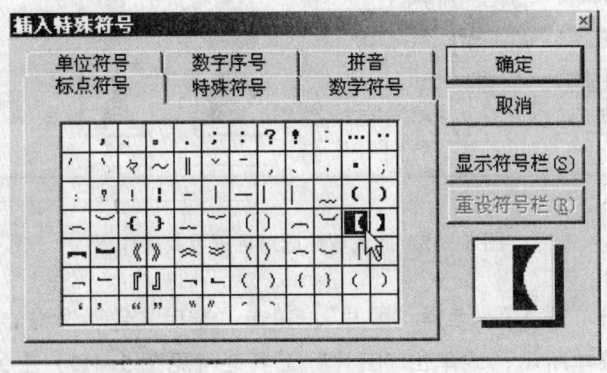

图 5—13 插入特殊符号对话框

2) 单击选择图 5—13 插入特殊符号对话框中相应的符号类型选项卡,单击要插入的符号;

3) 再单击"确定"按钮,完成插入符号操作。系统同时会自动关闭"插入特殊符号"对话框。

同样,可以双击选中的符号,完成插入符号操作。对于成对使用的符号,如图 5—13 所示,双击"【"或"】"符号,可在插入点处插入"【】"一对符号,同时还将插入点定位于两符号的中间,方便用户直接在括号中录入文字。

3. 插入图片

Word 文档除了包含有文本文字外，常常添加一些图片，丰富文档内容，组成图文并茂的页面，可通过插入图片的操作实现。

（1）插入剪贴画

1）单击菜单栏上的"插入"，选择"图片"，单击"剪贴画"命令（见图5—14），或 Word 文档窗口下端的单击"绘图"工具栏上的插入剪贴画按钮，打开如图5—15 底图所示的"插入剪贴画"对话框。

2）再按照图中指定的操作步骤，先选择剪贴画的类型，再单击要选择的剪贴画，单击"插入"按钮。完成插入剪贴画的操作后，系统自动关闭"插入剪贴画"对话框，返回文档窗口。

（2）插入以文件形式存放的图片

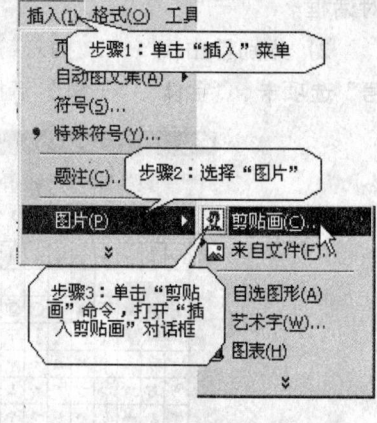

图5—14 打开"插入剪贴画"对话框的方法

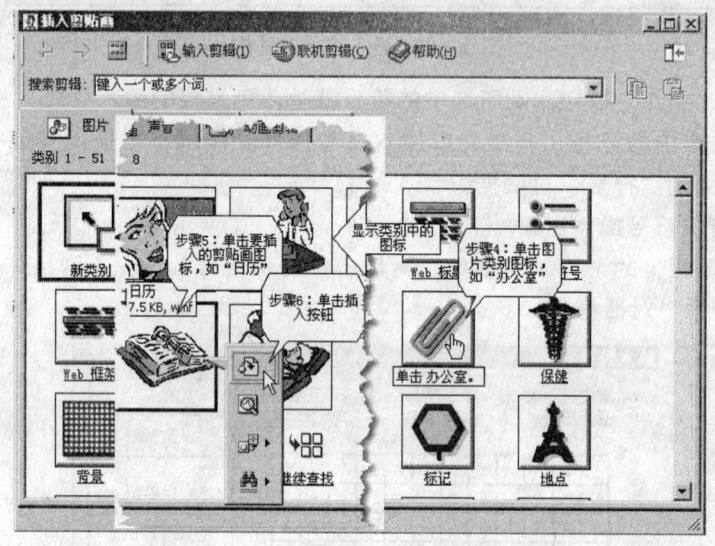

图5—15 插入剪贴画对话框及其操作

单击菜单栏上的"插入"，选择"图片"，单击"来自文件"命令，如图 5—16 中左下角的"插入"下拉菜单所示；或单击"图片"工具栏（见图 5—17）上的插入图片按钮，打开如图 5—16 底图所示的"插入图片"对话框，再按照图中的操作步骤完成插入图片的操作。

四、保存文档

1. 首次保存文档

首次保存文档是指新建 Word 文档后第一次执行保存文档的操作。其操作步骤为：

单击菜单栏上的"文件"菜单，单击"保存"命令，或单击工具栏上的保存按钮。系统打开"另存为"对话框（见图 5—18）。再按照图中所示的操作步骤执行，完成保存文件的操作。只有要将文档保存到另一个文件夹中，才可执行如图 5—18 所示的步骤 2。

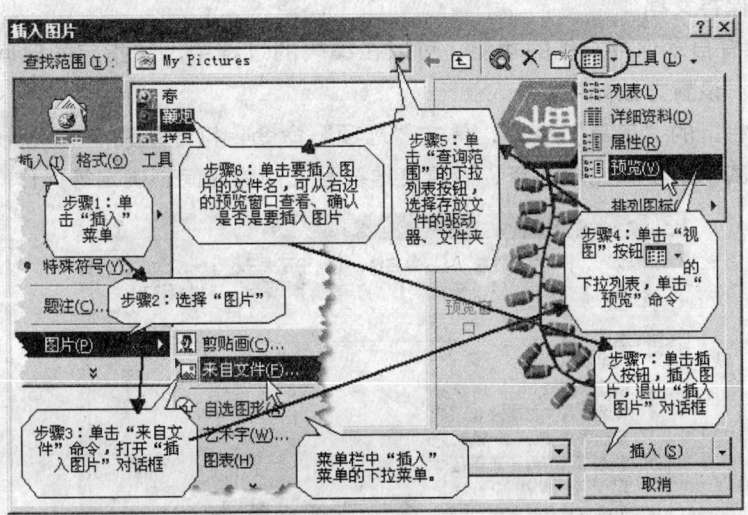

图 5—16 插入图片操作

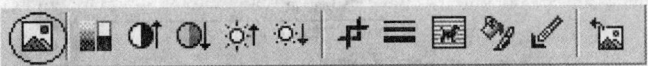

图 5—17 "图片"工具栏

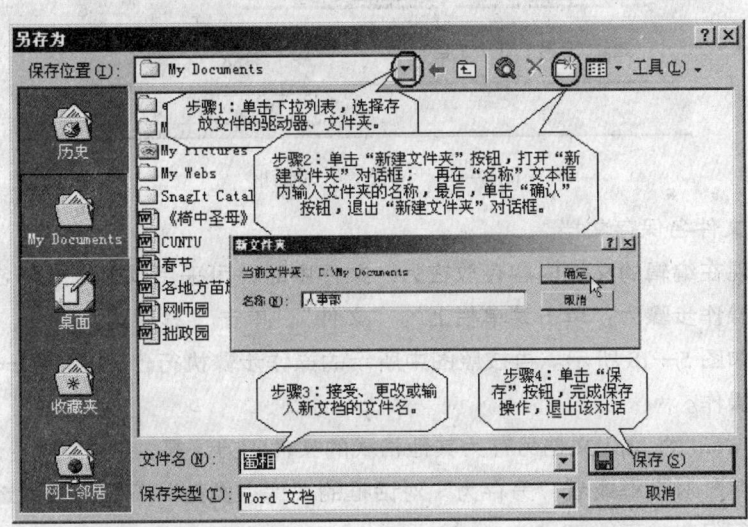

图 5—18 "另存为"对话框及其操作

2. 编辑过程中保存文档

为避免在编辑 Word 文档的过程中，因系统出错、停电等原因，丢失编辑的内容，造成所做的操作前功尽弃，最好在操作的过程中不定期地保存文档。

(1) 手动保存文档

下面任一种操作方法均可完成手动保存文档：

1) 可以单击菜单栏上的"文件"菜单，单击其中的"保存"命令。

2) 还可以单击工具栏上的保存按钮■。

3) 或者按 Ctrl + S 快捷键来保存文件。

(2) 自动保存文档

Word 提供有自动保存文档的功能，可以在编辑的过程中，按指定的时间间隔自动定期地保存文档。设置方法如下：

单击菜单栏上的"工具"菜单，单击"选项"命令，打开如图 5—19 所示的"设置"对话框。再按图中的步骤完成选择、设置复选符号、间隔时间、确定等操作。

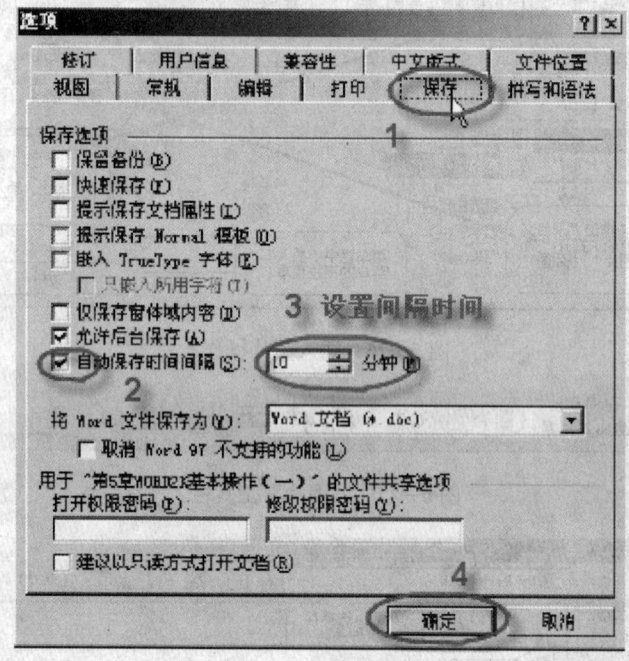

图 5—19 "设置"对话框

3. 以另一文件名保存文档

当需要将现在编辑的文档内容存放在另一文件中时，可采用以另一文件名保存文档的方式实现。其操作步骤为：单击菜单栏上的"文件"，单击"另存为"命令。打开"另存为"对话框，如图 5—18 所示。再按照图中所示的操作步骤执行，完成以另一个文件名保存当前文档的操作。

也可以把 Word 的 .doc 文档另存为其他格式的文件。方法是：

单击"保存"对话框或者"另存为"对话框的"保存类型"下拉列表，选择其他类型的文档格式进行保存就可以了。

五、视图显示方式

视图有普通视图、Web 版式视图、页面视图和大纲视图 4 种显示方式，适用于不同的编辑情况。

1. 普通视图

在普通视图方式下，显示文档快，占用内存少，利于文字录入、编辑。但是不显示页边距、页眉和页脚、垂直标尺等页面格式。因此，在进行准确的文档版面排版或图形操作时，最好切换到页面视图下进行。

切换到普通视图的方法是：单击菜单栏上的"视图"，再单击"普通"命令；或单击 Word 窗口左下角的"普通视图"按钮 ；或按快捷键 Ctrl + Alt + N。

2. Web 版式视图

在 Web 版式视图方式下，显示文档在 Web 浏览器中展示的式样。文本、表格可以自动换行，以适应窗口的大小，不受分页符设置的影响，显示文档的内容、文档背景颜色。可以用于浏览和制作网页。

单击菜单栏上的"视图"，再单击"Web 版式"命令；或单击 Word 窗口左下角的"Web 版式视图"按钮，可切换到 Web 版式视图。

3. 页面视图

页面视图就是以页面形式显示文档。可以看见页边距，显示两个标尺、页眉与页脚。因为页面视图比较直观，因此是进行图片、表格插入，页边距调整，设置分栏、分页等版面设置等调整的最好视图。

可采用单击菜单栏上的"视图"，再单击"页面"命令；或单击 Word 窗口左下角的"页面视图"按钮；或按快捷键 Ctrl + Alt + P，切换到页面视图。

4. 大纲视图

大纲视图以缩进文档中各标题的方式显示文档各层次结构关系，如图 5—20 所示。使用鼠标选择标题，单击工具栏上的 + 或 - 按钮，可以展开或折叠显示文档内容或大纲结构；单击 ← 或 → 按钮，可以提升或降低标题的级别，单击 ⇒ 按钮，将标题转换成正文；单击 ↑ 或 ↓ 按钮，可以上移或下移选定标题及其所属内容，实现章节内容前后的快速调整；也可以将鼠标移到标题前的 ✢ 符号上，双击以实现标题内容的展开或折叠显示。

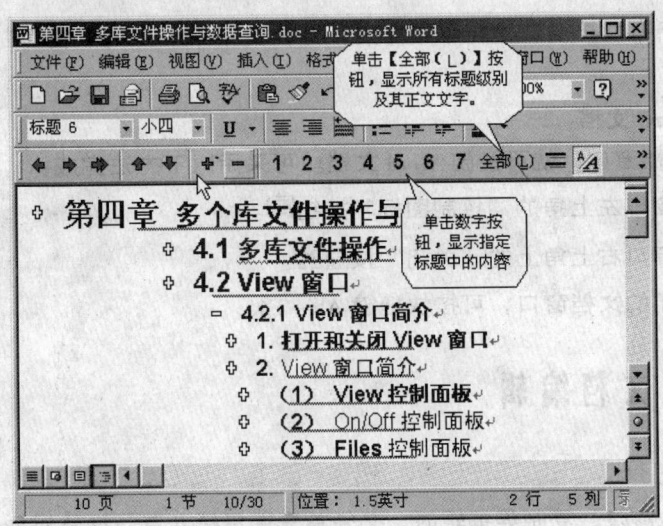

图 5—20 大纲视图

单击菜单栏上的"视图"，再单击"大纲"命令；或单击 Word 窗口左下角的"大纲视图"按钮；或按快捷键 Ctrl + Alt + O，实现大纲视图的切换。

六、调整文档窗口

Word 允许同时打开或建立多个文档，每个文档都拥有自己的一个窗口。但是，只有其中一个文档窗口是激活的，位于屏幕的最上面，其他窗口则隐藏在活动窗口的后面。操作系统的任务栏内会显示出所有窗口的图标按钮。用户可以在这些窗口之间切换，进行复制、编辑等操作。

1. 选择文档窗口

选择文档窗口,即进行文档窗口的切换。方法是:

单击位于任务栏上相应文档窗口的图标按钮;或按快捷键 Ctrl + F6,在所有的文档窗口之间进行浏览切换;或使用 Windows 切换任务的快捷键 Alt + Tab,在不同的窗口之间切换。

2. 拆分文档窗口

将一文档窗口分割成上下两个可独立滚动的窗口。方法是:

单击菜单栏上的"窗口",单击"拆分"命令,再移动鼠标,确定拆分窗口上下的大小位置后,再单击鼠标,完成拆分文档窗口操作。或者,将鼠标移到位于垂直滚动条上面的拆分条,向下拖放鼠标到拆分窗口适当的位置,实现文档窗口拆分,如图 5—21 所示。

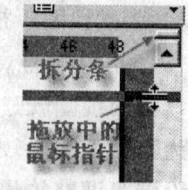

图 5—21 拆分窗口

3. 建立文档副本窗口

在进行文档编辑过程中,有时需要建立该文档的副本窗口。对其中任何一个文档副本窗口内容所作的修改,同样作用于其他文档副本窗口。建立文档副本窗口后,文档窗口标题栏上的文件名采用"文档文件名:X"表示,其中 X 为文档副本窗口的序列号 1,2,…。

建立文档副本窗口操作方法是:单击菜单栏上的"窗口",单击"新建窗口"命令。

要关闭文档副本窗口可以单击位于文档副本窗口右上角"关闭"按钮。

4. 重排文档窗口

要对打开的所有文档窗口进行平铺排列,可单击菜单栏上的"窗口",单击"全部重排"命令。

七、关闭 Word 文档

关闭 Word 文档窗口,就可关闭 Word 文档。可采用以下方法完成:

1. 双击文档窗口左上角的"控制图标"按钮▣。

2. 单击文档窗口右上角上的"关闭"按钮✕。

3. 激活要关闭的文档窗口,可按快捷键 Alt + F4。

第三节 文档编辑

一、选择文本

要进行插入、修改、复制等编辑时,必须首先选择插入点、操作对象。可采用拖放鼠标、按扩展功能键 F8 等方法选择文字或词组、连续的字、句、行、段、全部文档等操作对象。

1. 选择插入点

将鼠标指针移动到要插入的位置,再单击鼠标;或按键盘上的方向键,将插入点光标移动到要插入的位置。

2. 选择文字或词组

可用下面任何一种拖放鼠标、按组合键的方法选择文字或词组。其中拖放鼠标的方法可适用于对连续的字、句、行、段或全部文档的选取。

单击要选定文字的开始位置,并按住左键不放,拖动到要选定文字的结束位置松开;或者,单击要选定文字的开始位置,按住 Shift 键,在要选定文字的结束位置,再单击鼠标;或者双击要选定的文字或词组的起始位置,都可以选定文字或词组。

3. 选择行

单击要选定行的开始位置,按住鼠标左键,拖动到要选定行的结束位置松开;或者将鼠标指针移动到要选择行左边的选择区(不可见,其位置在每行文字开始的左边与垂直标尺之间),鼠标变成了一个向右上方倾斜的箭头时,单击鼠标就可以选中这一行了;或者,把光标定位在要选定文字行的开始位置(或行尾),按住 Shift + End(或 Shift + Home)键,可以选定光标所在行的文字。

在上述操作中,如果按住鼠标左键不放,进行拖动可以选定多行文字;或者在开始行的左边单击选中该行后,再按住 Shift 键,在结束行的左边单击,同样可以选中多行。

4. 选择句

按住 Ctrl 键,单击文档中要选择句子内的某个地方,鼠标单击处的整个句子就被选取。

选择多句:按住 Ctrl 键,在第一个要选中句子的任意位置按下左键,松开 Ctrl 键,拖动鼠标到最后一个句子的任意位置松开左键,就可以选中多句。

5. 选择段落

将鼠标指针移动到要选定段落左边的选择区,鼠标变成了一个向右上方倾斜的箭头时(见图 5—5),双击鼠标,就可以选中鼠标指针所指段落。或者,在要选段落中的任意位置三击鼠标左键,也可选定整个段落。

选择多个段落:在左边的选择区双击要选择段落选中的第一个段落,然后按住 Shift 键,在最后一个段落中任意位置单击,一样可以选中多个连续的段落。

6. 选择全文

单击"编辑"菜单,单击"全选"命令;或按快捷键 Ctrl + A 选中全文;或者按住 Ctrl 键,在文档左边的选择区中单击,同样可以选取全文;也可以先将光标定位到文档的开始位置,再按 Shift + Ctrl + End 键选择全文。

7. 选择矩形区域

首先按住 Alt 键,在要选取矩形区域的任何一个角上,按下左键,拖动鼠标拉出一个矩形的选择区域。或者,先将光标定位在要选取区域的任何一个角上,按住 Shift + Alt 键,再单击要选取区域的对角处,同样可以选择一个矩形区域。

8. 扩展选定文本范围

除以上选择文本方法外,Word 还提供一种扩展的选定文本范围的方法。

按下 F8 键,或双击状态栏上的"扩展"标志,激活扩展选定文本范围功能。此时,"扩展"两个字会由灰色变成了黑色,表明现在 Word 已处于扩展状态。再按一下 F8 键,则可选定插入点所在处的一个词;若再按一下 F8 键,选定区域就扩展到所在的整个句子;再按 F8 键,则选定区域扩展到插入点所在的段落;再按一下,就扩展成全文。注意,此时再按 F8 键,文档不会有任何反应了。这就是扩展选定文本范围。在扩展状态下,如果按住 Alt 键,再单击鼠标,则可以选定一个以插入点与鼠标单击处为对角的矩形区域。

在扩展状态下,任何时候按一下 Esc 键,或双击状态栏上的"扩展"标志,状态栏上的"扩展"两字变成了灰色,见图 5—22 扩展、插入与改写状态指示图,表明已关闭扩展选择功能。由此可见，双击状态栏上的"扩展"标志可以切换扩展选择功能。

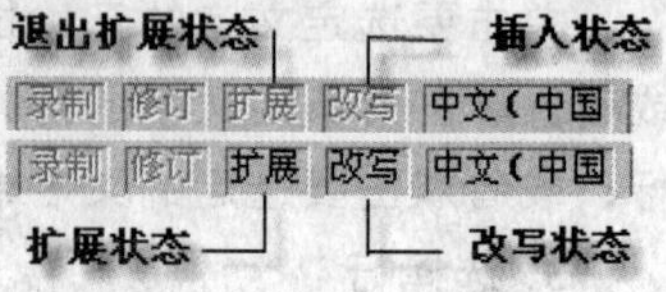

二、复制、剪切与粘贴

对重复输入的文本，利用"复制"和"粘贴"功能比较方便。若要将删除的内容复制到其他位置，则应选用"剪切"和"粘贴"功能。

图 5—22 扩展、插入与改写状态指示

1. 复制

先选定要复制的文字或对象，单击常用工具栏上的"复制"按钮；或单击"编辑"菜单中的"复制"命令；或按右键，打开右键快捷菜单，单击"复制"命令；或按快捷键 Ctrl + C，将选定的文字或对象复制到剪贴板中。

若要将选定的内容从一处复制到另一位置，可采用先复制后粘贴的方法实现；也可以采用先选定要复制的内容，在选中的内容上按下鼠标左键不放，将其拖动到要插入的位置时，按住 Ctrl 键后，再松开鼠标，完成复制操作。

2. 剪切

先选定要剪切的文字，单击常用工具栏上的"剪切"按钮；单击"编辑"菜单中的"剪切"命令；或按右键，打开鼠标右键快捷菜单，单击"剪切"命令；或按快捷键 Ctrl + X，剪切选定的文字或对象。剪切是将选中的内容从原位置上删除掉，同时将其复制到剪贴板中，可供粘贴复制使用。

3. 粘贴

粘贴是将剪贴板中的内容复制到插入点处。首先，将插入点定位在要粘贴的地方，单击常用工具栏上的"粘贴"按钮，或单击"编辑"菜单中的"粘贴"命令；或按右键，打开鼠标右键快捷菜单，单击"粘贴"命令；或按快捷键 Ctrl + V，完成"粘贴"操作。

三、删除与移动

1. 删除

先选定要删除的文字或对象，按 Delete 键；或单击"编辑"菜单中的"清除"命令；也可以采用"剪切"方法删除文字或对象。

当然，也可以使用 Backspace 退格删除键删除光标前面的字符；用 Delete 键删除光标后面的字符。

2. 移动

先选定要移动的文字，再在选中的文字上按下鼠标左键不放，将鼠标拖动到要插入的位置松开，所选定的文字就移动到新的位置上。常常用此方法调换文字、句子、段落的位置。

还可利用 F2 键移动：先选定要移动的文字，按 F2 键，在要插入文字的位置单击鼠标，确定插入点，此时，插入点光标变成了浅色虚线，按 Enter 键确认，文字就移动过来了。

当然，也可以结合使用"剪切"与"粘贴"的方法，实现移动。

四、插入与改写

插入与改写操作是 Word 文档编辑中最基本的操作。Word 的默认录入状态就是插入，此时状态栏上的"改写"标志是灰色的。可以通过按 Insert 键；或双击状态栏上的"改写"标志,进行插入与改写状态的切换操作。若状态栏上的"改写"标志是黑色的,表明系统处于改写状态,如图 5—22 所示。

1. 插入

在插入状态下,先移动光标,将插入点置于要插入的位置,再录入或插入文字、符号等内容,插入点后面的文字会依次后移,实现插入操作。

2. 改写

在改写状态下,先将插入点定位在要改写的文字、符号前,再录入或插入文字、符号等内容,新录入的文字、符号就会覆盖掉光标后面原有的文字。

注意,在插入状态下,若采用先选定改写内容,再输入文字的方法进行改写,如果选定改写内容的字符数与输入的字符数不同,则可能会产生不期望的改写结果。

五、撤销与恢复

撤销和恢复是相辅相成的操作,只有执行了撤销操作,才会存在与之相互对应的、可执行的恢复操作。此时,"恢复"按钮 才是高亮度、可执行的。撤销是取消上一步执行的操作,使文档保持上一次操作前的原样。而恢复就是把刚刚撤销了的操作又重新执行一次,恢复执行撤销的操作。

1. 撤销

单击菜单栏上的"编辑"菜单,再单击"撤销"命令,可以撤销前一次操作。

单击工具栏上的"撤销"按钮 ,可以撤销前一次操作。

单击工具栏上的"撤销"按钮右边的下拉按钮,显示最近执行的可撤销操作的列表。可从列表中选择、单击撤销此前执行过的多个操作步骤。如果该操作不可见,可滚动列表查看。

按快捷键 Ctrl + Z,可以撤销前一次操作。

2. 恢复

如果事后又认为不应撤销该操作,单击"常用"工具栏上的"恢复"按钮 ,恢复撤销前的状态。可采用下面方法之一进行恢复操作:

单击菜单栏上的"编辑",再单击"恢复"命令,可以撤销前一次操作。

单击工具栏上的"恢复"按钮 ,可以恢复执行前一次撤销的操作。

单击工具栏上的"恢复"按钮右边的下拉按钮,可从列表中选择恢复执行撤销的多个操作步骤。

六、换行、换段落与换页

通常,在文字录入的过程中,如果录入的文字超过文档规定的每行允许的字符数时,多出的文字会自动换到下一行(自然换行)。当文字录满一页后,文档会自动换到下一页(自然换页)。

段落是以按 Enter 键产生的段落标记为结束标志的一块文本或图形区域。当一个段落中的文字录入完后,按 Enter 键(硬 Enter 键),结束段落。光标换到下一行,新的段落开始(换段落)。新段落继承了上一个段落所设置的字体、段落等格式。如果删除段落标志,就将该段落标志前后两个段落合并为一个段落。

如果在录入中,需要文字换行,又想避免换行后,文字不会受段落前后间距、项目符号和编号等格式设置的影响,可使用软回车(标记)达到换行而不换段落的目的。方法很简单:先将插入点光标定位在需要换行的位置,按 Shift + Enter 键(软 Enter 键)即可实现。

在录入、编辑过程中,如果文本、图像未满一页,要想换页时,可以使用换页操作。先将插入点光标定位在需要新的一页开始的位置,按 Ctrl + Enter 键。

七、查找与替换

在文档编辑中,使用查找和替换进行查看、修改可起到事半功倍的作用。

1. 查找

(1)单击"编辑"菜单,单击"查找"命令;或按快捷键 Ctrl + F 键,弹出"查找和替换"对话框,如图 5—23 所示。

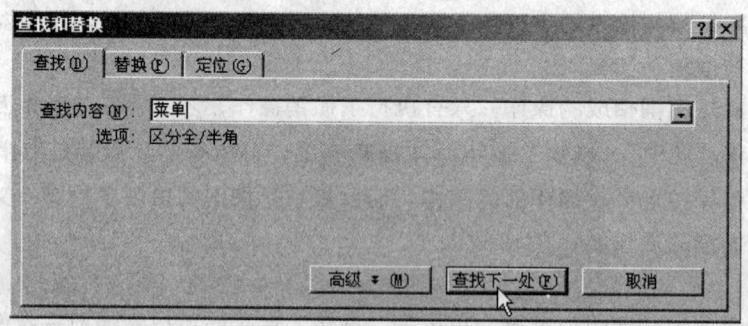

图 5—23 "查找和替换"对话框

(2)在"查找内容"文本框中输入要查找的文字。

(3)必要时可单击"高级"按钮,设置查找的搜索范围、查找内容的格式等选项。

(4)单击"查找下一个"按钮,如果查找到,系统会将光标定位在查找到的文字内容上。必要时可拖动对话框,查看查找到的内容。

(5)结束查找后,单击"关闭"按钮,关闭"查找和替换"对话框。

2. 查找并替换

(1)单击"编辑"菜单,单击"替换"命令;或按快捷键 Ctrl + H 键,弹出"查找和替换"对话框,如图 5—24 所示。

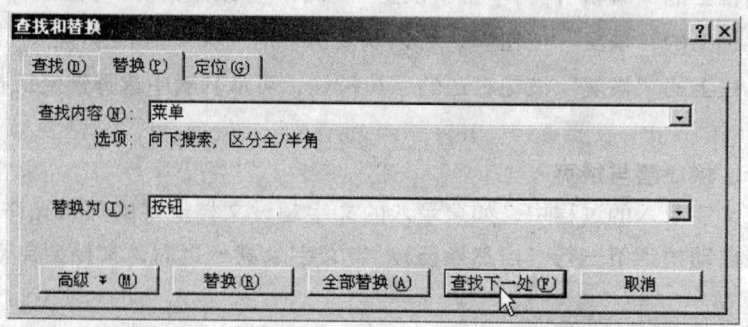

图 5—24 "查找和替换"对话框——替换

(2)在"查找内容"文本框中输入要查找的文字,在"替换为"文本框中输入要替换的文字。

(3)必要时可单击"高级"按钮,设置查找的搜索范围、查找内容的格式等选项。

(4)单击"查找下一个"按钮,如果查找到,系统会将光标定位在查找到的文字内容上。查看查找到的内容,确认后,单击"替换"按钮,否则,再单击"查找下一个"按钮,反复执行查找、替换操作,直至搜索完指定的文档范围为止。

(5) 如果能肯定输入的查找内容,在文档中都要被替换掉,可直接单击"全部替换"按钮,完成后 Word 会告诉替换的结果。

(6) 结束查找后,单击"关闭"按钮,关闭"查找和替换"对话框。

注意,图 5—23、图 5—24 实际上是同一个对话框,只是选择了不同的选项卡。

第四节 格式设置与编排

一、字体格式设置

在 Word 中字体格式设置的方法很多,下面是一些常用的方法。

注意,如果在设置字体格式之前,选定有文本,则设置的字体格式只对选定的文字起作用。否则,所设置的字体格式只对以后输入的文字起作用。

1. 设置字体

单击工具栏上的"字体"列表框的下拉按钮,从列表框内选择要设置的字体。或者,单击鼠标右键;或单击菜单栏上的"格式",单击"字体"命令,打开如图 5—25 所示的"字体"设置对话框,单击"中文字体"或"西文字体"下拉列表框的下拉按钮,从中选择要设置的字体,最后单击对话框中的"确定"按钮。

2. 设置字号

单击工具栏上的"字号"列表框的下拉按钮,从列表框内选择要设置的字号。或者,单击鼠标右键,或单击菜单栏上的"格式",单击"字体"命令,打开如图 5—25 所示的"字体"设置对话框,单击"字号"列表框的上下滚动按钮,单击要设置的字号,最后单击对话框中的"确定"按钮。

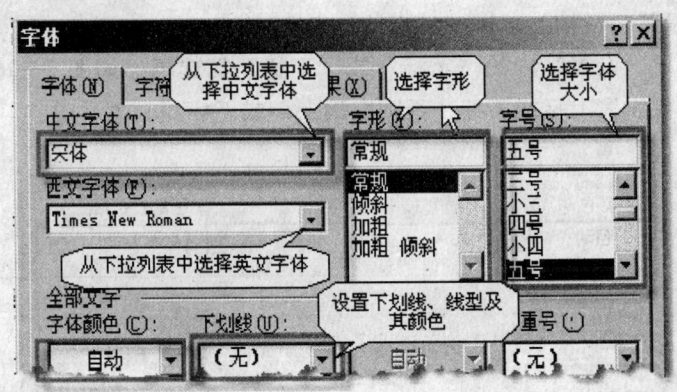

图 5—25 "字体"设置对话

3. 设置粗体、斜体、下划线

(1) 菜单设置

1) 选定要设置的文本,或设定插入点。

2) 单击鼠标右键,或单击菜单栏上的"格式",单击"字体"命令,打开如图 5—25 所示的"字体"设置对话框。

3) 设置要选择的字形：在"字形"列表框中，单击要选择的字形。其中，选择"常规"表示字形不加粗，单击"倾斜"设置字形为斜体，单击"加粗"设置粗体字形，选择"加粗 倾斜"，则同时将字形设置为粗体和斜体。

4) 设置下划线：单击"下划线"列表框下拉按钮，单击要设置的设置下划线类型。

5) 最后单击对话框中的"确定"按钮。

(2) 工具按钮或快捷键设置

首先选定要设置的文本或设定插入点，再按下面方法设置：

设置加粗：单击格式工具栏上的"加粗"按钮 **B**；或按快捷键 Ctrl + B，实现字体为粗体或不加粗的常规（设置）。

设置斜体：单击格式工具栏上的"斜体"按钮 *I*；或按快捷键 Ctrl + U，实现字体为斜体或正体的切换（设置）。

设置下划线：单击格式工具栏上的"下划线"按钮 **U**，实现字体为加下划线或无下划线的切换（设置）。同时，可单击"下划线"按钮右边的下拉列表按钮，选择设置下划线的线型。

4. 设置字体颜色

单击鼠标右键，或单击菜单栏上的"格式"，单击"字体"命令，打开如图 5—25 所示的"字体"设置对话框，单击"字体颜色"列表框，设置要选择的字体颜色，最后单击对话框中的"确定"按钮。

此外，常常采用单击格式工具栏上的"字体颜色"按钮 **A** 右边的下拉列表按钮，打开颜色板，选择设置的字体颜色。

5. 设置上、下标

(1) 菜单设置

1) 单击鼠标右键，或单击菜单栏上的"格式"，单击"字体"命令，打开如图 5—25 所示的"字体"设置对话框。

2) 单击"效果"设置区内的"上标"或"下标"复选框，如图 5—26 所示。框内置"√"符号，表示要设置上标或下标，否则取消上标或下标。

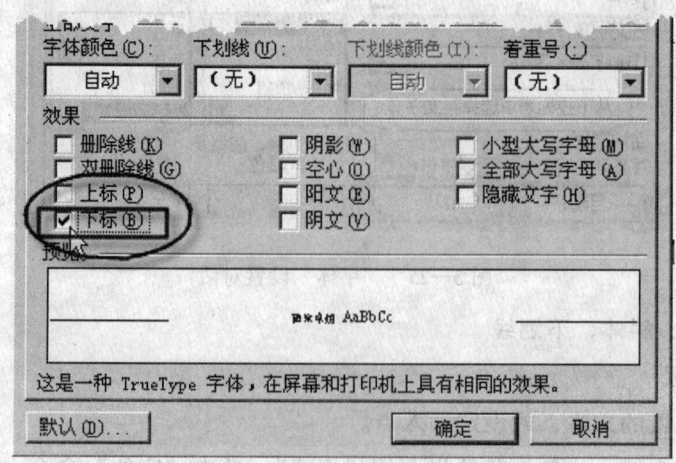

图 5—26　"字体"对话框中设置上、下标

3）最后单击对话框中的"确定"按钮。

(2) 工具按钮设置

更快捷的方法是使用"格式"工具栏上的上标、下标按钮，方法如下：

1）先选定要设置为上标或下标的文字；

2）单击格式工具栏上的上标按钮 x^2 或下标按钮 x_2，分别可设置成上标或下标。如将"XY"中的 Y 设置成下标的操作为：先选定字符"Y"，再单击"格式"工具栏上的下标按钮 x_2，则"XY"变成"X_Y"。

(3) 取消上标、下标

取消已设置的上标或下标的操作方法与设置上标、下标的操作方法相同。

二、段落格式设置

段落是指按"Enter"键产生的段落标记为结束标志的一块文本或图形区域。在进行文档排版时，需要对段落首行格式、对齐方式、行间距、段前和段后间距等格式调整和设置，使文档版面布局合理、整洁美观。

1．设置段落缩进

(1) 设置段落的左缩进、右缩进

1）菜单设置方法

①先将光标定位在要设置的段落中。

②单击"格式"菜单，选择"段落"命令；或单击右键，再单击右键快捷菜单中的"段落"命令，打开"段落"对话框（见图 5—27）。

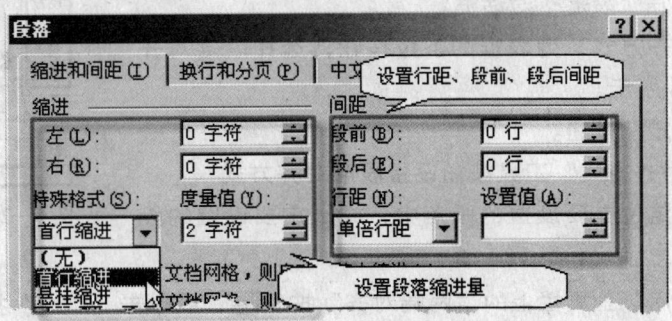

图 5—27 段落设置对话框——缩进与间距设置

③在"段落"对话框的"缩进和间距"选项卡内，分别单击"缩进"选项区中的"左""右"缩进量的微调按钮，分别设置段落的左边、或右边缩进量。

④最后，单击"确定"按钮，完成段落左、右缩进的设置。

2）缩进工具按钮设置段落左缩进

①先将插入点光标定位在要设置的段落中。

②单击常用工具栏上的"增加缩进量"按钮，增加段落的左缩进量；单击"减少缩进量"按钮，减少段落的左缩进量。

(2) 设置特殊的段落缩进格式

设置段落"首行缩进"或"悬挂缩进"操作步骤：

1）先将光标定位在要设置的段落中。

2）单击"格式"菜单，选择"段落"命令；或单击右键，再单击右键快捷菜单中的

"段落"命令,打开"段落"对话框(见图5—27)。

3)单击"特殊格式"列表框的下拉按钮(见图5—27),单击选择要设置的特殊段落格式:"无"表示不设置"特殊格式";选择"首行缩进",设置段落的首行为左缩进格式。若选择"悬挂缩进",则将段落缩进格式设置成除首行外,其余各行左缩进。

4)若设置有"特殊格式",单击"度量值"的微调按钮,设置其缩进量度值。

5)最后,单击"确定"按钮,完成段落缩进的设置。

2.设置行距、段前和段后间距

(1)首先,将光标定位在要设置的段落中,或选定要设置的段落。

(2)单击"格式"菜单,单击"段落"命令;或单击右键,再单击右键快捷菜单中的"段落"命令,打开"段落"对话框。

(3)单击对话框中"行距"下拉列表框中的下拉按钮,选择设定的行距,或在"设置值"设置行距值。分别单击"段前""段后"字段后面的微调按钮,设置段落前、后的间距。

(4)最后,单击"确定"按钮。

3.设置段落对齐格式

在 Word 中常用的段落的对齐方式有四种,分别是两端对齐、居中、右对齐和分散对齐。最简单的设置方法是使用"常用"工具栏上的按钮。

(1)使用"格式"菜单设置

1)先将光标定位在要设置的段落后,单击"格式"菜单,选择"段落"命令;或单击右键,再单击右键快捷菜单中的"段落"命令,打开"段落"对话框。

2)单击"对齐方式"列表框的下拉按钮,选择段落对齐格式,如图5—28所示。

3)单击"确定"按钮。

(2)使用"对齐方式"工具按钮设置段落对齐方式

1)先将光标定位在要设置的段落中,或选定要设置的段落。

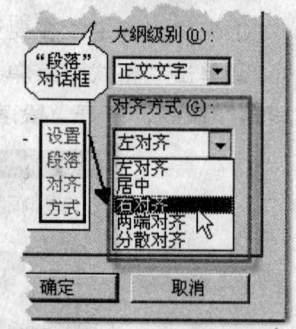

图5—28 设置段落水平对齐方式

2)单击"常用"工具栏上的"两端对齐"按钮▤,或单击"居中"按钮▤,或单击"右对齐"按钮▤,或单击"分散对齐"按钮▤,可设置段落为左对齐、居中对齐、右对齐或两端分散对齐。

4.设置段落边框与底纹

给段落、文字加上边框和底纹可以增加段落、文字的特定效果,修饰、美化文档。

(1)设置段落边框

1)首先将光标定位在要设置的段落中,或选定要设置的段落。

2)单击"格式"菜单,单击"边框和底纹"命令,打开"边框和底纹"对话框,如图5—29所示,选择"边框"选项卡。

3)按图5—29所示的数字顺序,单击"方框"按钮,拖动"线型"列表框的滚动条,选择线型,分别单击"颜色""宽度"下拉按钮,选择颜色、线的宽度等设置。

4)单击"应用范围"列表框的下拉按钮,设置边框所作用的范围:文字或段落。

5)单击"确定"按钮。

(2)设置段落底纹

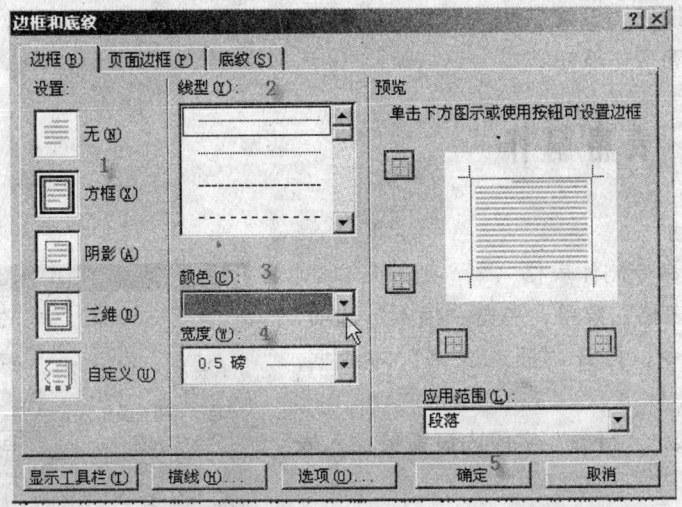

图 5—29 "边框和底纹"对话框(边框)

1) 首先将光标定位在要设置的段落中,或选定要设置的段落。
2) 按设置段落边框操作步骤中的方法打开。
3) 单击"底纹"选项卡,如图 5—30 所示。

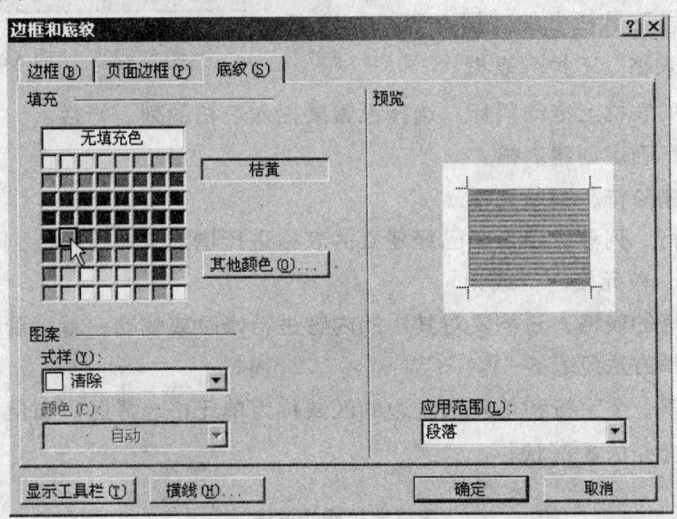

图 5—30 "边框和底纹"对话框(底纹)

4) 选择"填充"颜色。
5) 单击"应用范围",选择作用的范围。
6) 单击"确定"按钮。

5. 设置段落首字下沉

(1) 先选定段落的第一个字,也就是要"首字下沉"的文字。

(2) 单击"格式"菜单,单击"首字下沉"命令,打开"首字下沉"对话框,如图 5—31 所示。

(3) 选择下沉形式:"下沉"或"悬浮"。

(4) 分别单击"字体""下沉行数""距正文"字段的

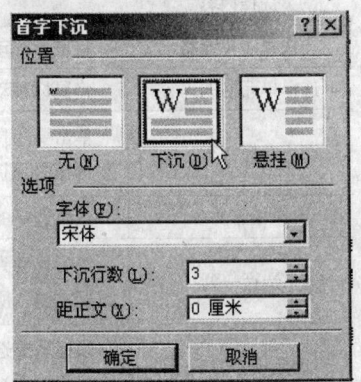

图 5—31 "首字下沉"对话框

下拉列表或微调按钮,设置字体、下沉的行数、距正文的距离。

(5) 单击"确定"按钮。

第五节 表格制作

一、插入表格

1. 使用菜单命令制作表格

(1) 单击"表格"菜单,单击"插入"选项,单击"表格"命令,打开"插入表格"对话框,如图5—32所示。

(2) 在"列数""行数"字段内设置要插入表格的列、行数。

(3) 在"自动调整操作"区域设置表格列宽度的调整方式。

(4) 单击"确定"按钮。

2. 使用表格按钮制作表格

(1) 单击常用工具栏上的"插入表格"按钮,打开"插入表格"下拉列表框。

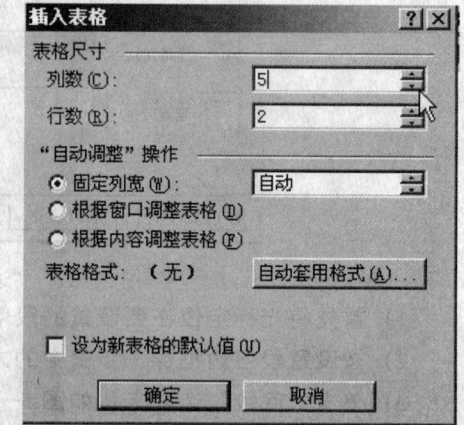

图5—32 "插入表格"对话框

(2) 在下拉列表框上拖动鼠标,选择设置要插入表格的列、行数。

(3) 单击鼠标确定创建表格。

二、插入、删除行、列单元格

插入、删除行、列单元格是对已经建立的表格进行增加或减少行、列数的操作。

1. 选择表格、单元格、行或列

对于已创建好的表格,若需要对其中的内容进行修改或编辑,就需要利用鼠标先进行选择操作,其操作方法见表5—1。

单元格中的第一个字符和单元格左边的区域称为单元格选择区。当鼠标移动到单元格选择区时,鼠标会变成 ➔ 形状。

表5—1 表格选择操作方法

选择内容	操作方法
选择一单元格	将鼠标移动到该单元格的选择区,鼠标变成 ➔ 时,单击鼠标左键
选择单元格的内容	将鼠标移动到要选择的单元格内容前,通过拖放鼠标的方法选择单元格的内容
选择一行	单击要选择行左边的窗口选择区;或双击要选择行中任何一个单元格的选择区;或在要选择的一行中从最左边(或最右边)的单元格向右(或左)拖放鼠标
选择相邻的多行	在要选择的第一行或最后一行的窗口选择区按下鼠标左键,向要选择的行拖放鼠标
选择一列	鼠标移动到表格的指定的列项的上方,然后慢慢向下移动,当鼠标变形为 ↓ 时,按下鼠标左键,所指列项即被选择;或按住"Alt"键后,单击要选择列中的任何位置
选择相邻的多列	鼠标从要选择列的最左边(或最右边)列项的上方,向下移动,当鼠标变成 ↓ 时,向右(或向左)拖动鼠标

续表

选择内容	操作方法
选择相邻的多个单元格	在要选择的单元格上拖放鼠标；或先将插入点定位于要选择单元格的最边上的某一个单元格中，再按住"Shift"键后，在结束的单元格中单击鼠标
选择整个表格	按住"Alt"键后，双击表格中的任何位置；或将鼠标指针移向表格左上角的表格符号，当鼠标指针与其重叠，指针尖出现双向十字箭头时，单击鼠标

2．插入行、列单元格

（1）插入行单元格

1）将插入点定位于要添加的行或列的单元格内。

2）单击"表格"菜单，选择"插入"，选择"行（在上方）"、或者"行（在下方）"，如图5—33所示。

3）单击鼠标，就可将插入的行添加到插入点所在行的上方（或下方）。

（2）插入列单元格

1）将插入点定位于要添加的行或列的单元格内。

2）单击"表格"菜单，选择"插入"、选择"列（在左侧）"／"列（在右侧）"，参照图5—33。

3）单击鼠标，可将插入的列添加在插入点所在列的左侧（或者右侧）。

3．删除行、列单元格

（1）将插入点定位于要删除的行或列的单元格内。

（2）单击"表格"菜单，选择"删除"、选择"列"或"行"，如图5—34所示。

（3）单击鼠标，可将插入点所在的列或行删除掉。

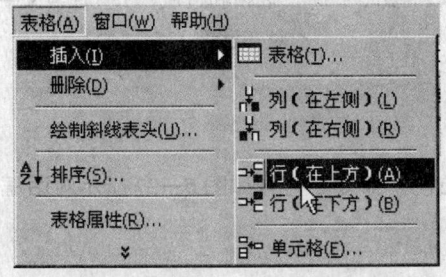
图5—33 表格"插入"下拉菜单

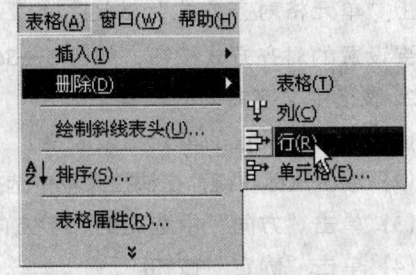
图5—34 表格"删除"下拉菜单

三、合并和拆分表格、单元格

1．表格的合并和拆分

合并表格就是将两个或多个表格合并成一个表格，而表格拆分是把一个表格分为两个或多个表格。

（1）合并表格

1）将两个或多个表格之间的内容（包括段落标记等符号）删除掉，可合并表格。

2）先剪切或复制其中要合并的一个表格，再将其粘贴在被合并表格下面的段落标记前，也可合并表格。

（2）拆分表格

1）先将插入点定位于拆分表格后，位于下面表格的第一行单元格内，再单击"表格"

菜单,单击、执行"拆分表格"命令。

2)或先剪切掉要拆分出去的表格行,再将其粘贴到另一个段落内。

2.单元格的合并和拆分

(1)合并单元格

合并单元格就是将两个或多个相邻的单元格合并成一个单元格。合并单元格,首先选定要合并的单元格,再采用下面任何一种方法合并单元格:

1)单击鼠标右键,单击、执行"合并单元格"命令。

2)单击"表格"菜单,单击、执行"合并单元格"命令。

3)单击"表格和边框"工具栏中的"合并单元格"按钮。

(2)拆分单元格

1)首先选定要被拆分的单元格。

2)单击鼠标右键,单击执行"拆分单元格"命令;或单击"表格"菜单,单击执行"拆分单元格"命令;或单击"表格和边框"工具栏中的"拆分单元格"按钮,打开"拆分单元格"对话框。

3)分别设置拆分单元格的"列数"和"行数"。

4)单击"确定"按钮。

四、表格中文本的编排

1.表格中文字对齐方式的设置

(1)选定要设置的单元格或表格。

(2)单击鼠标右键,在快捷菜单中选择"单元格对齐方式"命令,单击单元格对齐方式按钮,如图5—35所示。或单击"表格和边框"工具栏上"单元格对齐方式"按钮的下拉按钮,单击要设置的对齐方式按钮,如图5—36所示。

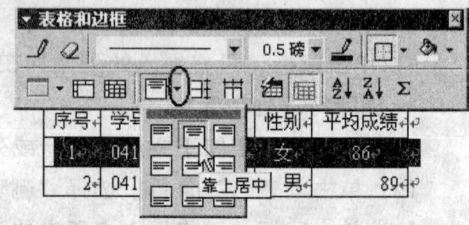

图5—35 "表格和边框"工具栏与文字对齐设置

2.表格中文字方向的设置

(1)选定要设置的单元格或表格。

(2)单击鼠标右键,在快捷菜单中选择"文字方向"命令,打开如图5—37所示对话框。

(3)单击"方向"中选定的文字方向按钮。

(4)单击"确定"按钮。

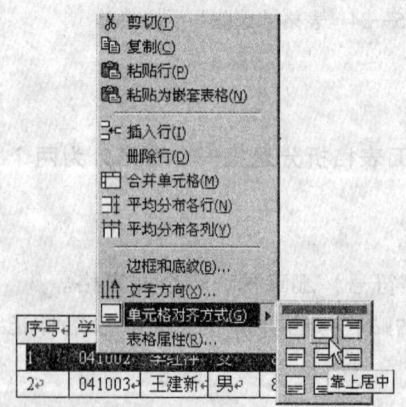

图5—36 "单元格对齐方式"设置

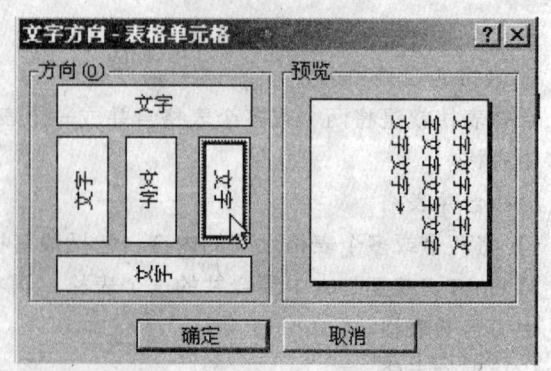

图5—37 "文字方向"设置对话框

第六节　版面布局

一、分节、分栏与分页

节是文档的一部分，在节内可以设置某些页面格式。除非插入分节符，Word 将整个文档视为一个节。因此，如果文档需要采用不同的页面格式，如页码、行号、分栏、页边距、页眉和页脚等格式，就要为其创建一个新的节。分节是插入"分节符"进行标记的，其前后文档部分属于不同的节。一个文档可以分成多个节，每个节内的页面格式设置互不相干。

1. 分节

（1）将插入点定位在要设置分节的位置。

（2）单击"插入"菜单，单击"分隔符"命令，打开"分隔符"对话框，如图 5—38 所示。

（3）单击"分节符类型"单选区域要设置的分节符类型。

（4）单击"确定"按钮。

2. 分栏

（1）切换到页面视图。

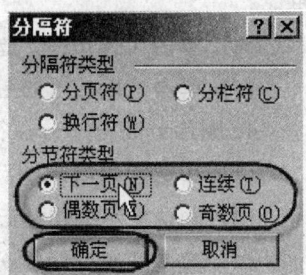

图 5—38　"分隔符"对话框

（2）将插入点定位于要分栏的节内，或者选定要分栏的段落文本、节或整个文档。

（3）单击"格式"菜单，单击"分栏"命令，打开"分栏"对话框，如图 5—39 所示。

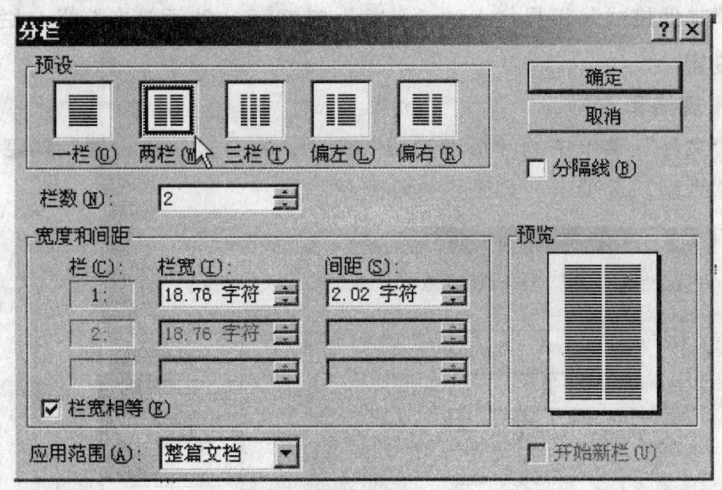

图 5—39　"分栏"对话框

（4）单击"预设"中要分栏的栏目数或分栏的形式，或单击"栏数"的微调按钮，设置分栏数。

（5）单击"宽度和间距"中的微调按钮，设置分栏的栏宽度及其间距。

（6）如果设置不同的分栏宽度，应单击"栏宽相等"的复选框，取消"√"符号；如果设置"分隔线"，则单击其复选框，设置"√"符号。

(7) 单击"应用范围"下拉列表框的下拉按钮,选择分栏的作用范围:整篇文档、所选文字、插入点之后。

(8) 单击"确定"按钮。

3. 分页

通常 Word 会根据页面的设置自动进行分页。也可以通过插入"分页符"的方法,按用户的需要进行分页。

(1) 切换到页面视图。

(2) 单击新页的起始位置。

(3) 单击"插入"菜单中的"分隔符"命令,打开如图5—38所示的"分隔符"对话框。

(4) 单击"分页符"选项。

(5) 单击"确定"按钮。

4. 删除分节符、分页符

(1) 切换到页面视图。

(2) 确认显示编辑标记,否则单击"常用"工具栏上的"显示/隐藏编辑标记"按钮。

(3) 单击要删除的"分节符"或"分页符"。

(4) 按 Delete 键。

5. 删除分栏

(1) 切换到页面视图。

(2) 确认显示编辑标记,否则单击"常用"工具栏上的"显示/隐藏编辑标记"按钮。

(3) 单击或选择要删除的分栏文本。

(4) 单击"其他格式"工具栏上的"分栏"按钮,然后单击选择一栏。

二、页面设置

1. 设置纸张规格和方向

(1) 单击"文件"菜单中的"页面设置"命令,打开"页面设置"对话框。

(2) 单击"纸型"选项卡,如图5—40所示。

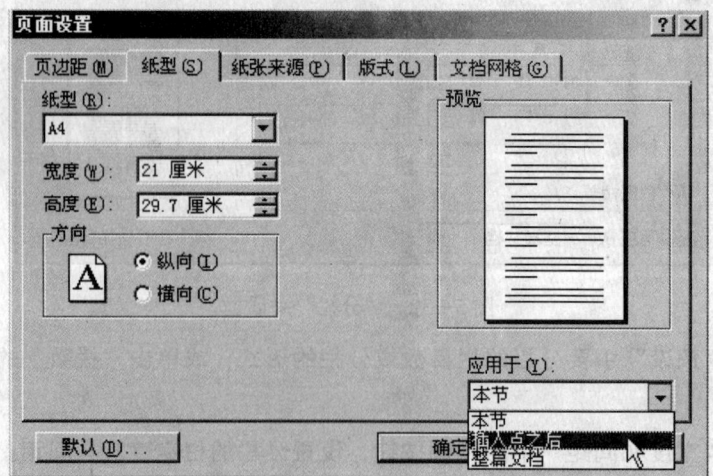

图5—40 "页面设置"对话框("纸型"选项卡)

(3) 单击"纸型"下拉列表按钮,选择要设置纸张的大小。

(4) 单击"方向"设置中的单选按钮,设置页面显示与打印的方向为"纵向"或"横向"。

(5) 单击"应用于"下拉列表按钮,选择设置作用范围。单击"确定"按钮。

2. 设置页边距

(1) 单击"文件"菜单中的"页面设置"命令,打开"页面设置"对话框。

(2) 单击"页边距"选项卡(见图5—41)。

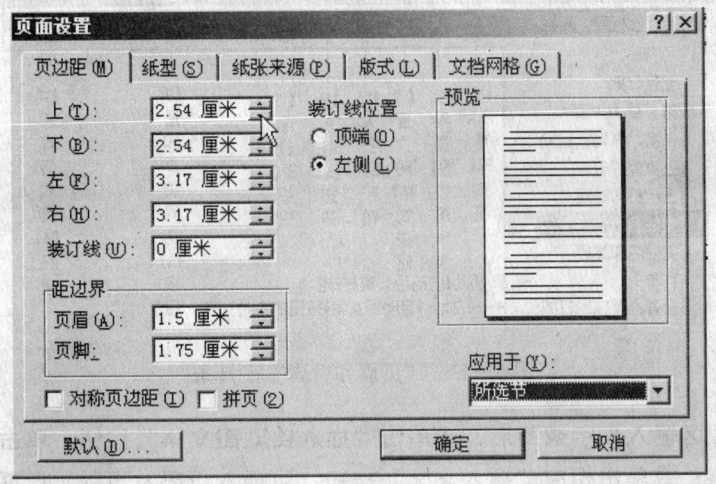

图 5—41 "页面设置"对话框("页边距"选项卡)

(3) 单击"上""下""左""右"微调按钮,或直接输入数值,设置页面的页边距。

(4) 单击"应用于"下拉列表按钮,选择设置作用范围,单击"确定"按钮。

3. 设置每页行数与字符数

(1) 单击"文件"菜单中的"页面设置"命令,打开"页面设置"对话框。

(2) 单击"文档网格"选项卡,如图5—42所示。

(3) 单击"指定行网格和字符网格"单选框按钮。

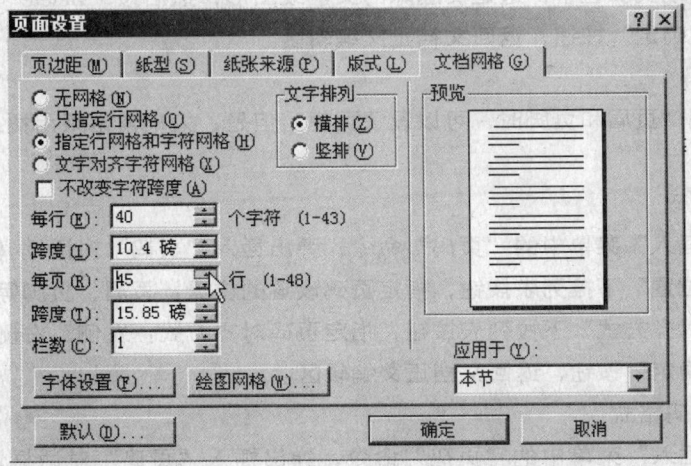

图 5—42 "页面设置"对话框("文档网格"选项卡)

(4) 单击"每行""每页"微调按钮,或输入数值,设置每行字符数和每页行数。

(5) 单击"应用于"下拉列表按钮,选择设置作用范围,单击"确定"按钮。

三、设置页眉和页脚

1.创建页眉和页脚

(1) 单击"视图"菜单中的"页眉和页脚"命令,弹出"页眉和页脚"工具条,如图5—43所示。

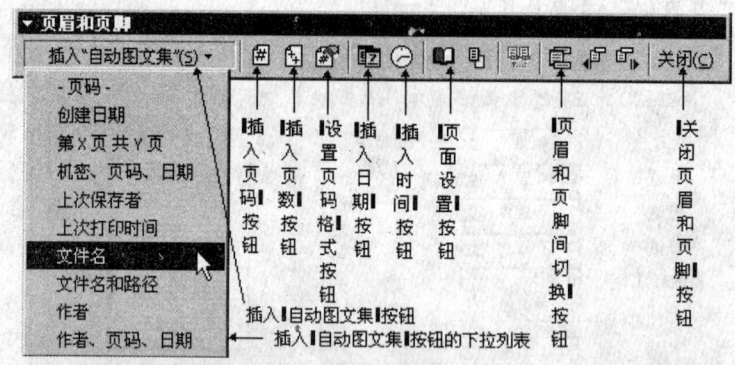

图5—43 "页眉和页脚"工具条

(2) 在页眉区输入文字或图形,或单击"插入自动图文集"按钮,单击要插入的常见页眉或页脚内容;或单击相应"插入××"按钮,可插入页码、页数、日期、时间。

(3) 如要创建页脚,单击"页眉和页脚切换"按钮,切换到页脚编辑状态,再执行(2)中操作。

(4) 单击"关闭"按钮,返回文档正文编辑区。

2.删除"页眉和页脚"

(1) 单击"视图"菜单中的"页眉和页脚"命令,弹出"页眉和页脚"工具条。

(2) 如果需要,可单击"页眉和页脚间切换"按钮,将光标移至要删除的页眉或页脚处。

(3) 在页眉或页脚区中,选定要删除的文字或图形,然后按"Delete"键。

(4) 单击"确定"按钮,返回文档正文编辑区。

3.设置页码

在创建或编辑页眉和页脚时,可以设置页码。但是,人们常常采用插入页码的方法设置页码。

(1) 插入页码

1) 单击"插入"菜单中的"页码"命令,弹出插入"页码"对话框(见图5—44)。

2) 单击"位置"下拉列表按钮,指定页码设置的位置:页眉、页脚等。

3) 单击"对齐方式"下拉列表按钮,指定页码对齐方式:左侧、右侧、居中等。

4) 单击"确定"按钮,返回文档正文编辑区。

(2) 设置页码格式

1) 单击"插入"菜单中的"页码"命令,弹出插入"页码"对话框,如图5—44所示。

2) 单击"格式"按钮,弹出"页码格式"对话框,如图5—45所示。

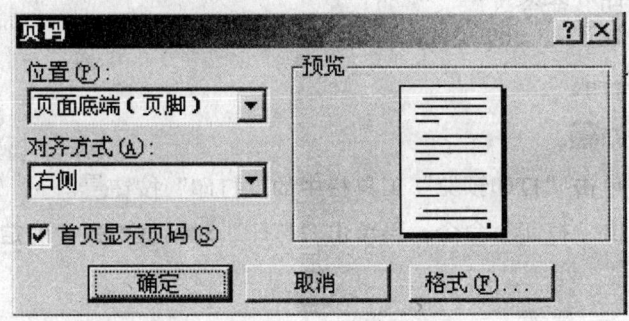
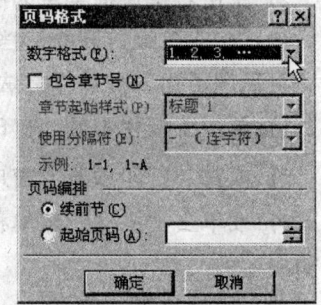

图 5—44 插入"页码"对话框　　　　图 5—45 "页码格式"对话框

3) 单击"数字格式"下拉列表按钮,指定页码的数字格式。

4) 必要时,也可设置"页码"对话框中的其他选项。

5) 单击"确定"按钮,返回文档正文编辑区。

(3) 删除页码

1) 单击"视图"菜单中的"页眉和页脚"命令,弹出"页眉和页脚"工具条,如图 5—43 所示。

2) 如果需要,可单击"页眉和页脚间切换"按钮,将光标移至要删除的页眉或页脚处。

3) 选定要删除的页码,如果页码是使用"插入"菜单中的"页码"命令插入的,则应同时选定页码周围的图文框。

4) 按 Delete 键,删除页码。

5) 单击"关闭"按钮,返回文档正文编辑区。

第七节 打印预览和打印输出

一、预览与打印文档

1. 预览文档

(1) 单击"常用"工具栏中的"打印预览"按钮,打开预览窗口进行预览。可单击预览窗口内的"预览"工具条(见图 5—46)上的控制按钮,调节预览方式。

(2) 单击"关闭"按钮,返回到文档视图窗口。

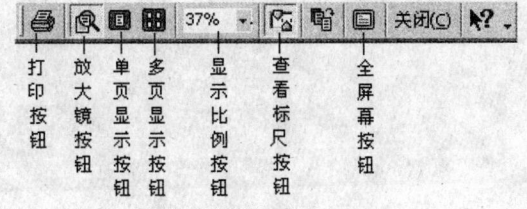

图 5—46 打印预览工具条

2. 打印文档

完成文档编辑、页面设置后,可将文档打印输出。直接操打印文档是指打印之前不打开"打印"对话框进行设置打印选项,而是采用其默认的打印设置选项进行打印的操作方式。

(1) 打印尚未打开的文档文件

1) 右键单击选择要打印的文件名。

2）单击右键快捷菜单内的"打印"命令。

（2）打印已经打开的文档文件

可采用下面三种操作方法之一打印：

1）单击工具栏中的"打印"按钮🖨。

2）或在"打印预览"窗口内，单击"打印预览"工具栏中的"打印"按钮🖨。

3）或单击"文件"菜单栏，单击"打印"命令；再单击"打印"对话框中的"确定"按钮。

二、设置打印选项

1．单击"文件"菜单栏，单击"打印"命令，打开"打印"对话框。

2．单击"打印机"设置区域内"名称"列表框的下拉按钮，选择要使用的打印机名。

3．在"页面范围"设置区域内，选择或在"页码范围"文本框内输入打印页面范围。

（1）如果要打印多份，则在"副本"设置区域内，单击"份数"微调按钮，或在其文本框内输入数字，设置打印份数。

（2）在"打印内容""打印字段选择"设置打印的内容。

（3）单击"确定"按钮，关闭"打印"对话框，开始打印文档。

第三部分

中级计算机文字录入处理员知识要求

第六章

Windows操作系统知识(二)

第一节 Windows XP 的磁盘管理

一、磁盘格式化

磁盘的格式化操作将删除磁盘上的所有信息，所以对该项操作必须非常慎重。

1. 何时需要格式化磁盘

一般只有以下几种情况需要进行磁盘格式化：

（1）使用一张未用过的新软盘。

（2）已使用很久并经常出现读写错误的软盘。

（3）准备快速删除其上所有信息的磁盘。

（4）感染了无法清除的病毒的磁盘。

（5）硬盘被重新分区后，每一个新分区都必须先格式化后才能使用。

2. 格式化磁盘的步骤

格式化磁盘的操作步骤如下：

（1）如果想格式化软盘，请将其插入驱动器中。

（2）在桌面上，双击"我的电脑"，然后单击要格式化的磁盘。

（3）在"文件"菜单上，单击"格式化"按钮，如图6—1所示。

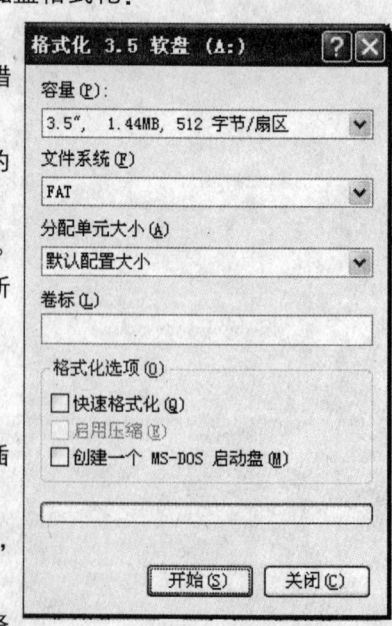

图6—1 格式化软盘

(4) 选中或指定所有所需的选项,然后单击"开始"按钮。

注意:如果磁盘上的文件打开或正显示磁盘上的内容,将无法格式化该磁盘。修复磁盘时,请选择"完全"格式化。

二、复制软盘

复制软盘是制作一个软盘的副本,它与将一个软盘上的文件或文件夹复制到另一个磁盘上略有不同,复制软盘时,不仅将原盘上的所有文件、文件夹及隐藏信息(如 DOS 引导记录)复制到目标软盘,并且所有被复制的信息在目标软盘上的存放位置都与原盘一模一样。

(1) 在桌面上,双击"我的电脑",然后单击要复制的软盘。

(2) 在"文件"菜单上,单击"复制软盘"按钮,如图 6—2 所示。

(3) 如果在"从"或"复制到"框中列出了多个磁盘,单击要复制的目标驱动器,然后单击"开始"。

(4) 按照屏幕提示操作。

注意:被复制的磁盘上的所有信息将被删除。两张磁盘可以使用同一驱动器。

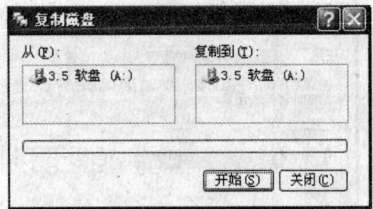

图 6—2 复制软盘

第二节 Windows XP 的控制面板

使用"控制面板"中的设置项可以更改 Windows XP 的外观与功能。可进行的设置项主要包括:系统日期和时间、外观、键盘、鼠标、调制解调器、电源管理、输入法、网络等。

打开"控制面板"的方法是:在"开始"菜单中,单击"控制面板"按钮,如图 6—3 所示。

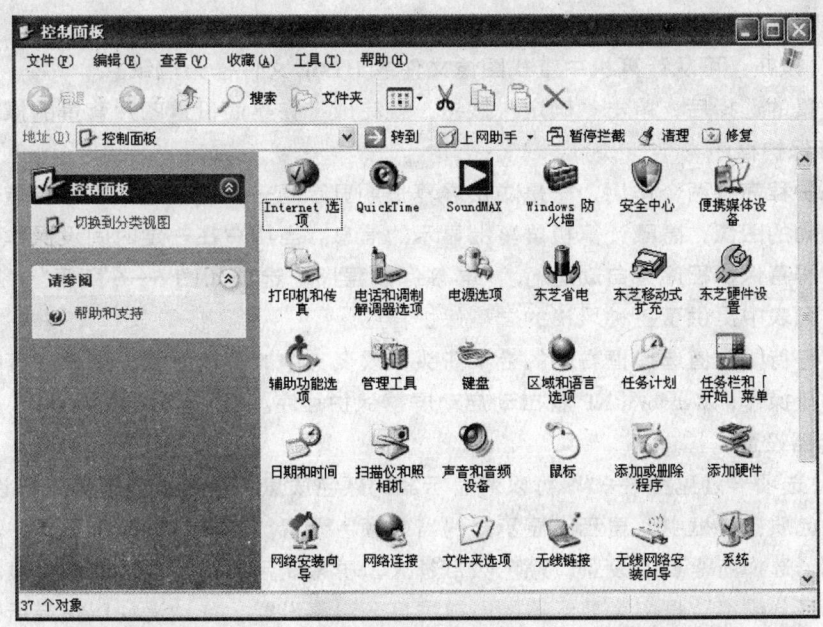

图 6—3 控制面板

一、显示属性设置

显示属性的调整中可以设置屏幕墙纸、屏幕外观、屏幕保护等，要打开"显示属性"对话框有两种方法：

（1）双击"控制面板"窗口中的"显示"图标。

（2）在桌面上的空白区域右击鼠标，从弹出的快捷菜单中选择"属性"项，如图6—4所示。

1．设置桌面背景

"桌面"选项卡（见图6—5）主要设置Windows桌面的墙纸。在Windows中墙纸是用来装饰桌面用的。墙纸文件可以是图像文件或HTML文件。

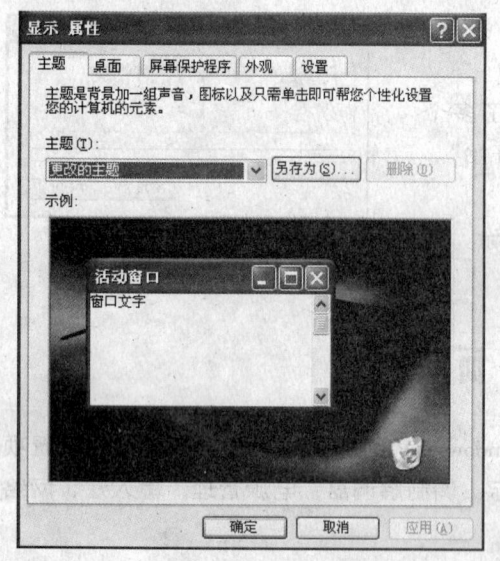
图6—4 显示属性对话框

图6—5 "桌面"选项卡

从"背景"列表框中选择一种背景。当在列表框中单击任一种背景名称。该背景的预览效果立即显示在列表上面的监视器图形中。

"浏览"按钮：可从计算机中查找图像文件或HTML文件作为墙纸。

做完背景的选择后，单击"确定"按钮，就完成了在桌面设置图片背景的操作。

2．屏幕保护程序

屏幕保护程序有两个作用，一是防止屏幕长期显示同一画面，造成显像管老化；二是显示一些运动的图像，隐藏计算机屏幕上显示的信息。当用户在一定时间没操作键盘或移动鼠标时，屏幕保护程序会自动运行。"屏幕保护程序"选项如图6—6所示。"屏幕保护程序"下拉列表中提供了各种风格的屏幕保护程序。

单击"等待"数值选择框右端的上下箭头，改变其中的等待时间。如果在等待时间没有鼠标或键盘操作，Windows XP就自动启动屏幕保护程序。

3．显示器设置

"设置"选项卡（见图6—7）可以对显示器的颜色质量、屏幕分辨率等进行设置。

在"颜色质量"框中，显示出显示器的当前颜色设置。若要其他颜色设置，单击右边的下拉按钮，选择所需要的设置。颜色数目越大，屏幕显示的图片色彩就越逼真。

在"屏幕分辨率"框中为显示器的当前屏幕分辨率设置，拖动滑块以指定所需要的屏幕分辨率，数值越大，屏幕所能显示的信息越多，同时屏幕上的图标与文字也就越小。

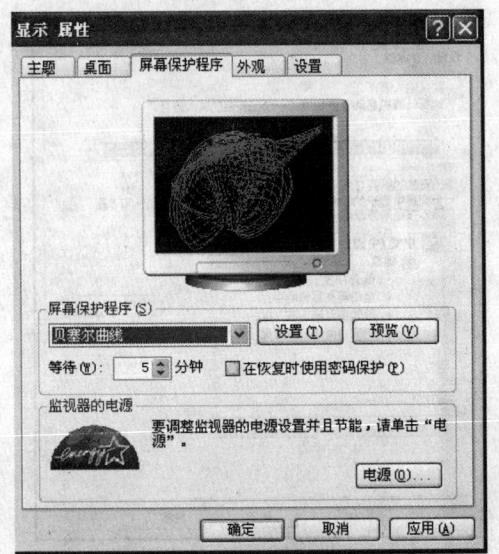
图6—6 屏幕保护程序

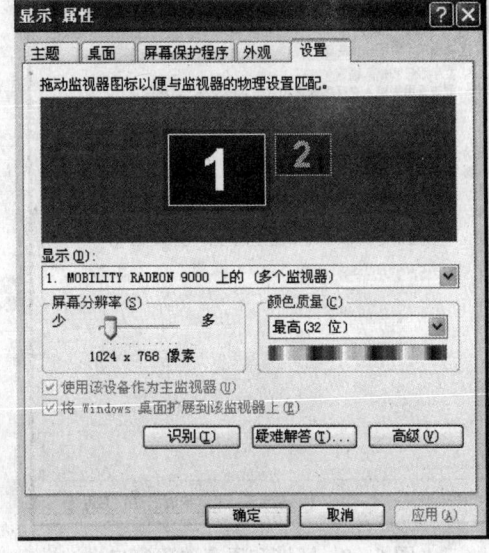
图6—7 显示器设置

二、添加新硬件

Windows XP 支持 PnP（即插即用），对于即插即用的设备其安装是自动完成的，只要根据生产商的说明将设备连接到计算机上，然后打开计算机并启动 Windows，Windows 即可自动检测新的"即插即用"设备，并安装所需的软件，必要时插入含有响应软盘或光盘就可以了。对于非"即插即用"的设备安装也很简单，可以通过使用控制面板中的"添加新硬件"工具。

添加新硬件步骤如下：

（1）关闭电源，装上新硬件。

（2）启动 Windows XP，双击"控制面板"中"添加硬件"图标，屏幕上出现添加硬件向导。

（3）根据提示，单击"下一步"按钮。

（4）系统开始搜索所有新的"即插即用"设备。如找到，将列表显示所有找到的设备，单击"下一步"按钮，然后按向导的提示完成安装即可。

三、设置中文输入法

在中文 Windows XP 中，系统向用户提供了全拼、双拼、内码、区位输入法以及智能 ABC 和郑码输入法。

1. 安装中文输入法

（1）单击"开始"菜单中的"控制面板"按钮。

（2）双击"区域和语言选项"，如图6—8所示。

（3）选择"语言"选项卡，然后单击"详细信息"按钮，弹出"文字服务和输入语言"对话框，如图6—9所示。

（4）在"设置"选项卡中，选择"添加"按钮，打开"添加输入语言"对话框，如图6—10所示。

（5）在对话框的"输入语言"下拉列表框中选中"中文（中国）"，再选中"键盘布局/输入法"列表框中选择需要添加的输入法名称。单击"确定"按钮，将该输入法添加到系统中。

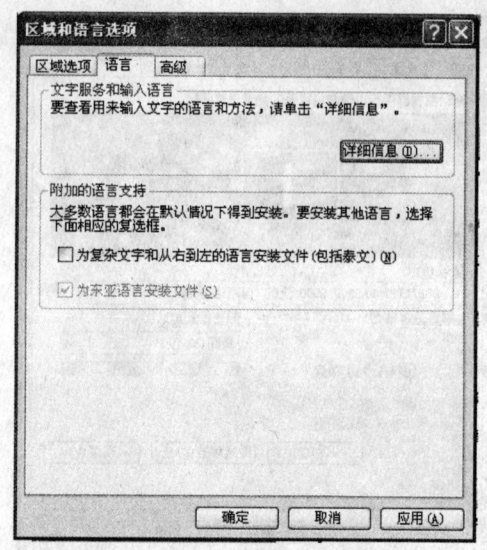
图6—8 区域和语言选项窗口

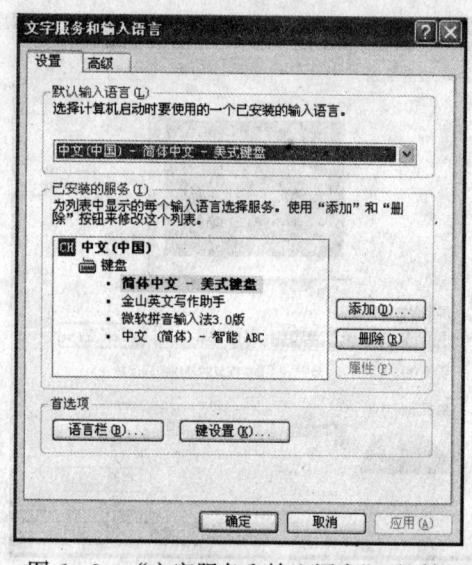
图6—9 "文字服务和输入语言"对话框

2. 选用输入法

安装中文输入法后，就可以在 Windows 工作环境中随时使用 Ctrl + Space 键来启动或关闭中文输入法。也可以使用 Ctrl + Shift 键在英文及各种中文输入法之间进行切换。

使用鼠标进行操作：

（1）单击"任务栏"上的"语言指示器"。

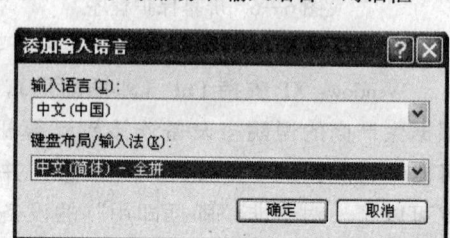
图6—10 "添加输入语言"对话框

（2）屏幕弹出当前系统已装入的"语言"菜单，单击要选用的输入法。

四、添加/删除程序和 Windows 组件

1. 添加/删除程序

（1）打开"控制面板"中的"添加或删除程序"项，如图6—11所示。

图6—11 添加或删除程序

(2) 单击"CD 或软盘"按钮,屏幕上出现"从软盘或光盘安装程序"向导,如图 6—12 所示。

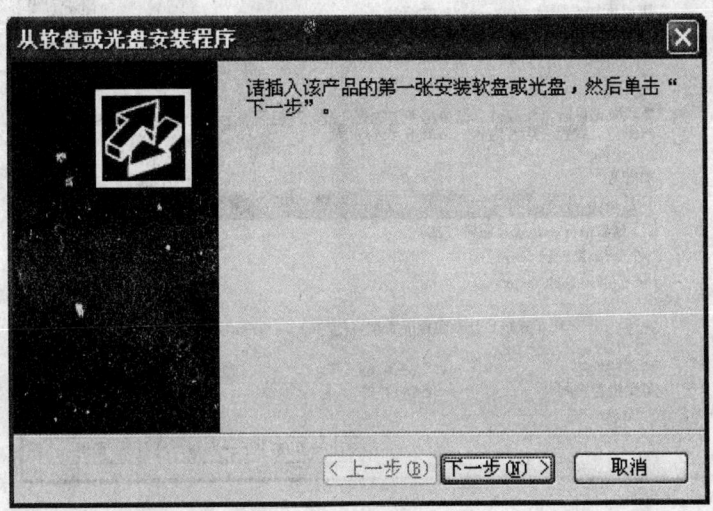

图 6—12　"从软盘或光盘安装程序"对话框

2．添加或删除已安装的 Windows 程序组件

(1) 打开"控制面板"中的"添加或删除程序"对话框。单击"更改或删除程序"按钮,对话框右侧显示当前安装的 Windows 程序,如图 6—13 所示。

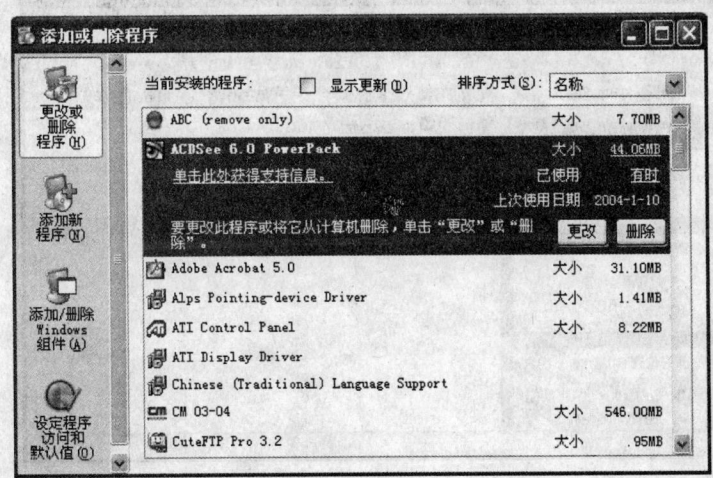

图 6—13　"更改或删除程序"对话框

(2) 在"当前安装的程序"列表框中,选择要删除的程序,单击"删除"按钮,则该程序被删除(也可对该程序进行更改)。

3．添加或删除 Windows 组件

单击"添加或删除程序"对话框中的"添加/删除 Windows 组件"按钮,弹出"Windows 组件向导"对话框,如图 6—14 所示,在该对话框中按步骤添加或删除组件即可。

五、安装和使用打印机

1．打印机的安装

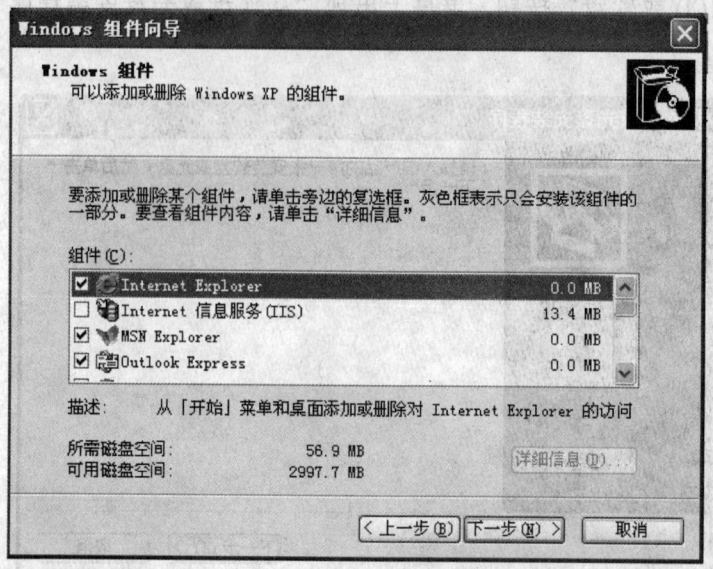

图 6—14 "Windows 组件向导"对话框

如果用户需要使用打印机，便需要安装打印机。单击"开始"菜单，然后单击"打印机和传真"。也可以通过"控制面板"上的打印机和传真图标进入"打印机和传真"对话框，如图 6—15 所示。

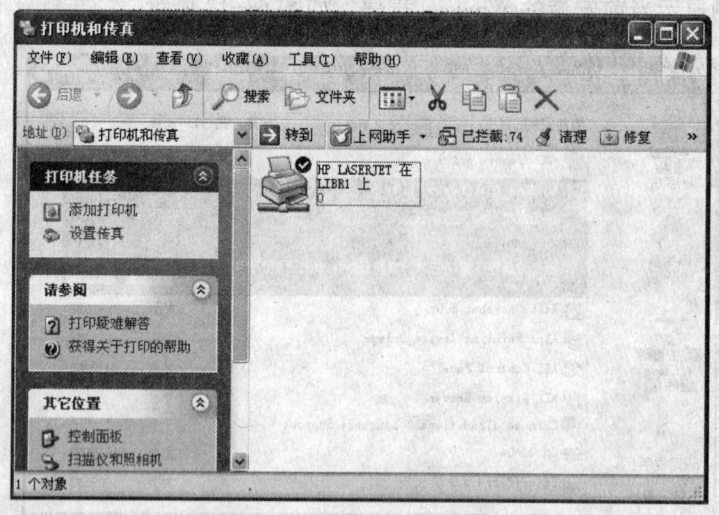

图 6—15 "打印机和传真"对话框

双击"打印机任务"窗口中"添加打印机"，便打开了"添加打印机向导"窗口，然后按照向导提供的提示，一步步完成安装工作，如图 6—16 所示。

2. 打印文档

（1）开始打印

打印机安装和设置完成后，就可以打印文档（包括文字、图像等）了。打印是按照打印队列来执行的。打印队列是存放等待打印的工作的地方。打印队列是按照先进先出的原则排列的。显示打印队列的方法步骤：在"打印机"窗口中双击当前打印机图标队列，则弹出打印机队列窗口。在打印机队列窗口显示的是等待打印的文档。

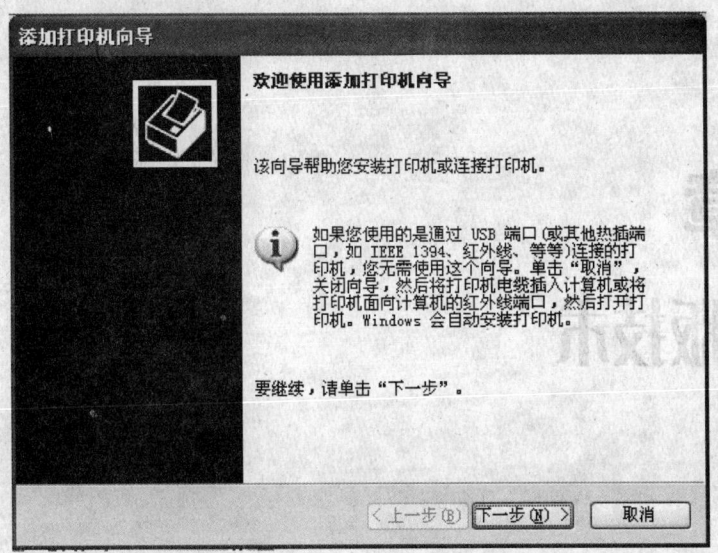

图 6—16　添加打印机向导

(2) 控制打印机工作

1) 重新排列打印队列　要想改变打印队列中的打印顺序，只需拖动某项打印工作到达新位置即可。但当某项打印工作正在被打印时，用户不能改变其位置或者删除它。

2) 暂停和恢复打印队列　要暂停打印，只要选择"打印机"菜单的"暂停打印"命令，这时有一个对号出现在"暂停打印"命令旁边；要恢复打印只要再次选择"打印机"菜单的"暂停打印"命令。

3) 删除一项打印工作　删除一项打印工作的步骤为：在打印队列窗口选定要删除的打印工作；选择"文档"菜单的"取消打印"命令。

要删除打印队列中的所有文件，应从"打印机"菜单中选择"清除打印作业"命令。

第七章
电子排版技术

第一节 电子排版工艺概述

一、工艺流程

1. 排版基本工艺流程

电子排版基本的工艺过程由文字输入、版面编排、打印输出三个步骤组成，可以在一台微机上完成，如图7—1所示。

图7—1 电子排版基本流程示意图

2. 电子排版系统工程流程

专业电子排版系统的工作过程比较复杂，如图7—2所示是一个典型的专业电子排版系统工作流程图。

二、电子排版的工序划分

电子排版系统的工艺流程可以概括为下面几个主要步骤：

1. 文字录入

文字录入就是将原稿上的文字输入到计算机中，变为计算机可以处理的数据信息。

2. 版面编排

版面编排是将录入计算机的文字和图形信息，按要求和规范排成一定的版式。这一工序分为两部分：一是组版，把有关的文字、图片信息集中到一起，生成版面；二是改版，对已经排出的版面进行文字或版式

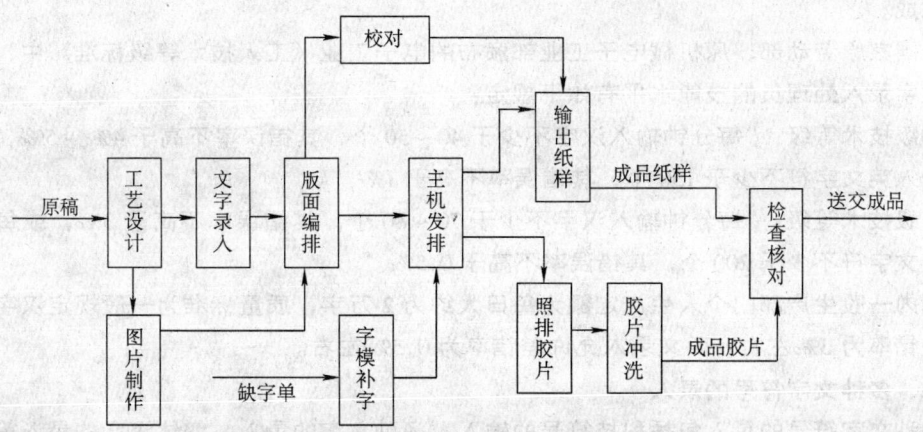

图 7—2 电子排版工艺流程图

上的修改。组版和改版,合称为版面编排,是整个排版工艺的核心。

3．图片制作

图片制作是处理版面上需要的图形或图片,为组版工序提供数据信息,排出文图合一的版面。该工序一般需要在配有图片扫描仪、图像处理软件和绘图软件的图形终端上制作。

4．字模补字

电子排版系统字库中的汉字字数是有限的,遇到字库中没有的个别字或者符号时,可以用专门的软件来"补字"。

5．主机发排

主机发排工序的任务是将排完的版面输出到纸张上或照排在胶片上,输出纸张时通常使用激光打印机,得到供校对和作者修改的校样,或者供轻印刷工艺直接制版的版样。照排胶片输出则使用精密照排机,将成品版面用激光扫描记录在胶片上。

6．胶片冲洗

照排出的胶片必须经过显影、定影等冲洗过程,才能得到成品。

7．校对

校对是排版过程中不可缺少的一道质量检查工序,校对后的校样返回再改版,正规出版物起码要校对三遍。

以上介绍了电子排版的工艺工程,分为文字录入、版面编排、图片制作、字模补字、主机发排、照排输出、胶片冲洗和校对八个工序。电子排版系统种类繁多,性能各异,差别较大,以上的划分只是相对而言。

第二节 文字录入

一、文字录入的基本要求及行业标准

文字录入俗称"打字",就是把文字输入到计算机中。专业操作者必须熟练掌握一种效率高、差错少的汉字输入方法,这是从事电子排版工作的一项基本技能。

对文字录入工作的基本要求是快速、准确。"快速"是指文字输入要有速度和工作效率;"准确"是指输入文字的差错率要低。文字录入工作必须重视质量,速度与质量两者相辅相成。

由国家原劳动部、原机械电子工业部颁布的电子工业《工人技术等级标准》中，对计算机文字录入处理员的技能水平有如下规定：

初级技术等级："每分钟输入汉字不少于 40~50 个，其错误率不高于 4‰~5‰，或每分钟输入英文字符不少于 150 个，其错误率不高于 1‰。"

中级技术等级："每分钟输入汉字不少于 70~80 个，其错误率不高于 3‰，或每分钟输入英文字符不少于 200 个，其错误率不高于 0.5‰。"

国内一般生产部门个人生产定额为每日大约为 2 万字，质量标准为一般规定汉字录入允许差错率为 3‰左右；西文录入允许差错率为 0.5‰左右。

二、多种文字符号的录入

多种文字符号的录入包括科技符号的输入、多种文字的录入、繁体汉字的录入等。

1. 科技符号的输入

西文小键盘上输入大量符号是一个难题，常常会遇到"输不进"的难题，解决此问题可采用以下三种方法：

(1) 区位输入法

目前汉字系统都支持区位码输入方法。区位码和国标码相对应，采用四位十进制数表示一个汉字或符号。使用是先从《国标区位码表》中查出输入符号的数字编码，在汉字区位输入状态下，打入该符号的数字编码。例如输入"二 000 年"，这里的"0"可打区位码"0180"输入。区位码输入方法适用范围广，缺点是需要查阅手册或记忆大量的数字，很不方便，大多数汉字输入系统都把它作为一种补充的手段。

(2) 软件盘输入法

一些汉字系统提供"软件盘"功能，当需要输入符号时，用户可以打开软件盘，在显示屏幕上翻动查找需要的符号，用键盘或鼠标实现输入。

(3) 动态键盘输入法

一些汉字系统提供"动态键盘"功能，使用时通过键盘状态的切换，同一个键盘上可以打出不同的符号，状态切换起来像翻书页一样方便，在屏幕上能看到键位的符号提示，方便地输入多种符号和多国文字。

2. 繁体汉字的录入

繁体汉字的输入有两种方法：

(1) 使用繁体汉字输入法

目前一些输入法支持繁体汉字的录入，例如"郑码"，可以解决上万个汉字的直接输入问题；我国台湾、香港等地区也有繁体汉字处理系统。

(2) "打简转繁"法

"打简转繁"法，就是先将原稿按简体字输入，而后通过软件将简体字转换为繁体字。目前一般都采用这种方法输入和处理繁体字，既简便易行，又符合一般操作者的输入习惯，这种方法需要能支持简、繁体字切换的微型机汉字系统的支持。

三、正确的文件格式

文字录入中保持正确的文件格式十分重要，不同的格式往往体现在文件扩展名上，常见的有文本文件、小样文件和 Word 文件。

1. 文本文件

"文本文件"是指只含有文字,没有其他内容或排版命令,也叫"纯文本"文件。它的通用性最好,适用面广,通常扩展名为 txt。

2．小样文件

与文本文件相同,只是文中插有少量的排版命令注解,主要应用批处理排版系统中。由于国内方正系统市场占有率很大,支持这类系统的小样文件使用也很广泛。

3．Word 文件

微软 Word 字处理软件专用的文件格式,扩展名为 doc。由于这种软件用户很多,该种格式的文件应用也较广泛。

第三节 版面编排工艺

版面编排也叫"排版"或"组版",任务是将文字、图片等组合成一体,实现版面的编排和修改。根据排版软件的不同类型,可以分为交互式和批处理两大类排版方法。

一、交互式排版

交互式排版是在微型机屏幕上,通过人机交互的工作方式,直接对排版内容进行安排布置,实现"所见即所得"式的排版,其过程形象而直观。交互式排版软件常见的有方正"维思(Wits)""飞腾(Fit)"和微软"Word97、Word2000",金山"WPS97、WPS2000"等交互式排版比较灵活,可以分为"即打即排式"和"组版式"两种基本的排版形式。从工艺性上讲,后者更适合专业化的排版。

1．即打即排法

就是一边输入文字,一边对版面进行编排,文字录入和版面编排同步进行。操作者在屏幕版心框内输入文字,可直观地看到排版的版式,并可通过移动光标、选择命令菜单等进行版面上的调整,随打随排,输出的样张与屏幕上看到的完全一致。

2．组版法

也叫"注入式"排版法,特点是工艺性较强,比较适合专业化生产,一般的报纸、期刊大多是采用这种方法制作。组版法就是事先将版面上的文字内容、表格、图形、图像文件分别制作好,而后根据版面的格式要求,把这些内容编排到一起,组成需要的版面,如图7—3所示。

组版法的工艺过程如下:

(1)创建文件,设置排版参数

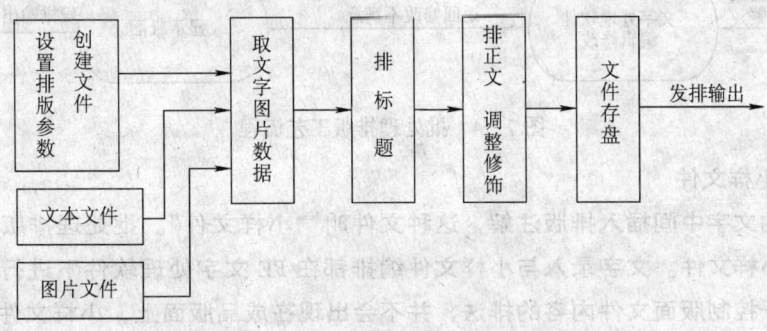

图7—3 交互式组版示意图

建立一个新的排版文件,先根据要求将有关排版参数,如页面大小开数、版心尺寸、正文字体字号、行距等项内容填入系统发排单,指定版面编排的总体要求。

(2) 读取文字、图片文件

事先将版面需要的文字、图片内容准备好,排版时只需要从磁盘上逐个读取文件,按照设计的版样排放到版面需要的位置上。

(3) 排标题

首先制作文章的标题。标题的排版,一是要注意标题位置及大小;二是要注意标题的排法、标题字之间的回行、加空;三是要做好标题的修饰美化。

(4) 排正文、调整版面

标题排好之后,接着采用"灌文"的方法排出正文,同时调整文字内容在版面上的位置。

(5) 存盘

内容全部排完之后,应将编排制作的版面稳妥存盘。

(6) 发排

这些工作完成之后,就可以将排版的版面发排输出。输出校样送去校对,校对后再返回修改,若没问题就可以发版照排了。

二、批处理排版

"批处理"排版方式,就是在录入一篇文稿的同时,在文字中间插入一些专门的符号和命令注解,用以说明版面的要求及文字的字体和大小等,而后启动排版软件对该文件进行处理,一次可以排出整本书。批处理可快速排出规范的版式,特别适合以文字内容为主,版式比较简单的图书排版。

下面是以北大方正的 BD 批处理排版语言软件为例,结合工艺流程图图 7—4,对批处理的排版工艺过程作一下介绍。

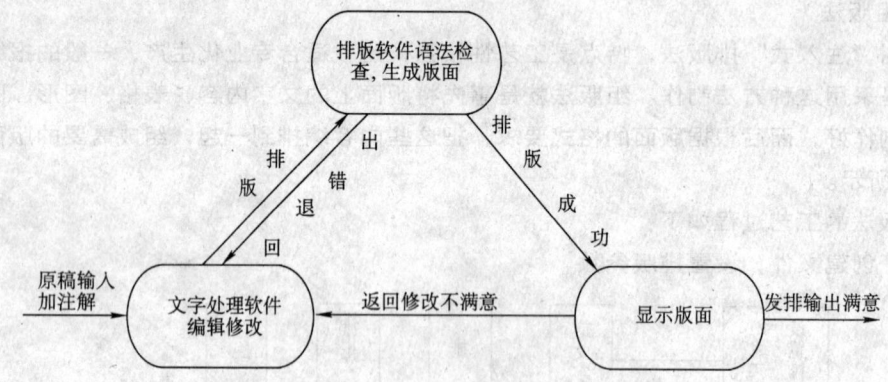

图 7—4 批处理排版工艺流程

1. 编排小样文件

在录入的文字中间插入排版注解,这种文件叫"小样文件"。批处理排版最重要的环节就是编排小样文件。文字录入与小样文件编排都在 FE 文字处理软件下进行。这些排版注解只是用于控制版面文件内容的排法,并不会出现在成品版面上,小样文件名不能带后缀名,在文件的最后要有一个特殊的 Ω 符号,表示文件结束。

2. 指定版心文件参数

排版之前，先要建立一个与小样文件同名、具有固定的后缀名（.pro）的文件，用以指定排版范围和版面整体特征。该文件很短，也叫版心参数文件。版心文件的作用是对排版页面的大小、版面正文的字体和字号、页码、书眉、脚注等加以规定，起到排版文件版式的总体说明作用。

3．排版

批处理的排版过程，就是启动排版软件对小样文件进行编译，软件系统一次自动生成所有的版面。这一排版过程是由计算机自动处理完成的，具体分为两步：

（1）语法检查（PASS1）

消除小样文件中排版命令的语法错误。

（2）生成版面（PASS2）

系统对排版命令进行编译，按照顺序和排版命令安排好每一个字在版面上的位置，逐页连续生成版面。这一过程是整个排版的核心，习惯上称为"二扫"，由 BD 中的 PASS2.exe 程序完成。经过该软件对小样文件的扫描处理，生成一个与小样文件同名的、带有 .s2（或 .ps2）后缀名的文件，也叫大样文件或结果文件。

4．显示版面

是一种模拟显示功能，通过调用大样文件在微型机屏幕上显示版面的实际效果，逐页翻看检查，若满意了便可以输出，若不满意，可重新回到文字编辑状态进行修改。

以上就是批处理排版的全过程，在实际工作中，一次就完成排版的情况不多，往往要经过反复修改才能完成整个排版工作。

三、版面修改及操作要点

改版也叫改样，是根据校样进行版面的修改。从工艺上讲，一份书稿或出版物的排版过程，往往要经过毛校—改版、一校—改版、二校—改版、三校—改版、…，这样多次反复才得以完成，除"连校"外，经过几次校对，就要改几次版。

改版有按级来划分的，如一级改版、二级改版；也有按校对次数来划分的，如一校改版、二校改版。整个排版过程中，改版要占相当大的工作量，并直接关系到成品的质量，因此应重视改版工作。

1．改版

主要有版式改动和文字改动两部分。

（1）版式改动

主要是版面结构上的重新安排布置、文章的前后颠倒、内容的调整更换、字体和字号的调整、标题排法的改变、版面的修饰等。这类改动一般都在原来的版面上进行，但遇到复杂版面做较大改动时，不如重新组版。

（2）文字改动

主要是根据校样做文字上的编辑修改，以及内容上、结构上的调整，如大段文字内容的删除、搬动、增加等。

如果文件较长，可启用软件的自动查找功能或自动查找替换功能。

用文字编辑软件中的自动查找和自动替换功能要十分慎重。这种方法使用起来虽很方便，但它是自动顺序查找文件中所有的关键字或短语，而当这一关键字或短语在文件中重复出现时，光标要在所有符合条件处停下来，操作一定要慎重，要看清修改处的上下文，找准文件的修改点。否则一旦找错了位置，就会出现修改错误，在实际工作中出现这类失误屡见不鲜。

2. 改版操作要点

改版就是改错，但如果操作失误改错了位置或内容，就等于又增加了一处错误。改版工作对于保证排版质量，减少差错至关重要，是一项十分细致的工作。

改版操作中应当注意方式、方法：操作者拿到校样后，应先翻阅一遍，对要改动的内容和位置大致心中有数；校样中书写潦草的字，也要认真核对；改版时严格按前后顺序进行，操作过程中对每一个字或符号的改动，都要十分认真，务求一次完成。

3. "三看一对"改版法

为了保证改版工作的质量，在工作实践中，人们总结出"三看一对"改版法。

三看：看清校样上需要修改的文字；看准版面上修改的位置；看清屏幕上修改后的文字内容是否正确。一对：改完的内容输出后还要再核对一遍。

实践证明，只要认真按"三看一对"改版方法去做，就可以有效地减少差错，保证改版质量。这种方法在过去的铅字排版工艺中就有，现根据电子排版的特点，将其内容做了一些改动。

四、长篇图书的排版工艺

长篇图书的排版，可以采用化整为零的方法，建立多个文件来制作，最后将各个文件组织在一起，"头尾相连，顺序相接，统一页码"，排成一部完整的图书。

1. 顺序排版法

就是按照全书的前后顺序，先排出一部分内容，再接页码，调下一个文件排出第二部分，而后依次排出全书，最后排出全书目录，如图7—5所示。交互式排版方式排整本书，一般采用这种顺序排版法。

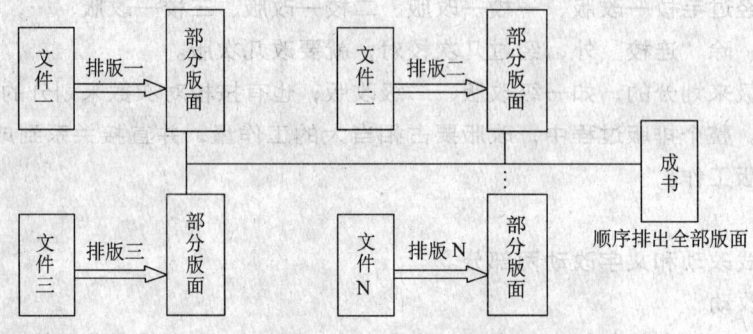

图7—5 顺序排版法示意图

顺序排版法排出全书时，应在章节处分文件，排版中要注意全书书眉、标题、页码、注释等内容的统一和连贯。

2. 组版文件排版法

是批处理排版软件特有的方法，是将多个文件按内容排列在一起，由计算机顺序排版处理，一次或几次顺序生成全书的版面，这是一种比较理想的排长篇图书的方法。

例如，用BD批处理软件排长篇图书时，先建立一个简短的组版文件，内容为：

〖SBDF1，DF2，DF3，DF4，DF5，DF6，DF7，…，DFn〗

按排版内容的前后顺序，排列出各分文件名（DF1，…，DFn为各个分文件名）。在批处理排版过程中，系统排版软件按文件名排列顺序，将整个文件内容连接起来，统一排出全书版面，并可自动排出全书目录，最后统一生成一个以 .s2 为后缀的版式文件，如图 7—6 所示。

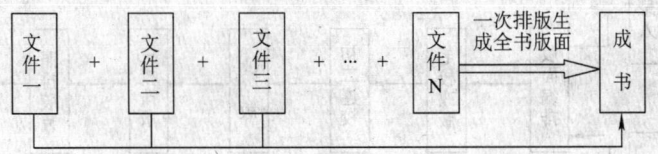

图 7—6　组版文件排版法示意图

组版文件法将大量的文字、插图等内容组合成一体，自动生成全书的目录、各章节的标题、全书的书眉、顺序排出页码等，充分体现了批处理排版自动化程度高的优点。

第四节　图书排版

一、图书结构及工艺流程

1. 图书结构特点

图书根据其内容可分为文科书籍、科技书籍、工具书籍、外文书籍和古书籍等多种，版式上也各有特点。一本图书大致由这样几个部分组成：封面、扉页、内容提要、版权记录页、前言（或序）、目录、正文（包括绪论）、附录、参考文献、后记等。图 7—7 是常见书籍的结构示意图。图书的排版特点是文字多，页数多，版式相对比较简单，正文顺序横排，书中常有一些插图、表格、注释等内容。

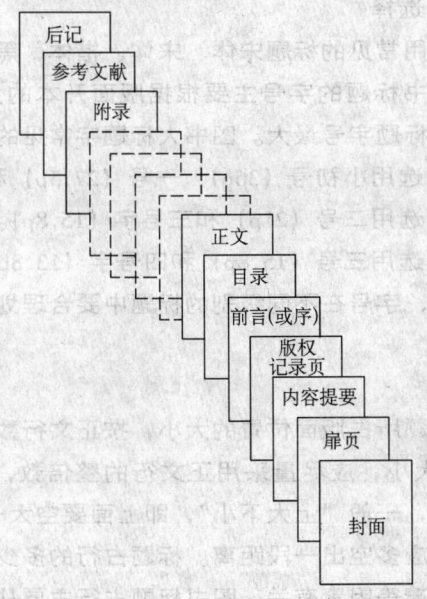

图 7—7　书籍基本结构示意图

2. 图书排版工艺流程

图书的排版印制有一套严格的工作程序，其工艺流程如图 7—8 所示。

二、图书标题的排法

1. 图书标题的结构层次

图书标题的结构层次分明，系统性强。常见的标题结构见表 7—1。

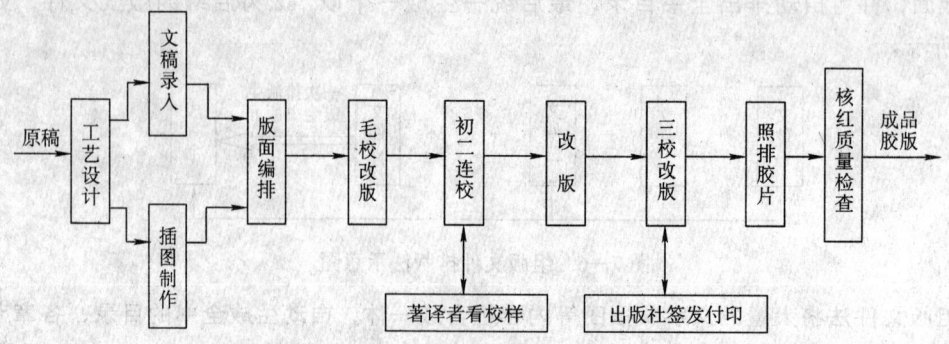

图7—8 图书排版工艺流程图

表7—1　　　　　　　　　图书标题的结构层次

级别＼类别	标题结构类型						
	1	2	3	4	5	6	7
一级	第一篇	第一章	第1章	§1	第一章	一、	A.
二级	第一章	第一节	1.	§1.1	一、	(一)	a.
三级	第一节	一、	1.1	§1.1.1	1.	1.	1.
四级	一、	(一)	1.1.1	§1.1.1.1	(1)	(1)	(1)
五级	1.	1.	…	…	…	…	…

2. 标题的字体、字号的选择

图书中标题的字体多选用常见的标题宋体、宋体、楷体、黑体、仿宋体、隶书和魏碑体，并各有长、扁变形。图书标题的字号主要根据版面开本的大小和标题的级别进行选择，开本大则字号大；一级标题字号最大。图书大标题字常见的选择范围如下：

16开版面：大标题字可选用小初号（36p）、一号（27.5p）和二号字（21p）。

32开版面：大标题字可选用二号（21p）和三号字（15.8p）。

64开版面：大标题字可选用三号（15.8p）和四号字（13.8p）。

标题分级排版时，字体、字号在不同级别的标题中要合理划分，相互区别。排版中要注意全书标题用字的统一。

3. 标题占行

图书中出现标题时，标题所占版面位置的大小，按正文行数来计算，这就叫"标题占行"。标题所占版面空间的大小，应尽量采用正文行的整倍数，使排出的标题整齐规范。标题与上、下文之间的距离，一般"上大下小"，即上面要空大一些、下面空的要小一些，因此，在标题的上方比下方应多空出一段距离。标题占行的多少，与开本的大小、标题的字号、版面排版的松散与紧凑等因素有关。图书标题占行主要从下面几个方面考虑：标题占行与开本大小成正比；标题占行与标题字大小成正比；松散版面占行多，紧凑版面占行少。表7—2列出标题占行的经验数据，供参考。

4. 标题的分级排版

按书中篇、章、节的不同结构层次，将标题分级排版，是图书排版的一个特点。一部图书中最大的标题为一级，其他依次排列，标题的级数一般不超过五级。下面列举两个标题分级实例。

表 7—2　　　　　　　　　　　标题占行的经验数据

标题级别	32开			16开		
	标题字号	总占行数	上空（行）	标题字号	总占行数	上空（行）
一级	二号	5	1.5	一、二号	6	2
二级	三号	4	1	三号	5	1.5
三级	四号	3	0.5	四号	3	0.5
四级	小四、五号	2		小四、五号	2	

例 7—1：一部 32 开图书的标题划分。

一级　篇标题：占 5 行，上空 1.5 行，居中排，二号黑体字。

二级　章标题：占 4 行，上空 1 行，居中排，三号标题宋体字。

三级　节标题：占 3 行，上空 1 行，居中排，四号仿宋体字。

四级　目标题：占 2 行，前空二字，五号黑体字。

五级　条标题：占 1 行，前空二字，五号书宋体字。

前言标题：占 4 行，上空 1 行，居中排，三号书宋体字。

目录标题：占 4 行，上空 1 行，居中排，四号黑体字。

并有如下修正原则：标题回行时，加 1 行；篇、章、节连续出现时，在篇、章之间减 1 行，章、节之间减半行；章、节、目连续出现时，在章、节、目之间减 1～2 行。

例 7—2：一部 16 开图书的标题划分。

一级　篇标题：占 6 行，上空 1.5 行，居中排，一号黑体字。

二级　章标题：占 5 行，上空 1 行，居中排，二号标题宋体字。

三级　节标题：占 3 行，上空 1 行，居中排，四号楷体字。

四级　目标题：占 2 行，前空二字，五号黑体字。

五级　条标题：占 1 行，前空二字，五号书宋体字。

前言标题：占 5 行，上空 1 行，居中排，二号书宋体字。

目录标题：占 5 行，上空 1 行，居中排，二号黑体字。

并有如下修正原则：标题回行时，加 1 行；篇、章、节连续出现时，在篇、章之间减 1 行，章、节之间减 1～2 行；章、节、目连续出现时，在章、节、目之间减 1～2 行。

三、正文的编排

1. 版心

（1）版心的选取和内容有关

一般手册、词典等工具书的版心稍大些，以适应这类书篇幅长、信息量大、作为资料查找阅读的特点。教材、理论类图书版心取小些，留出稍大的白边，以便学生或读者在书上做一些学习批注。

（2）版心的选取与图书的装订方法也有关系

骑马订时，书钉在脊背上，版心宽度可取大一些；平订时订口要占一定的位置，书也不容易摊开，版心宽度要取得小一些，两者可差一二个字。

（3）图书正文大多数都选用五号（10.5p）字

用小五号字（9p）或六号字排注文、小五号字排书眉、图注。工具书主要用于查阅，选用的字比较小，常用小五号或者六号字排正文。儿童读物和小学教科书常用楷体字，以利少年儿童阅读和学习书写，字号常选用四号或小四号。

2．行距

也叫行隙，是文字的行与行之间的距离。行距可以调整版面的疏密，方便人们的阅读。行距一般用正文字号的倍数选取，如 1/2、3/4、1 倍等，也可以用点数制选取，如 5.25p、7.78p、10.5p 等。图书的行距大多使用正文字号的 1/2（俗称对开条）或 3/4。全书行距应当一致。

3．页码

图书中的页码一般取与正文相同或略小于正文的字号，例 7—3 列出常见的形式。

例 7—3：

10	·22·	—33—	（44）	5–18
（无修饰）	（中圆点式）	（短线式）	（括号式）	（分级码）
55	66	第十四页	四十四（竖排）	Ⅶ
（阴码）	（框码）	（汉字码）	（竖排扁码）	（罗马码）

页码是书页的顺序编号，除正常的页码顺序编排外，还有暗码、无码两种特殊形式。暗码，即版面上不排页码，但占一个页码编号；无码，是既不排页码也不占页码编号。

图书正文前面的内容也称"文前页"，包括前言、序、目录等内容，文前页一般单独编页码，与正文页码互相区别。图书的页码编排中，有下面几条规则：

(1) 从正文的第一页开始，顺序编页码。

(2) 目录页单独编页码，页码形式与正文要有所区别，目录只有一面时不编页码。

(3) 参考文献、索引、后记等内容按正文页码顺序编码，不再单独编页码。

(4) 序（或前言、出版说明）采用无码，需要时单独编页码。排在目录前面的，不列在目录中，也可不编页码；序排在目录后面，内容超出一页时，则应单独编页码。

四、图书附属内容

1．目录排版

目录又叫目次。图书目录的作用是反映全书内容结构和各章节或各篇文章所在页码，引导读者阅读。目录的排版通常有下面几点要求：

(1) 图书目录排放在正文的前面，按书中内容顺序排列。

(2) 目录内容与正文标题一致，篇、章、节等标题分级排列，所在页码与标题之间用"三连点"连接起来。当标题较长时，页码前面的"三连点"不得少于两个，否则应回行排，目录回行后左边缩进 1~2 个字。

(3) 目录标题中的作者署名用楷体或仿宋体字，一般放在页码之前，与页码之间空 1 个字。

(4) 对于有分册或上下册的图书，可在第一册或上册目录中列出全书的目录，排下册后面各分册目录时只列出本册的目录；上、下分册也可分列出各自的目录。

(5) 在字号的使用上一般章名大一些，节名小一些，所有作者名字则要用同一种字体字号排出。目录标题也可以全部用同一字号排出。

2．书眉

是一种版面修饰，由"眉文""书眉线"组成。眉文是书的篇名或章名，工具书则为检索词头，杂志则多为刊名。书眉与正文之间用书眉线隔开。页码多放在书眉线上。

书中的单页码版面和双页码版面的书眉，分别叫做单页书眉和双页书眉。全书的书眉排法格式要一致。图书中空白页、标题页（只有标题、无正文）不排书眉。另面起排的篇、章所在页有时也要求不排书眉。

(1) 书眉线型

有正线、反线、双线、文武线等。书眉线与眉文是一个整体，之间的距离一般为书眉字号的 1/2，书眉线与正文之间的距离应大于正文行距（如五号字的 1 倍或 3/4 倍）。

(2) 眉文的排法

书眉有单页、双页之分，主要区别在眉文。双页书眉与单页书眉的眉文内容可以相同，也可以不相同。不同时，双页眉文的内容要比单页高一二个标题等级。如果同一页上有两个或两个以上的标题时，则眉文只取最前面的一个。书眉的字号一般与正文相同或者小 1~2 号。

常见的书眉排版格式有居中排、靠里口、靠外口、里外口和短线式。

3. 注释

也叫"注文"或"注解"，是对正文内容或某字、词所做的解释，以及说明所引用材料的出处等。

(1) 注释的形式

分为脚注、页后注、篇后注、书末注等。

1) 脚注 把这一页中出现的注文排在该页的下面，与正文之间用一条注文线相隔，阅读起来比较方便。

2) 页后注 排法与脚注基本相同。区别是将左、右两个版面的注文集中排在右边正文的下方，即单码页的下方。这样既可以保持阅读的连续性，又方便注文的查阅。

3) 篇后注 所有的注文排在该篇或者本章节的最后，版面比较完整，但阅读不太方便。

4) 书末注 将注文内容集中排在全书的最后，读者阅读时需要翻页看注，不太方便。

一般图书采用脚注，报纸、杂志多采用篇后注。分栏排版时，注释可排在页下方通栏处或排在末栏最后。

(2) 图书中注释的结构

主要由正文中的注释标记、注文、注文线组成。注释内容叫注文，注文按注码顺序排列。

1) 注码形式 正文中出现注释处的标记叫"注码"，一般排在有关正文的右上角和注释的前面。注码多用阿拉伯数字圈码。

2) 注线 注文与正文之间要有一条分界线，叫注线或脚注线。一般采用正线，长度为栏宽的 1/4~1/2 或者通栏。注线的排法有顶格排和前空两格（与注文对齐）两种形式。

3) 注文的字号 注文一般用比正文小 1~2 号字排出，常用六号字，注文的行距一般为注文字号的 1/2~2/3。

4. 版权页

是"版权记录页"的简称，内容可以分为四部分：一是版权说明，二是本书的书名、作者（译者）姓名；三是出版社及地址、印刷者、发行者；四是用纸规格、开本大小、印张数、总字数、出版日期、版次、印次、定价、标准书号、印刷数量等。

图书版权页的排法各出版社、印刷厂都有自己的规范和风格，但基本内容和形式大同小异。一般有如下的排法：内容居中排列，各主要内容之间空出一行距离，中间排一个"并"，也有排一条线或不空的。书名可用大一点的黑体字排出；作者和出版社这两部分内容，16开本可用五号字排出，32开本可用小五号排出。开本、用纸等内容用六号字排出。

第四部分

中级计算机文字录入处理员技能要求

第八章

Word 2000的基本操作(二)

第一节 项目符号与编号列表

使用项目符号和编号,可以使文档内容层次清晰,易于阅读理解。

一、使用项目符号

1．添加项目符号

(1) 录入时自动添加项目符号

1) 先在段落的句首插入或输入符号(如★、●、✎、◇、A、#等),再输入一个空格或制表位(按Tab键)。

2) 输入文字后按Enter键,新的段落会自动实现项目符号列表。

(2) 使用"格式"工具栏设置项目符号

1) 先选定要设置项目符号的段落,或将插入点定位于要设置项目符号的段落内。

2) 单击"格式"工具栏中的"项目符号"按钮，即可设置项目符号。

(3) 使用对话框设置项目符号

如果希望得到更多或更丰富样式的项目符号,则应当使用"项目符号和编号"对话框进行设置。

1) 先选定要设置项目符号的段落,或将插入点定位于要设置项目符号的段落内。

2) 单击"格式"菜单中的"项目符号和编号"命令;或单击鼠标右键,选择并单击"项目符号和编号"命令,打开"项目符号和编号"对话框,如图8—1所示。

3) 单击"项目符号"选项卡。

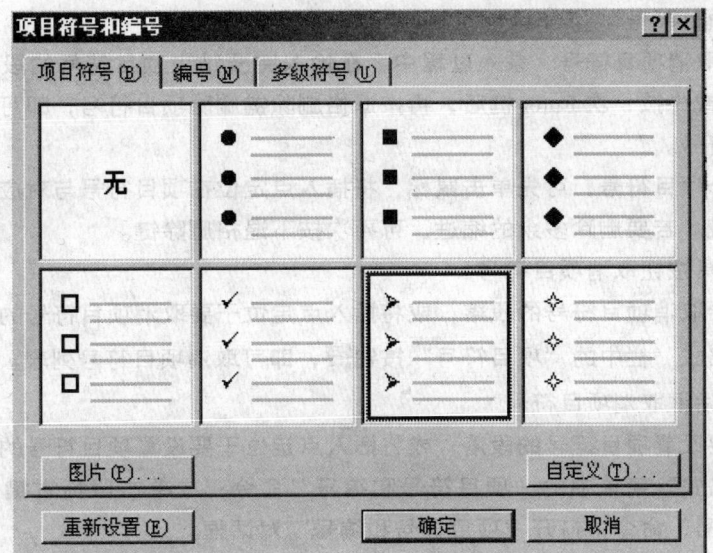

图 8—1 "项目符号和编号"对话框"项目符号"选项卡

4）单击要设置的项目符号样式，再单击"确定"按钮；或双击要设置的项目符号样式，即可添加项目符号。

2．自定义项目符号

如果对"项目符号"选项卡中列出的符号不满意，可以自定义项目符号。

（1）单击"项目符号"选项卡中的"自定义"按钮，打开"自定义项目符号列表"对话框，如图 8—2 所示。

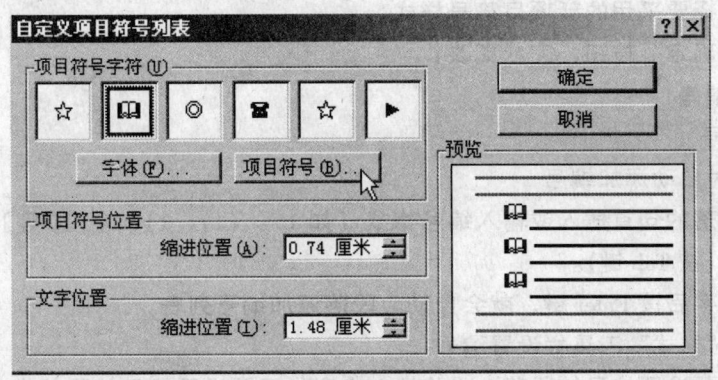

图 8—2 "自定义项目符号列表"对话框

（2）单击需要的项目符号。

（3）如果还不满意显示的符号，可单击"项目符号"按钮，弹出"符号"对话框，提供更多的项目符号进行选择。

（4）双击选定满意的符号，返回"自定义项目符号列表"对话框，新选的符号出现在"项目符号字符"框中。

（5）单击"字体"按钮，可打开"字体"对话框，更改符号的大小、颜色等。

（6）单击"缩进位置"的微调按钮，可分别设置项目符号、文字的缩进位置。

（7）单击"确定"按钮，完成设置，并将所定义的项目符号用于所选段落。

3．取消或更改项目符号

(1) 取消项目符号

1) 录入时取消项目符号　录入过程中，在输入完要结束项目符号的段落文字后，按两次 Enter 键；或先按一次 Enter 键后，再按退格删除键删除项目符号，即可删除该段落自动添加的项目符号。

要删除单个项目符号，可先单击鼠标，将插入点定位在项目符号与对应文本之间，再按下退格删除键。若要删除多余的缩进，可再次按下退格删除键。

2) 利用工具按钮取消项目符号

①先选定要取消项目符号的段落，或将插入点定位于要取消项目符号的段落内。

②单击"格式"栏中的"项目符号"按钮，即可取消项目符号列表。

3) 利用对话框取消项目符号

①先选定要设置项目符号的段落，或将插入点定位于要设置项目符号的段落内。

②单击"格式"菜单中的"项目符号和编号"命令；或单击鼠标右键，选择并单击"项目符号和编号"命令，打开"项目符号和编号"对话框。

③单击"项目符号"选项卡（见图 8—1）。

④双击"无"选项，即可取消项目符号列表。

(2) 更改项目符号

1) 先选定要设置项目符号的段落，或将插入点定位于要设置项目符号的段落内。

2) 单击"格式"菜单中的"项目符号和编号"命令；或单击鼠标右键，选择并单击"项目符号和编号"命令，打开"项目符号和编号"对话框。

3) 单击"项目符号"选项卡（见图 8—1）。

4) 单击选择要采用的新项目符号样式。

5) 单击"确定"按钮，完成更改。

二、使用编号

1．添加编号

(1) 录入时自动添加编号

1) 先在段落的句首插入或输入编号格式〔如 1.、(1)、1)、A、①等〕，再输入一个空格或制表位（按 Tab 键）。

2) 输入文字后按 Enter 键，就会自动为段落添加编号列表。

(2) 使用"格式"工具栏设置编号

1) 先选定要设置编号的段落，或将插入点定位于要设置编号的段落内。

2) 单击"格式"工具栏中的"编号"按钮，即可设置编号。

(3) 使用对话框设置编号

1) 先选定要设置项目符号的段落，或将插入点定位于要设置项目符号的段落内。

2) 单击"格式"菜单中的"项目符号和编号"命令；或单击鼠标右键，选择并单击"项目符号和编号"命令，打开"项目符号和编号"对话框（见图 8—1）。

3) 单击"编号"选项卡，如图 8—3 所示。

4) 单击要设置的编号样式，再单击"确定"按钮；或双击要设置的编号样式，即可添加编号列表。

2．自定义编号

如果对"编号"选项卡中列出的编号样式不满意，可以自定义编号。

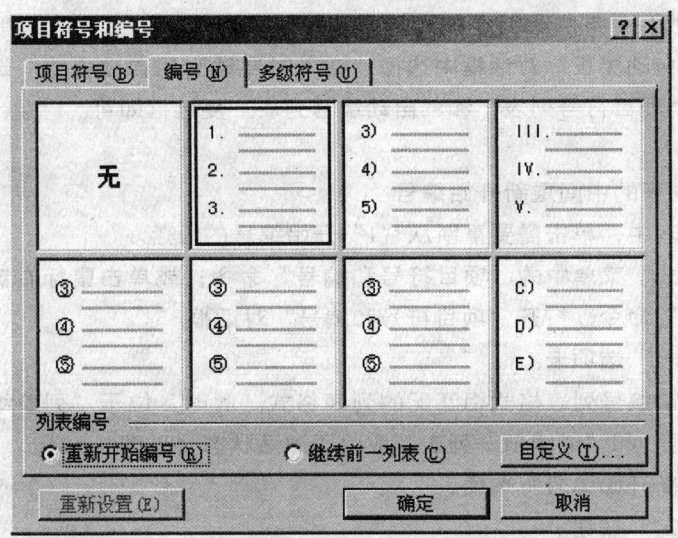

图 8—3 "项目符号和编号"对话框"编号"选项卡

（1）单击"编号"选项卡中的"自定义"按钮，打开"自定义编号列表"对话框，如图 8—4 所示。

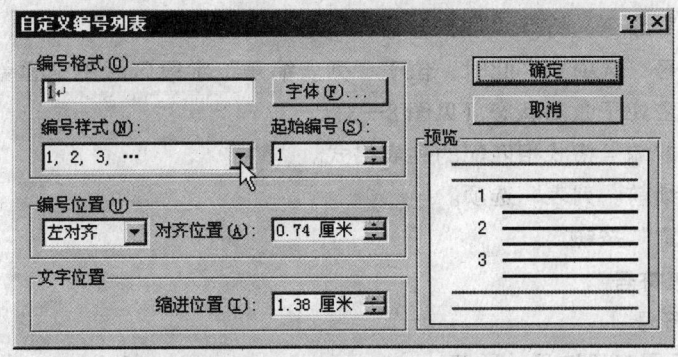

图 8—4 "自定义编号列表"对话框

（2）单击"编号样式"的下拉列表按钮，选择编号样式。

（3）根据需要，在"编号格式"框内，编号的前面或后面输入括号等文字符号。

（4）如果设置编号的字体和格式，可单击"字体"按钮，弹出"字体"对话框，选择、设置编号的具体样式。

（5）单击"起始编号"的微调按钮，设置编号的起始编号数。

（6）分别单击"编号位置"下拉列表按钮和"对齐位置"的微调按钮，调整编号的对齐方式和对齐位置。

（7）在"文字位置"区中，单击"缩进位置"的微调按钮，调节文字的缩进位置。

（8）单击"确定"按钮，完成设置，并将所定义的编号用于所选段落。

3．取消或更改编号

使用"格式"工具栏取消设置的编号时，先选定要取消编号的段落，或将插入点定位于要取消编号的段落内，再单击"格式"工具栏中的"编号"按钮 。

其他取消或更改编号的操作与取消或更改项目符号的操作方法基本相同，只是在操作过程中，涉及"项目符号"的选项更改为"编号"即可，不再赘述。

如果在录入时不需要自动创建项目符号和编号，可选择"工具"菜单中的"自动更正"，在打开的"自动更正"对话框中选择"键入时自动套用自动格式"选项卡；在该选项卡中取消"自动项目符号列表"和"自动编号列表"复选框即可。

4. 分组编号

(1) 从编号列表的中间重新开始编号

1) 在编号列表中，单击需要重新从"1"开始编号的段落。

2) 单击"格式"菜单中的"项目符号和编号"命令；或单击鼠标右键，选择并单击"项目符号和编号"命令，打开"项目符号和编号"对话框。

3) 单击"编号"选项卡。

4) 单击与当前编号列表格式相匹配的列表格式。此时，位于"列表编号"字段区域的"重新开始编号"和"继续前一列表"应处于激活状态（见图8—3）。

5) 单击"重新开始编号"选项。

6) 单击"确定"按钮。

(2) 对中间有未编号的段落分隔的列表继续进行编号

1) 单击要继续进行编号的列表中，或选定这些段落。

2) 单击"格式"菜单中的"项目符号和编号"命令；或单击鼠标右键，选择并单击"项目符号和编号"命令，打开"项目符号和编号"对话框。

3) 单击"编号"选项卡。此时，位于"列表编号"字段区域的"重新开始编号"和"继续前一列表"应处于激活状态（见图8—3）。

4) 单击与当前编号格式相匹配的列表格式。

5) 单击"继续前一列表"选项。

6) 单击"确定"按钮。

三、使用多级符号

1. 应用多级符号

(1) 单击要设置多级编号的段落。

(2) 单击"格式"菜单中的"项目符号和编号"命令；或单击鼠标右键，选择并单击"项目符号和编号"命令，打开"项目符号和编号"对话框。

(3) 单击"多级符号"选项卡，如图8—5所示。

(4) 单击要选用的多级符号。

(5) 单击"确定"按钮，返回文档编辑窗口。

(6) 在多级符号列表输入文本后，按Enter键，系统会自动在新的段落添加连续的多级编号。

(7) 要采用多级符号中的不同级别时，可先单击选择要变更的列表项的任意位置，再单击"格式"工具栏上的"减少缩进量"按钮或"增加缩进量"按钮，提升或降低当前列表的级别，从而选择所要设置的级别。

2. 自定义多级符号列表

(1) 在"项目符号和编号"对话框的"多级符号"选项卡中，单击"自定义"按钮，弹出"自定义多级符号列表"对话框，如图8—6所示。

(2) 单击"级别"列表框内的数字，选择当前要定义的多级符号级别。

(3) 单击"编号样式"下拉列表框，选择项目符号或编号样式。

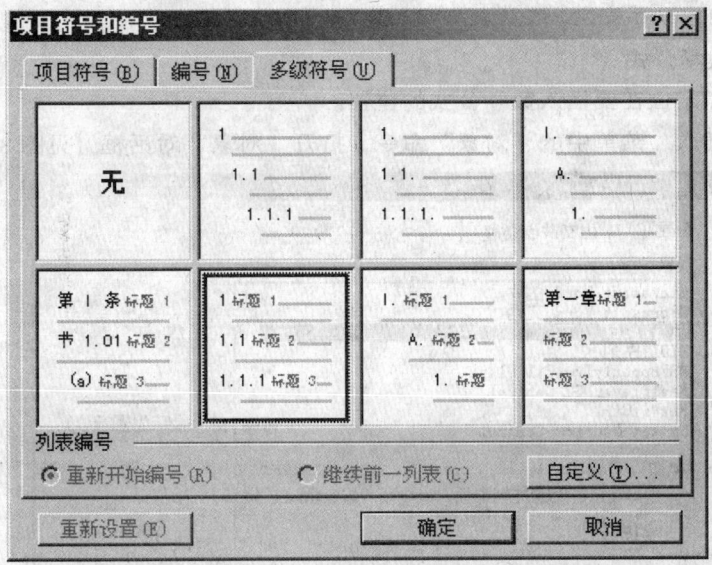

图 8—5 "项目符号和编号"对话框"多级符号"选项卡

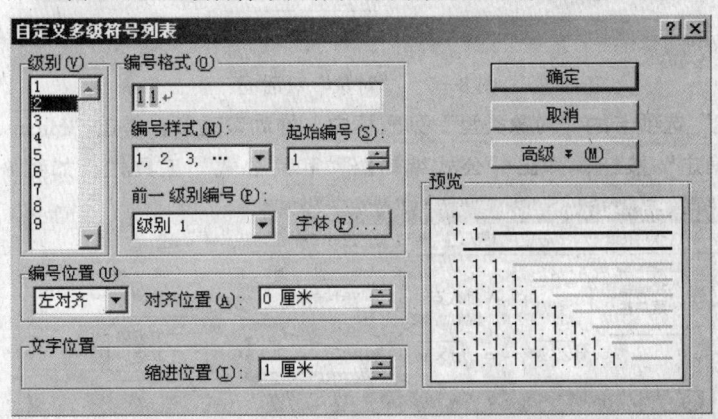

图 8—6 "自定义多级符号列表"对话框

(4) 单击"编号格式"文本框，可在编号格式的前后输入文字或符号，定义编号的格式。

(5) 单击"起始编号"的微调按钮，定义编号的起始编号数值。

(6) 单击"前一级别编号"下拉按钮，定义当前级别是否包含前一级别编号，并确定包含哪一级别编号。

(7) 单击"字体"按钮，可设置当前级别的字体样式、字形、字体大小、颜色等格式。

(8) 单击"编号位置"选项内"对齐位置"的下拉按钮，设置编号的对齐方式；单击"对齐位置"的微调按钮设置编号距离页左边的距离。

(9) 在"文字位置"选项内，单击"缩进位置"的微调按钮，设置编号结束处与文本开始处之间的间距。

(10) 单击"确定"按钮，定义结束。

第二节　插入和编辑数学公式

在进行 Office 典型安装后，系统不会安装数学公式编辑器。因此，在使用数学公式编辑器前,应先自己动手安装。

一、插入数学公式

1. 将插入点定位在要插入数学公式的位置。
2. 单击"插入"菜单中的"对象"命令,打开"对象"对话框(见图8—7)。

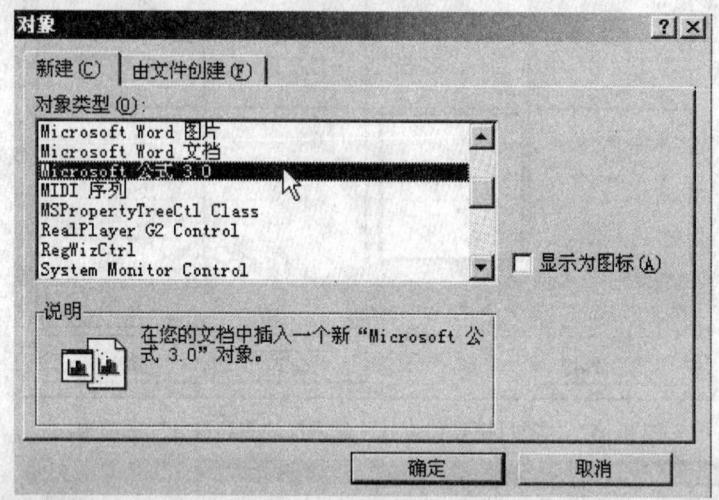

图8—7 "对象"对话框

3. 在"新建"选项卡的"对象类型"列表框内,拖动滚动条,单击"Microsoft 公式3.0"。
4. 单击"确定"按钮,弹出"公式编辑器"和"公式"工具栏,如图8—8所示。

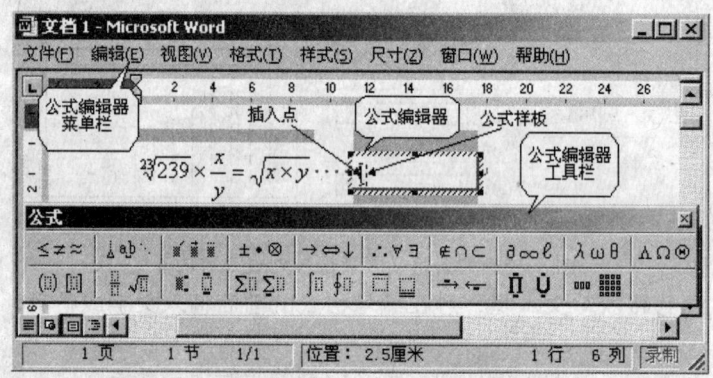

图8—8 公式编辑环境

5. 单击"公式"工具栏上的模板按钮,移动鼠标单击选择模板中要插入公式的样板。
6. 如要在公式中插入其他公式样板,可重复上一步操作。
7. 输入、编辑完成后,单击"公式编辑器"编辑区以外的任何位置,可返回当前文档。

二、编辑数学公式

建立好的数学公式也可以在随后的编排过程中进行编辑。

1. 操作方法一

(1) 双击要编辑的数学公式,或右击要编辑的数学公式,在弹出的快捷菜单中,选择"Equation 对象",单击"编辑"命令,系统进入公式编辑环境。

(2) 单击数学公式中要修改、添加、删除的元素,利用"公式"工具栏中的工具按钮进行操作。

(3) 单击"公式编辑器"以外的地方,返回文档。

2．操作方法二

（1）右击要编辑的数学公式，在弹出的快捷菜单中，选择"Equation 对象"，单击"打开"命令，系统打开独立的"公式编辑器"窗口，如图8—9所示。

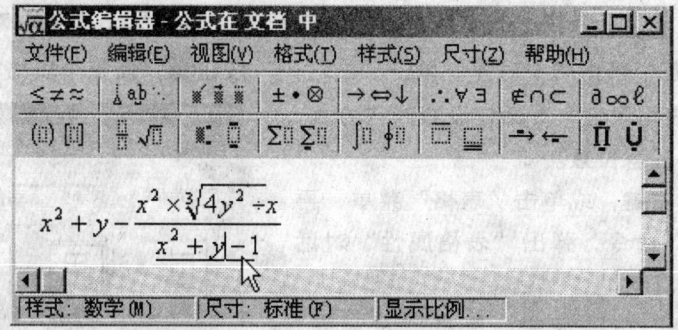

图8—9　"公式编辑器"窗口

（2）单击数学公式中要修改、添加、删除的元素，利用"公式"工具栏中的工具按钮进行操作。

（3）单击"公式编辑器"右上角的"关闭"按钮，或单击"公式编辑器"菜单栏中的"文件"菜单，单击"退出并返回到文档"命令，关闭"公式编辑器"窗口，返回文档。

第三节　表格的排版与编辑

一、表格跨页设置

1．设置表格跨页标题

如果表格在一页内排列不完，会接着下一页排。为使表格排列好看，又便于阅读、理解表中数据，可将表格的第一行，以及其后的多个行设置成表格标题，一旦表格跨多页，则可在后续页中重复显示表格标题。其操作步骤如下：

（1）先选定要作为表格标题的行（必须包含表格的首行）。

（2）单击"表格"菜单，单击"标题行重复"命令；或单击鼠标右键，单击"表格属性"命令，在弹出的"表格属性"对话框中，单击选中"在各页顶端以标题行形式重复出现"复选框。

（3）最后，单击"确定"按钮。

2．避免表格跨页断行

Word 系统默认设置是允许表格行中的文字跨页显示。有时可能会因此使表格中的内容被分隔在不同的页面内，影响阅读。可以采用下面设置方法避免表格跨页断行。其操作步骤如下：

（1）单击选择要设置的表格。

（2）单击鼠标右键，单击"表格属性"命令，弹出"表格属性"对话框。

（3）单击"行"选项卡。

（4）单击"允许跨页断行"复选框，取消选中标志"√"。

（5）单击"确定"按钮。

二、设置表格排列方式

1．表格的对齐方式设置

表格有左对齐、居中对齐、右对齐三种对齐方式。

(1) 使用"格式"工具栏上的工具按钮设置对齐方式

1) 选定整个表格。

2) 单击"格式"工具栏上的"两端对齐"按钮▇，可使整个表格左对齐；单击"居中"按钮▇，使整个表格居中对齐；单击"右对齐"按钮▇，使整个表格右对齐。

(2) 采用"表格属性"对话框设置对齐方式

1) 单击表格任意位置。

2) 单击鼠标右键，或单击"表格"菜单，再单击"表格属性"命令，弹出"表格属性"对话框（见图8—10）。

3) 在"表格"选项卡中，单击"左对齐""居中"或"右对齐"选项，可设置整个表格呈左对齐、居中或右对齐方式。其中，如果单击选择"左对齐"选项，还可激活"左缩进"调节按钮。单击"微调"按钮，调整表格与页左边距之间的距离。

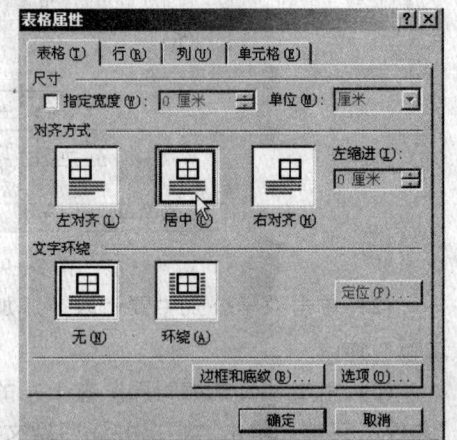

4) 单击"确定"按钮。

图8—10 "表格属性"对话框"表格"选项卡

2. 调整表格的列宽和行高

(1) 调整表格的列宽

1) 鼠标移至要调整的表格竖线上，当鼠标变形为双箭头夹子"✥"时，按下鼠标左键，将会显示一条垂直虚线。

2) 按住鼠标左键的同时，左右移动鼠标可调整当前列的列宽。若按住 Ctrl + Shift 键的同时拖动鼠标，则将平均调整其右侧所有列的列宽。

(2) 调整表格的行高

1) 鼠标移至要调整的表格横线上，当鼠标变形为双箭头夹子"⇅"时，按下鼠标左键，将会显示一条水平虚线。

2) 按住鼠标左键的同时，拖动鼠标上下移动可调整行高。若在拖动鼠标时同时按住 Alt 键，会在标尺行、列中显示其单元格的具体尺寸。

(3) 同时调整表格的多行或多列的行高或列宽

1) 选定需要调整行高或列宽的多行或多列。

2) 单击"表格"菜单，单击"表格属性"命令。

3) 在"属性"对话框中，单击"行"选项卡。

4) 单击并选中"指定高度"复选框，再单击右边的微调按钮设置所需的行高。

5) 单击"列"选项卡，单击并选中"指定宽度"复选框，单击"微调"按钮设置列的宽度。

6) 单击"确定"按钮，完成多个行列尺寸的调整。

(4) 平均分布行高和列宽

1) 分别选定要调整行高或列宽的行或列。

2) 在选定区域内单击右键，再单击快捷菜单中的"平均分布各行"或"平均分布各列"命令。或者单击"表格和边框"工具栏上的"平均分布各行"按钮和"平均分布各列"按钮，即可完成表格各行、列的平均分布。

3．移动与缩放表格

（1）移动表格

将鼠标指针向表格的左上角的移动标记 。当到鼠标指针变成指向四周的十字形箭头时（见图8—11），按住鼠标左键不放，将表格拖放到文档中要放置表格的位置。

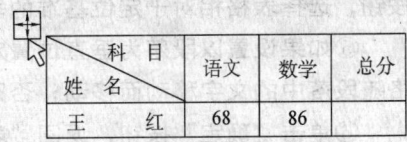

图8—11 选定表格

（2）缩放表格大小

若对于文档中表格的尺寸不满意，也可利用鼠标拖动的方法进行调整。

1）将鼠标从表格的左上部向出现在表格的右下角的尺寸控点"□"移动（见图8—11）。

2）当鼠标指针变成向左倾斜的双向箭头时，按住鼠标左键向表格外或内拖放鼠标，即可放大或缩小表格的尺寸。

4．设置表格的文字环绕方式

（1）设置表格的环绕方式

1）鼠标右键单击要设置表格的任意位置，再单击右键快捷菜单中的"表格属性"命令，弹出"表格属性"（见图8—10）。

2）单击"文字环绕"选项组中的"环绕"选项。

3）单击"确定"按钮。

如果要取消表格环绕，可按照上述操作方法操作，在第2步骤中单击"无"选项。

（2）精确定位表格位置和设置环绕间距

如果设置表格为环绕方式，则可以进一步设置表格的精确位置及其与正文的间距。

1）精确定位表格位置

①先在图8—10所示的"表格属性"对话框中，单击"文字环绕"选项组中的"环绕"，将表格设置为环绕属性。

②单击"定位"按钮，打开"表格定位"对话框，如图8—12所示。

③在"水平"设置选项中，单击"相对于"列表框的下拉按钮，设置表格水平位置定位的基准：

"页边距"——以页左边距为基准。

"页面"——以页面的左边缘为基准。

"栏"——以分栏为基准。

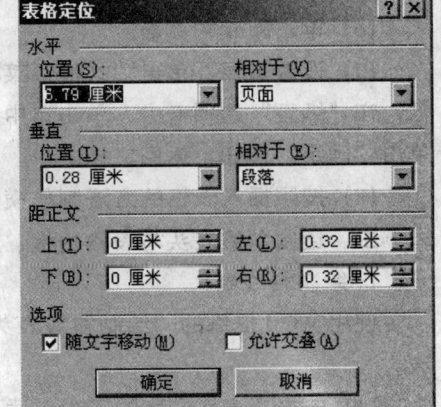

图8—12 "表格定位"对话框

在"位置"列表框内可以直接输入数字，设置与定位基准的间距，也可以单击"下拉"按钮，选择表格相对于定位基准的水平位置：左侧、居中、右侧、内侧、外侧。

④在"垂直"设置选项中，单击"相对于"列表框的下拉按钮，设置表格垂直位置定位的基准：

"页边距"——以页上边距为定位基准。

"页面"——以页面的上边缘为定位基准。

"段落"——以段落为定位基准。

在"位置"列表框内可以直接输入数字设置与定位基准的间距，也可以单击"下拉"按钮，选择表格相对于定位基准的垂直位置：顶端、底端、居中、内侧、外侧。

⑤如果设置以段落为垂直位置定位基准，则可单击选中"随文字移动"复选框，使表格随段落中的文字移动而移动；否则取消该复选框标志。

⑥单击"确定"按钮，返回"表格属性"对话框。

⑦单击"确定"按钮，返回文档。

2）设置距正文的间距

①打开如图 8—12 所示"表格定位"对话框。

②在"距正文"选项组中，单击"上""下""左""右""微调"按钮。

③连续两次单击"确定"按钮，返回文档。

5．设置横向排列表格

文档一般是按纸张纵向排版的，如果文档中包含有一张超宽的表格，简单的方法是将该表格作为单独的文件进行保存和打印。如果不想拆分文件，可以采用分节的方法解决这个问题。思路是将表格的前后文字用"下一页"分节符，分隔成不同的节，分别在"页面设置"中对不同的节设置页面的纸型方向即可。具体操作步骤为：

（1）先将插入点定位在要插入横向排列表格的前一页的末尾处，或所在页的起始位置。

（2）单击"插入"菜单，单击"分隔符"命令，打开"分隔符"对话框。

（3）在"分节符类型"选项中，单击"下一页"选项。

（4）单击"确定"按钮，返回文档。

（5）按 F4 键，重复步骤（3）（4），再插入相同类型的分节符。

（6）单击新建的页面。

（7）设置页面：单击"文件"菜单，单击"页面设置"命令，打开"页面设置"对话框，在"纸型"选项卡中，单击选中"横向"单选按钮，"应用于"选择默认的"本节"，单击"确定"按钮，返回文档。

（8）按照插入表格的方法制作横向排列的表格。

三、绘制斜线表头与表格边框、底纹设置

1．绘制斜线表头

使用 Word 提供的"绘制斜线表头"对话框制作表格斜线表头是一种简单、高效的方法。

（1）先根据表头文字的多少，适当调整表格的首行和第一列的行高与列宽。

（2）单击表格左上角的第 1 个单元格。

（3）单击"表格"菜单，单击"插入斜线表头"命令，弹出"插入斜线表头"对话框，如图 8—13 所示。

（4）单击"表头样式"下拉列表按钮，单击要设置的表头样式，可通过"预览"框查看表头的样式，一共有五种定制表头样式（见图 8—14）。

（5）单击"字体大小"下拉列表按钮，选择表头标题字体的大小号数。

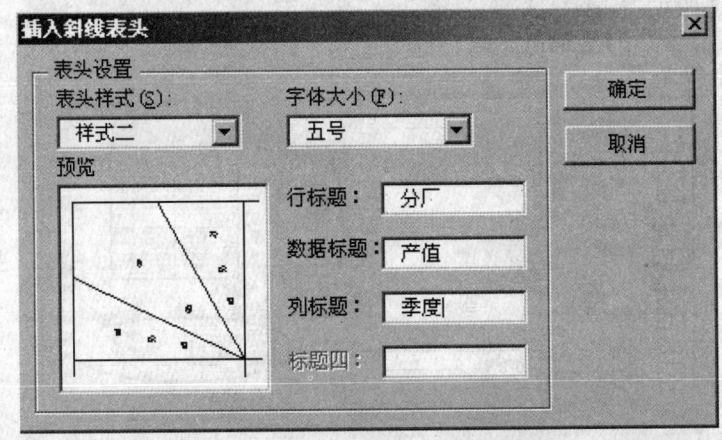

图8—13 "插入斜线表头"对话框

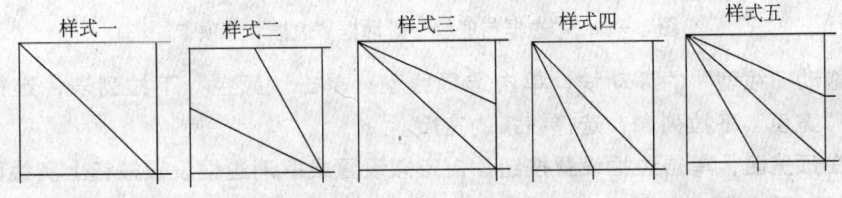

图8—14 定制表头样式

(6) 在"行标题""数据标题""列标题"等文本框内,输入表头标题文字。

(7) 单击"确定"按钮,添加斜线表头。

注意:如果单元格小、字体过大或字数太多,系统会弹出信息提示框,如果单击"确定"按钮,系统可能添加的表头无标题文字,或不完整,或与单元格配合不好。若出现此现象,可单击选择添加的表头图文框,将其删除,调整单元格、表头标题字体大小、字数等参数,再重新添加表头。如果单击"取消"按钮,则返回"绘制斜线表头"对话框。

2. 表格边框设置

(1) 选定要设置的表格:将鼠标指针向表格的左上角的移动标记⊞,当鼠标指针与其重合时,单击鼠标即可选定整张表格;若将鼠标指针在要选定表格行的左边移动,当鼠标指针变成↗形状时,单击鼠标可选定鼠标指针所指的行,如果向上或下拖放鼠标,还可选定多个行;若将鼠标指针在要选定表格列的上边移动,当鼠标指针变成"↓"形状时,单击鼠标可选定鼠标指针所指的列,如果向左或右拖放鼠标,可选定多个列;当鼠标指针指向某单元格选择区,指针变成"➤"形状时,单击鼠标可选定该单元格,如果上、下、左、右拖放鼠标,可选定多个单元格。

(2) 在选定的区域上,单击鼠标右键,或单击"表格"菜单,单击"表格属性"命令,打开"表格属性"对话框。

(3) 单击"表格"选项卡,再单击"边框与底纹"按钮,打开"边框与底纹"对话框,如图8—15所示。

(4) 在"边框"选项卡"设置"选项组中,单击其中定义表格边框样式的选项。

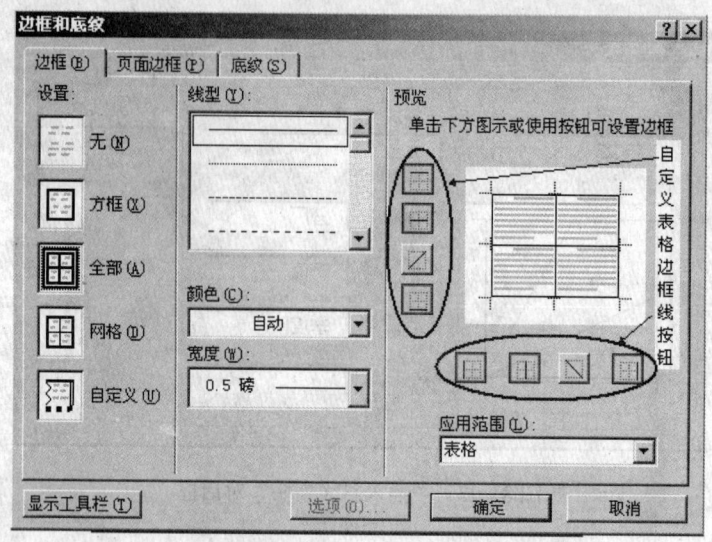

图 8—15 "边框与底纹"对话框"边框"选项卡

(5) 拖动"线型"的滚动块,单击选择线型;单击"颜色"下拉列表,选择线条颜色;单击"宽度"下拉列表,选择线条的宽度。

(6) 在预览区,单击边框设置按钮,自定义设置或取消边框设置按钮上实线图案所对应的边框线。单击自定义表格边框线按钮后,看预览窗口,若对应的边框线为实线,表示设置边框线,若为虚线则不设置边框线。

(7) 单击"应用范围"下拉列表按钮,设置边框线设置应用的范围。

(8) 单击"确定"按钮,完成表格边框设置,返回文档。

3．表格底纹设置

(1) 先按设置表格边框的操作步骤执行,打开如图 8—15 所示的"边框与底纹"对话框。

(2) 单击"底纹"选项卡,如图 8—16 所示。

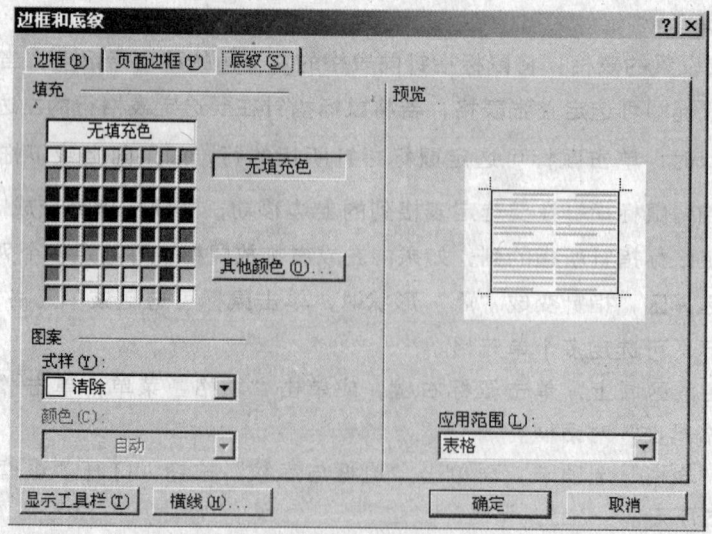

图 8—16 "边框与底纹"对话框"底纹"选项卡

(3) 单击"填充"选项区内调色板上颜色,设置底纹的填充色。单击"其他颜色"按钮,可设置调色板上没有的颜色。

(4) 单击"图案"选项区"式样"下拉列表按钮,选择底纹的图案。若选择"清除"式样,则表示底纹不采用任何图案。

(5) 单击"应用范围"下拉列表按钮,设定应用范围。

(6) 单击"确定"按钮,返回文档。

四、表格数据处理

1. 对表格数据排序

对列表或表格进行排序,可以按升序(A 到 Z、0 到 9 或日期由早到晚)或降序(Z 到 A、9 到 0 或日期由晚到早)对文字、数字或日期进行排序。

(1) 对表格中单独的一列进行排序

1)单击要排序的列(此列中的任意单元格)。

2)单击"表格"工具栏上的"升序"按钮$\frac{A}{Z}\downarrow$,将按照插入点所在列数据的升序方式,重新排列表格行的顺序(除首行外);单击"降序"按钮$\frac{Z}{A}\downarrow$,则将按照插入点所在列数据的升序方式,重新排列表格行的顺序(除首行外)。

(2) 对表格中的多个列进行排序

1)单击要排序的表格(此表格中的任意单元格)。

2)单击"表格"菜单中的"排序"命令,弹出"排序"对话框,如图 8—17 所示。

3)单击"排序依据"选项组中的第一个下拉列表按钮,选择选定第一个排序的选项(表格首行的列名称)。

4)单击"类型"下拉列表按钮,选择排序的方法:"拼音""笔画""数字"或"日期"。

5)单击"递增"或"递减"单选按钮,设置排序方式。

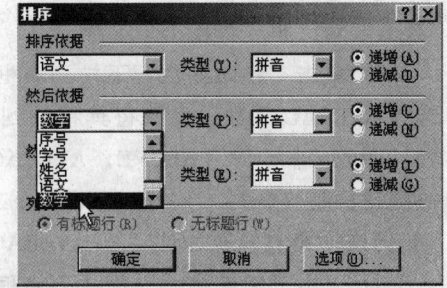

图 8—17 "排序"对话框

6)如果有多个排序依据,可单击"然后依据"选项组中的第一个下拉列表按钮,选择选定第二个排序的选项,并选择相应的"类型"和排序方式。

7)单击"确定"按钮,系统按要求对表格进行排列。

2. 求和与计算平均值

以表 8—1 所示表格说明对表格中数据进行求和与计算平均值的操作方法。

(1) 求和

Word 可自动对单元格左边或上面单元格中的连续数值进行横向求和与纵向求和。

1)横向求和 自动求出每位学生"总分数"的操作步骤:

①单击表格最后要横向求和的汇总单元格,如表中"陈永星"同学的"总分数"单元格。

②单击"表格与边框"工具栏上的"自动求和"按钮Σ,系统自动求出总和。

③将插入点上移一个单元格,重复自动求和操作,直至完成整个表格的横向求和。

2)纵向求和

表8—1　　　　　　　　　　　求和与计算平均值

姓名＼科目	语文	数学	总分数
王　红	68	86	
李　萍	88	65	
张建民	75	65	
陈永星	90	98	188
平均成绩		78.5	

①要对"语文"列中的数值进行求和，单击要求和列的最后一个空单元格，如表中"平均成绩"与"语文"对应的单元格。

②单击工具栏上的"自动求和"按钮Σ，系统自动求出"语文"成绩总和，并将其填入插入点所在的单元格。

（2）计算平均值

操作步骤如下：

1）单击要求平均值列的最后一个空单元格，如表中"数学"列中的最后一个空单元格。

2）单击"表格"菜单，单击"公式"命令，打开"公式"对话框，如图8—18所示。

3）单击"粘贴函数"下拉列表框下拉按钮，单击选择 AVERAG 函数，系统将其粘贴到"公式"文本框内，变成"= SUM（ABOVE）AVERAGE（）"，再使用快捷键复制（Ctrl + C）、剪切（Ctrl + X）、粘贴（Ctrl + V）方法，将其修改为成"= AVERAGE（ABOVE）"。

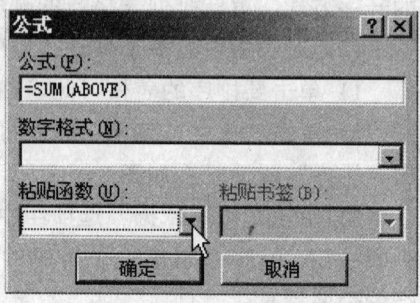

图8—18　"公式"对话框

4）单击"数字格式"下拉列表框下拉按钮，单击选择显示计算结果的格式。

5）单击"确定"按钮，完成计算，并将其填入插入点所在的单元格。

利用"公式"对话框不仅能求列的平均值，也可以计算表格的列和行的求和、求平均值等，完成多种计算。

第四节　图片与艺术字编排

一、图片编辑

图片插入文档后的效果，不可能完全满足排版要求，往往需要改变图片的位置、大小、亮度、对比度，图形与文字环绕方式等混合排版格式进行设置。设置的方法有多种，简单的移动图片、调整图片尺寸等设置可采用鼠标拖放的方法完成。此外，还有两种常用的设置图片格式的方法：第一种是使用"图片"和"绘图"工具栏中的按钮设置，第二种方法是利用"设置图片格式"对话框进行设置。

1. 认识图片编辑工具

单击图片就可选定图片，此时图片的周围会出现8个控点，同时显示"图片"工具栏，如图8—19所示。若在选定图片后，未显示"图片"工具栏，可用鼠标右键单击要选取的图片，单击快捷菜单中"显示图片工具栏"命令；或通过单击"视图"菜单，选择"工具栏"，单击"图片"选项，使其显示出来。这时可根据编辑需要，单击相应的工具按钮进行编辑。

2．美化图片

使用"图片"和"绘图"工具栏中的按钮可以调节图片的亮度、对比度，设置图片颜色，添加边框线，设置阴影、三维立体，修饰、美化图片。

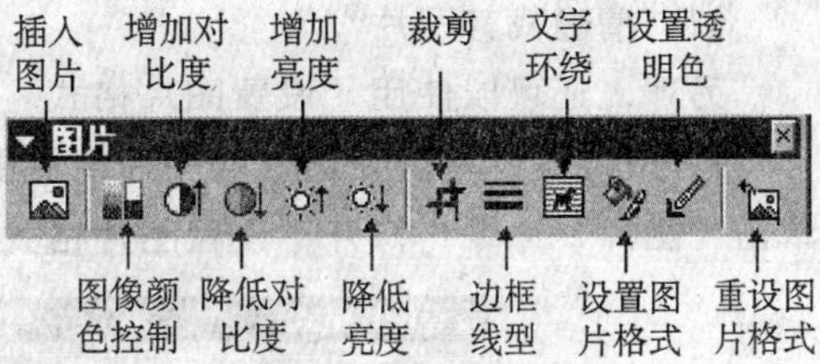

首先，单击选定要修饰的图片，然后利用弹出的工具按钮进行如下操作：

图 8—19 "图片"工具栏按钮及其含义

（1）设置图像颜色

单击"图片"工具栏上的"图像颜色控制"按钮，在弹出的选项列表中，单击要设置的选项：

"自动"——使用图像原有的色彩；

"灰度"——将原有的彩色图像变成灰度；

"黑白"——图像采用黑线条白底的纯黑白图像；

"水印"——图像变成水印图。

（2）设置图片对比度

单击"图片"工具栏上的"增加对比度"或"降低对比度"按钮，调整图片对比度。

（3）设置图片亮度

单击"图片"工具栏上的"增加亮度"或"降低亮度"按钮，调整图像亮度。如果要精确设置图片的亮度、对比度，应在"设置图片格式"对话框中设置。

（4）给图片加边框

单击"图片"工具栏上的"边框线型"按钮，在其下拉列表中单击选择要添加或设置图片边框线型。单击"绘图"工具栏上的"线条颜色"按钮的下拉按钮，单击选择要设置边框线的颜色，如果单击选择其中的"无线条颜色"选项，则取消边框线。

（5）设置阴影

单击"绘图"工具栏上的"阴影"按钮，再单击选择其中要设置的阴影方案图。如果单击选择其中的"无阴影"选项，则取消已设置的阴影。

（6）设置三维效果

单击"绘图"工具栏上的"三维效果"按钮，再单击选择其中要设置的三维效果方案图。如果单击选择其中的"无三维效果"选项，则取消已设置的三维效果。

3．裁剪图片

（1）用"裁剪"工具裁剪图片

如果需要，可以用"图片"工具栏上的"裁剪"按钮裁剪图片边缘，其操作步骤如下：

1）单击选定要裁剪的图片，图片四周显示出 8 个尺寸控点。

2）单击"图片"工具栏上的"裁剪"按钮。

3）将鼠标指针移向并套住图片要裁剪方向上的尺寸控点。

4）当指针变成"裁剪"按钮上的裁剪图形时，按住鼠标左键，向图片内（或外）拖放鼠标。

在拖动鼠标过程中,显示的虚线框就是图片的裁剪位置,松开鼠标左键,就把虚线框以外的部分"裁"掉了。

(2) 精确裁剪图片

另外,还可以使用"设置图片格式"对话框对图片进行精确裁剪。其操作步骤如下:

1) 鼠标右键单击要选定的图片,单击"设置图片格式"命令;或单击"格式"菜单,单击"图片"命令,打开"设置图片格式"对话框,如图8—20所示。

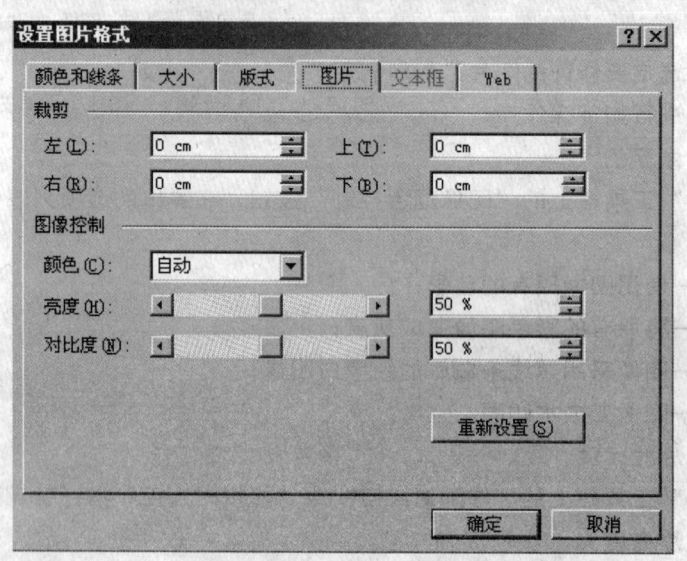

图8—20 "设置图片格式"对话框"图片"选项卡

2) 在"图片"选项卡中的"裁剪"选项组内,分别单击"左""右""上""下"微调按钮,设置裁剪图片边缘的尺寸。设置正数,表示向图片内裁剪;负数则向图片外裁剪,即扩大图片边框。

4. 调整图片尺寸

插入的图片往往不适合文档的版面要求,这就需要修改图片的大小。

(1) 使用鼠标调整图片尺寸

操作步骤如下:

1) 单击选定图片。

2) 将鼠标指针移向图片四边或四角上的某个尺寸控点,当鼠标指针变成双向箭头时,按住鼠标左键,向图片外或内拖放鼠标,即可达到调整图片大小的目的。

如果需按比例进行缩放,则应将鼠标移至图片四个上角的某个尺寸控点进行拖放。

通过以上操作,既可放大或缩小图片,也可以改变图片的外形。

(2) 精确调整图片尺寸

利用"设置图片格式"对话框精确调整图片尺寸,其操作步骤为:

1) 双击要调整的图片,打开"设置图片格式"对话框。

2) 单击"大小"选项卡,如图8—21所示。

3) 分别单击"尺寸和旋转"选项组内的"高度"和"宽度"微调按钮,设置图片尺寸。

4) 分别单击"缩放"选项组内的"高度"或"宽度"微调按钮,设置图片缩放比例。

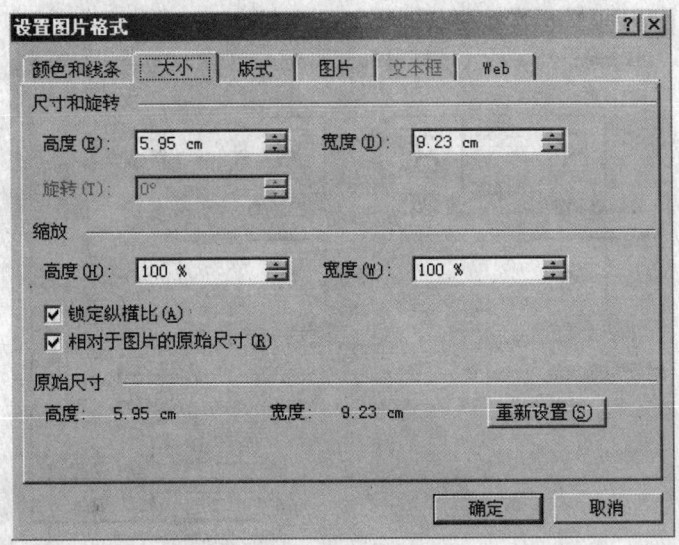

图 8—21 "设置图片格式"对话框"大小"选项卡

5）如果要保持图片的高与宽比例关系，应选中"锁定纵横比"复选框；如果依据图片的原始尺寸设定调整缩放比例，则要选中"相对于图片的原始尺寸"复选框；如果单击"重新设置"按钮，图片恢复到图片本身固有的大小（原始尺寸）。

6）单击"确定"按钮，返回文档。

5．设置图片的文字环绕方式

图片的文字环绕设置就是设置图形与文字之间混合排版方式。

（1）利用工具按钮设置环绕方式

利用"图片"工具栏上的"文字环绕"按钮提供的文字环绕功能，可以快捷地设置图文版面，获得满意的效果。

1）单击选定要编辑的图片。

2）单击"图片"工具栏上的"文字环绕"按钮，展开文字环绕列表，如图 8—22 所示。

3）根据版面排版要求，单击选择其中一种文字环绕方案。

4）调整图片位置，以达到满意的图文混排效果。

（2）使用"设置图片格式"对话框设置环绕方式

1）右键单击选定要编辑的图片。

2）单击选择"设置图片格式"命令，打开"设置图片格式"对话框。

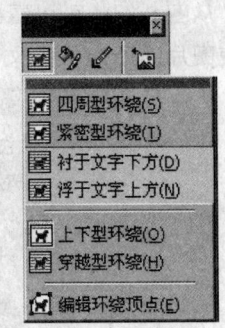

图 8—22 文字环绕列表

3）单击"版式"选项卡，在"环绕方式"选项组中单击选择一种文字环绕方案，如图 8—23 所示。

4）单击"确定"按钮，关闭对话框，返回文档。

5）调整图片位置，以达到满意的图文混排效果。

6．移动图片位置与图片定位

可通过鼠标移动图片大体确定图片位置，也可使用"设置图片格式"对话框在文档中精确地定位图片的位置。

· 133 ·

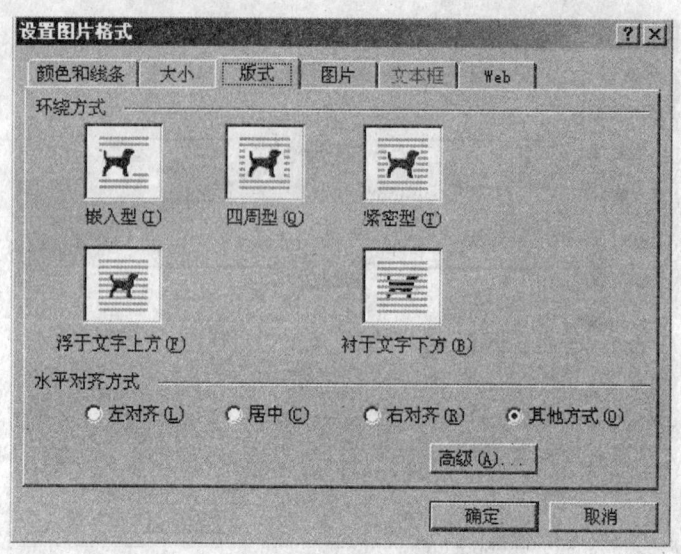

图 8—23 "设置图片格式"对话框"版式"选项卡

使用鼠标操作方法是：将鼠标指针移向图片，当鼠标指针变形为指向四周的十字形双向箭头时，按住鼠标左键，将图片拖放到要设置的位置即可。

精确图片定位图片的操作步骤：

（1）鼠标右键单击要选定的图片，单击"设置图片格式"命令；或单击"格式"菜单，单击"图片"命令，打开"设置图片格式"对话框。

（2）单击"版式"选项卡。

（3）单击"高级"按钮，打开"高级版式"对话框，如图 8—24 所示。

（4）在"图片位置"选项卡中，分别有"水平对齐"和"垂直对齐"设置。

（5）设置完毕，单击"确定"按钮，返回文档。

从图 8—24 可以看出，在"选项"设置区中，如果选中"对象随文字移动"复选框，可使图片随所定位的文字移动而移动。如果取消"允许重叠"复选框，则图片就不会与其

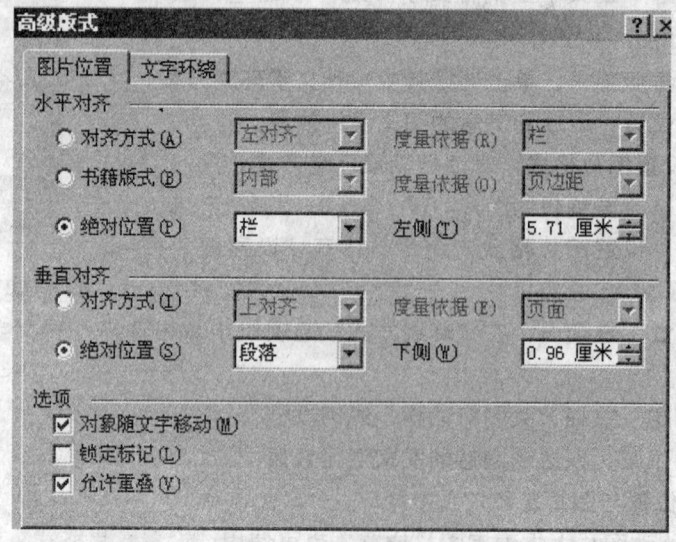

图 8—24 "高级版式"对话框"图片位置"选项卡

他图片重叠了。

还可以单击"文字环绕"选项卡，不仅可以设置图片的文字环绕方式，还可以自定义图片与文字之间环绕的间距。

二、插入艺术字和文本框

在编辑文档的过程中，往往希望对编辑的文本进行一些艺术处理，如插入艺术字、文本框等，使文档显得生动、活泼、美观。

1．艺术字的制作

利用 Word 提供的艺术字功能，可以制作出非常完美的文档标题。要制作艺术字，可按如下操作：

（1）制作艺术字

1）单击"插入"菜单，选择"图片"子菜单，单击"艺术字"命令，或单击"常用"工具栏上的"绘图"按钮，再单击弹出的"绘图"工具栏上的"插入艺术字"按钮，打开"'艺术字'库"对话框，如图 8—25 所示。

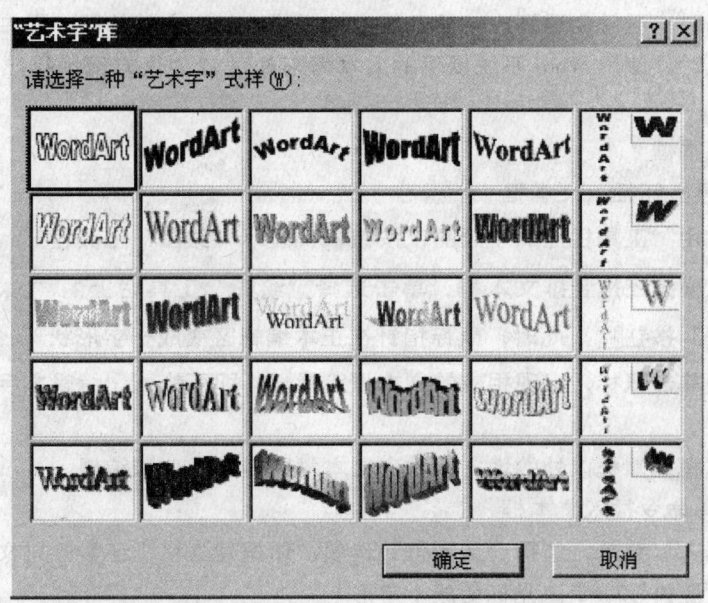

图 8—25 "'艺术字'库"对话框

2）双击"艺术字"库中要选取的样式，打开"编辑艺术字"文字对话框。

3）在"文字"编辑框中输入艺术字文字内容，例如，"阳光"；分别单击"字体""字号"下拉列表框按钮，单击要选择的字体、字号，单击选择字型，如选择隶书、36 号字，加粗格式。

4）单击"确定"按钮，生成如图 8—26 所示的艺术字。

5）最后，将艺术字拖放到要设置的地方。

（2）编辑艺术字

艺术字制作好后，若还不是很满意，可以利用"艺术字"工具栏对其进行编辑。

图 8—26 艺术字

1）单击制作好的艺术字，随即激活"艺术字"工具栏，如图 8—27 所示。

2）单击工具栏上的"艺术字形状"按钮修饰艺术字的形状。

3）单击"自由旋转"按钮可以自由地改变艺术字的角度。

4）单击"绘图"工具栏上的"三维效果"按钮可设置艺术字的立体效果，如图8—28所示。

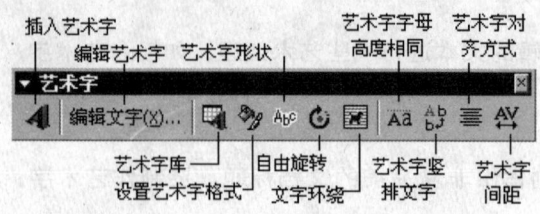

图8—27 "艺术字"工具栏及其按钮名称　　　图8—28 编辑后的艺术字

根据需要，还可以利用"绘图"和"艺术字"工具栏上的其他功能对制作的艺术字进行美化设计。

2．使用文本框

在编辑文档时，通常会遇到比较复杂的文档版式，如在文档的同一页中既有横排也有竖排的段落。这时，使用 Word 系统提供的文本框来处理就会很方便地排出需要的文档版式。

（1）插入文本框

1）利用工具按钮插入文本框

①单击"常用"工具栏上的"绘图"按钮，显示"绘图"工具栏。

②根据建立横排还是竖排文本框，单击选择"绘图"工具栏上的"文本框"按钮或"竖排文本框"按钮。此时，鼠标指针在正本编辑区变成十字形状。

③在文档中单击鼠标，出现相应的文本框编辑框，即可输入、编辑文字，插入图、表等内容。

④单击文本框编辑框以外的地方，结束文本框内容的录入和编辑。

2）使用菜单命令插入文本框

①单击"插入"菜单，选择"文本框"选项，依据建立横排还是竖排文本框，选择单击"横排"或"竖排"命令，光标变成十字形。

②在需要插入文本框的地方，单击左键，就出现相应的文本框编辑框。

③在文本框编辑框中输入、编辑文字、图、表等内容。

④单击文本框编辑框以外的地方，结束文本框内容的录入和编辑。

3）将文本文字换成文本框　前两种方法都是先制作文本框，然后在框内输入文本内容。其实也可以把已经输入的文本内容转换成文本框。

①选定要转换成文本框的文本内容。

②根据要建立的文本框形式，单击"绘图"工具栏上的"文本框"按钮或"竖排文本框"按钮，此时，所选定的内容移至文本框编辑框内。

③编辑、调整文本框的内容、大小和位置，及其文本框的文字环绕方式。

无论用以上哪种方法制作的文本框及文本内容，均可用"格式"工具栏上的字形、字体、字号等格式按钮对文本框中的文本格式进行编辑修改。

（2）编辑文本框

1）调整文本框大小和位置　在要编辑的文本框边缘移动鼠标指针，当指针变成十字形双向箭头时，按住左键，将文本框拖放到要设置的地方，即可达到调整文本框位置的目的。如果要调整文本框的大小，可先单击选定文本框，然后将鼠标指针移向要调整的边或角上的尺寸控制点，当指针变成双向箭头时，按住鼠标左键，向内拖放，缩小文本框；向外拖放，则扩大文本框。

2）设置文本框的文字环绕方式　单击"图片"工具条上的"文字环绕"按钮，单击选择下拉列表框中想要设置的文本框与周边文档内容的环绕方式。

3）取消与设置文本框边框线及其颜色　首先单击选定要编辑的文本框，再单击"绘图"工具栏上的"线条颜色"按钮的下拉箭头，选择"无线条颜色"选项，就可取消文本框的边框线。当然，如果要添加边框线，则应单击选择其中要设置的颜色或图案。单击"绘图"工具栏上的"线型"按钮，可选择添加不同的边框线。

4）删除文本框　将鼠标指针移至要删除的文本框，当鼠标指针变形指向四面的十字箭头时，单击选定该文本框，然后按 Delete 键，或单击"常用"工具栏上的"剪切"按钮，即可将选取的文本框删除。

如果要精确编辑设置文本框的上述属性，应双击要编辑的文本框的边框，打开"设置文本框格式"对话框进行设置。

第五节　使用样式

在文档排版编辑中，为了修饰、美化文档，需要对文字、段落进行各种各样的格式设置。同时，为了使文档层次结构清晰，具有整体感，不同的文字、段落等需要采用相同的格式。为避免重复繁琐的格式设置操作，保证标题、正文等文字、段落具有相同的格式设置，使用样式是最好的解决方法。样式是多种排版格式设置命令的集合，是一组预先定义、设置一系列格式特征，利用它可以快速改变文本的外观。当应用样式时，只需执行一步操作就可应用一系列的格式。

一、使用样式

1．使用"格式"工具栏应用样式

（1）单击选定要设置段落样式的段落，或选定多个段落，或者选定要设置字符样式的文字。

（2）单击"格式"工具栏上的"样式"列表框的下拉按钮。

（3）单击"样式"下拉列表框中要应用的样式名称。

2．利用"样式"对话框应用样式

（1）单击选定要设置段落样式的段落，或选定多个段落；或者选定要设置字符样式的文字。

（2）单击"格式"菜单，单击选择"样式"命令，打开"样式"对话框，如图 8—29 所示。

（3）单击"列表"列表框的下拉按钮，单击选择需要在"样式"列表框中显示的样式组。

"正在使用的样式"——列出用户更改或应用过的内置样式以及活动文档中自定义样式。

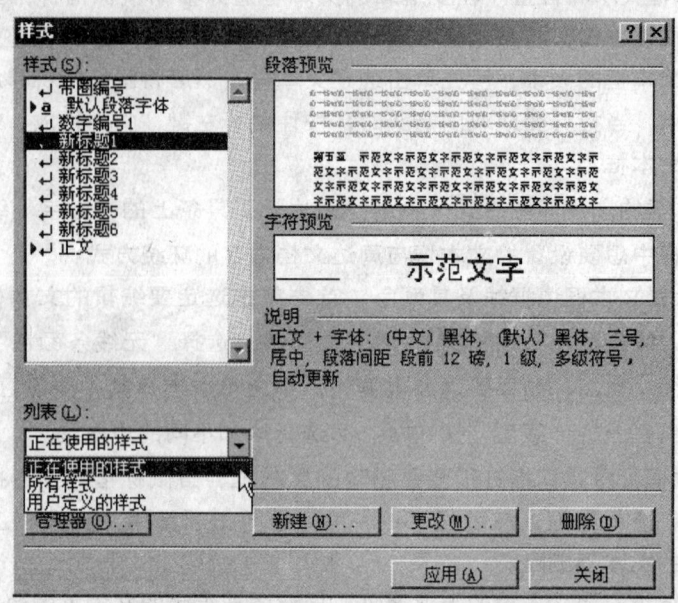

图8—29 "样式"对话框

"所有样式"——列出可用于文档的所有样式,包括内置和自定义样式。

"用户定义的样式"——只显示用户为活动文档创建的样式。

(4) 在"样式"列表框中,单击选择要应用的样式名称。

(5) 单击"应用"按钮,立即应用所选样式,并关闭对话框。

3. 使用格式刷复制格式

(1) 单击选定要选用的样式的段落,或选定使用字符样式的文字。

(2) 单击或双击"格式"工具栏上的"格式刷"按钮。

(3) 单击要应用选定"样式"的段落,或在要使用字符样式的文字上执行拖放操作(刷)。

(4) 如果是双击"格式刷",可以对其他段落或文字进行上一步骤操作,使用完"格式刷"后,再单击"格式刷"按钮,终止"格式刷"功能。

二、新建样式

1. 利用格式样本新建样式

(1) 选定要设置新样式的文字或段落。

(2) 使用"格式"菜单命令或"格式"工具栏中的格式按钮,对所选文字或段落进行格式设置,直至满意为止。

(3) 单击"格式"工具栏中"样式"列表框,输入新样式名称,定义以上设置的所有格式,同时删除显示的样式名。

(4) 按 Enter 键。

2. 使用"样式"对话框新建样式

(1) 单击"格式"菜单,单击选择"样式"命令,打开"样式"对话框(见图8—29)。

(2) 单击"新建"按钮,打开"新建样式"对话框,如图8—30所示。

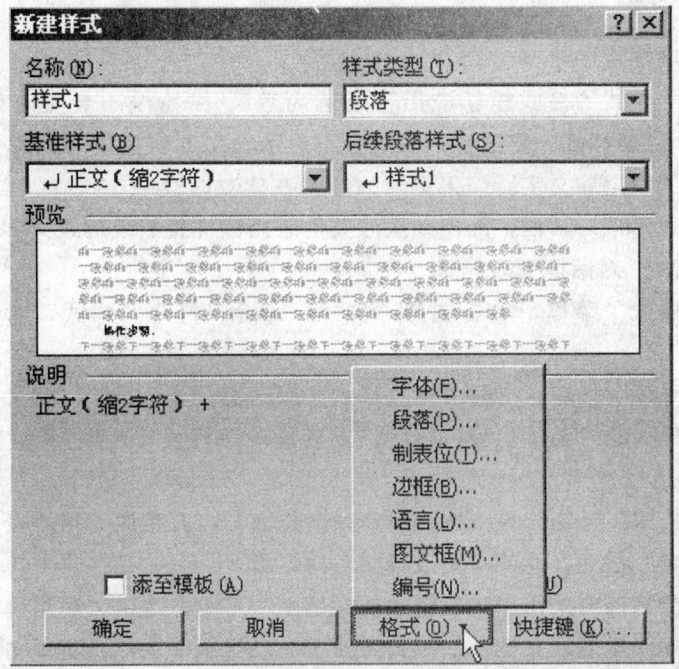

图8—30 "新建样式"对话框

（3）在"名称"文本框内输入新样式的名称。

（4）单击"样式类型"下拉列表按钮，选择新建样式的类型："字符"或"段落"。

（5）分别单击"基准样式""后续段落样式"下拉列表按钮，单击选择定义新样式的样式基准和指定在应用该新样式的段落中，按 Enter 键产生的后续段落的默认段落样式。

（6）单击"格式"按钮，再根据格式设置需要，单击可供设置的"字体""段落"等格式设置命令，打开相应的格式设置对话框，为新建的样式设置各种格式。单击"确定"按钮，返回"新建样式"对话框。

（7）如果想将该样式用于其他新建的文档中，可单击选中"添至模板"复选框，否则新建立的样式只用于本活动文档。如果单击选中"自动更新"复选框，以后无论何时对应用该格式的任何段落的格式更改，系统都会自动更新样式，同时自动对活动文档中使用该样式的所有段落进行同样的更改操作。

（8）单击"确定"按钮。

三、修改样式

1. 利用格式样本修改样式

（1）先选定要修改的样式的文字或段落（可从"格式"工具栏的"样式"列表框中的样式名称确认）。

（2）使用"格式"菜单命令或"格式"工具栏中的格式按钮，对所选文字或段落进行格式更改，直至满意所设置的格式为止。

（3）两次单击"格式"工具栏中"样式"列表框内的要更改样式的样式名称，显示插入点。

（4）按 Enter 键，弹出"更改样式"对话框。选中"更新样式，以反映最近所做修改"

单选按钮。

(5) 单击"确定"按钮。

如果选中"将样式的格式重新应用于所选内容",则系统不会更改样式。如果选中"从现在开始自动更新样式"复选框,系统会不提示地自动将更改了的样式应用于文档中其他采用该样式的段落或文字。如果更改的样式在建立时选中定义有"自动更新"选项,系统此时也会不显示该对话框,而自动更改其他采用该样式的段落或文字。

2. 使用"样式"对话框更改样式

(1) 单击"格式"菜单,单击选择"样式"命令,打开"样式"对话框(见图8—29)。

(2) 单击"更改"按钮,打开"更改样式"对话框。

(3) 可修改样式的"名称""基准样式""后续段落样式"(字符样式则没有此项)等内容。

(4) 单击"格式"按钮,单击选择要修改的格式,打开相应的格式设置对话框,修改格式。单击"确定"按钮,返回"更改样式"对话框。

(5) 如果想要将该样式用于其他新建的文档中,可单击选中"添至模板"复选框,否则更改的样式只用于本活动文档。如果要更改"自动更新"功能,可单击该复选框。

(6) 单击"关闭"按钮,退出对话框。

四、管理样式

1. 复制样式

(1) 单击"格式"菜单,单击选择"样式"命令,打开"样式"对话框(见图8—29)。

(2) 单击"管理器"按钮,打开"管理器"对话框,如图8—31所示。

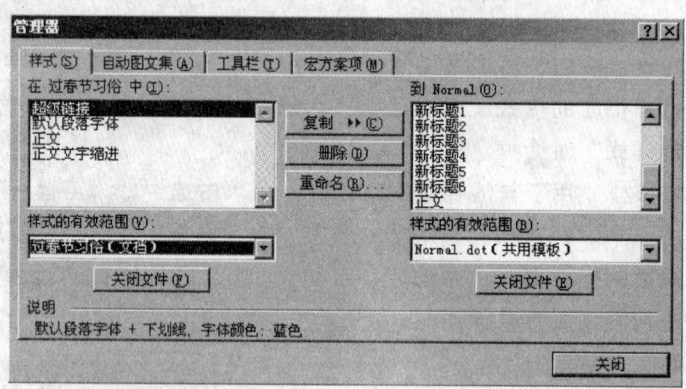

图8—31 "管理器"对话框"样式"选项卡

(3) 单击要复制的样式列表框内的任意样式,确定复制的源和目标方向。例如,如果要将右边Normal共用模板内的样式复制到左边,则单击右边"到Normal"列表框内的样式,使列表框名转变成"在Normal中",左边的列表框名也作相应的转换。同时,"复制"按钮上复制方向符号也改变了指示方向。因此,既可以将文档内的样式复制到模板,又可以把保存在模板内的样式复制到文档内,达到在文档之间相互复制、共享已有的样式的目的。这样,可避免在不同的文档内重复创建具有相同格式的样式了。

(4) 分别单击左、右两边的"样式的有效范围"下拉按钮,单击选择复制样式的源和目标文档或模板文件。

(5) 在要复制的样式所在的列表框内，选择要复制的样式名称。

(6) 单击"复制"按钮。

(7) 单击"关闭"按钮，完成复制样式操作，返回文档。

2．删除自定义样式

(1) 单击"格式"菜单，单击选择"样式"命令，打开"样式"对话框。

(2) 单击"管理器"按钮，打开"管理器"对话框。

(3) 在左边或右边"样式"列表框内选定要删除样式的名称。

(4) 单击"删除"按钮。

(5) 单击"关闭"按钮。

3．重新命名样式

(1) 单击"格式"菜单，单击选择"样式"命令，打开"样式"对话框。

(2) 单击"管理器"按钮，打开"管理器"对话框。

(3) 在左边或右边"样式"列表框内选定要更改样式名称的样式名。

(4) 单击"重命名"按钮，打开"重命名"对话框。

(5) 在"新名称"文本框内输入样式的新名称。

(6) 单击"确定"按钮，关闭"重命名"对话框。

(7) 单击"关闭"按钮，返回文档。

五、创建文档模板、创建标题大纲与目录

1．利用文档创建文档模板

利用文档建立基于该文档格式模板的先决条件是为文档中所设置的标题、特殊格式的段落建立样式，例如，标题1样式、标题2样式、页眉页脚样式等。做好样板文档后，再按照下面的建立操作步骤创建该文档模板：

(1) 首先打开要制作模板的文档。

(2) 单击"文件"菜单，单击"另存为"命令，打开"另存为"对话框。在"文件名"列表框内输入要建立的模板的名称。

(3) 单击"保存类型"下拉列表按钮，单击选择"文档模板"类型（其扩展名为.dot）。

(4) 单击"保存位置"下拉列表按钮，指定存放新创建模板的位置。

(5) 单击"保存"按钮。

以后，就可以使用保存的模板中的样式建立格式相同的文档了。

2．利用标题样式创建标题大纲与目录

从文档的大纲结构和文档大纲视图查看文档，可以清晰的了解文档的基本内容和结构，为调整文档结构层次关系提供了很好的手段。目录是大纲结构的具体体现和应用，目录中的页码指导读者查找、阅读文档中感兴趣的内容。标题样式是制作大纲和目录的基础。如图8—32所示为显示文档结构图和文档大纲视图的样图。

(1) 利用标题样式创建标题大纲

创建类似于图8—32所示标题大纲的方法，就是在建立标题样式过程中，通过单击图8—30所示"新建样式"对话框中的"格式"按钮，再单击"段落"命令，或者在应用已经建立的标题样式时，单击"格式"菜单，单击"段落"命令，打开"段落"对话框（见

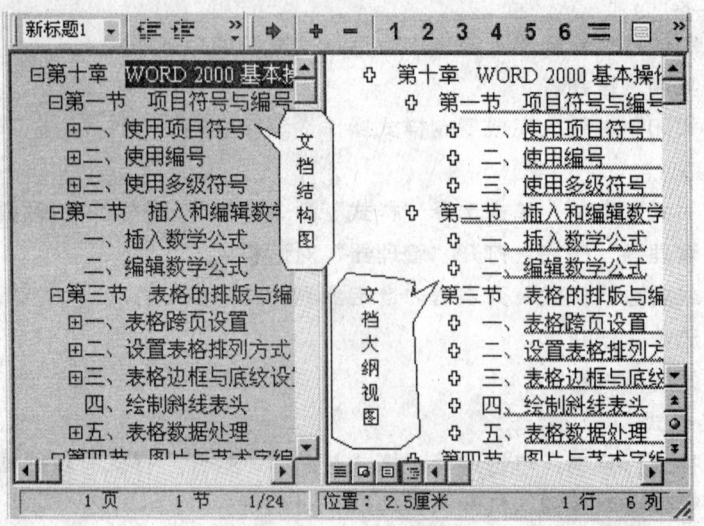

图8—32 文档结构图和大纲

图8—33）；单击"大纲级别"下拉列表按钮，单击选择所选标题样式或所应用的**段落要**设置的大纲级别。例如，自定义的标题样式新标题1、新标题2、新标题3等，**分别对应**设置成大纲级别1、2、3、…。在这里定义有几级大纲级别，则在"**大纲视图**"窗口或在"文档结构图"中，就可显示几级标题。

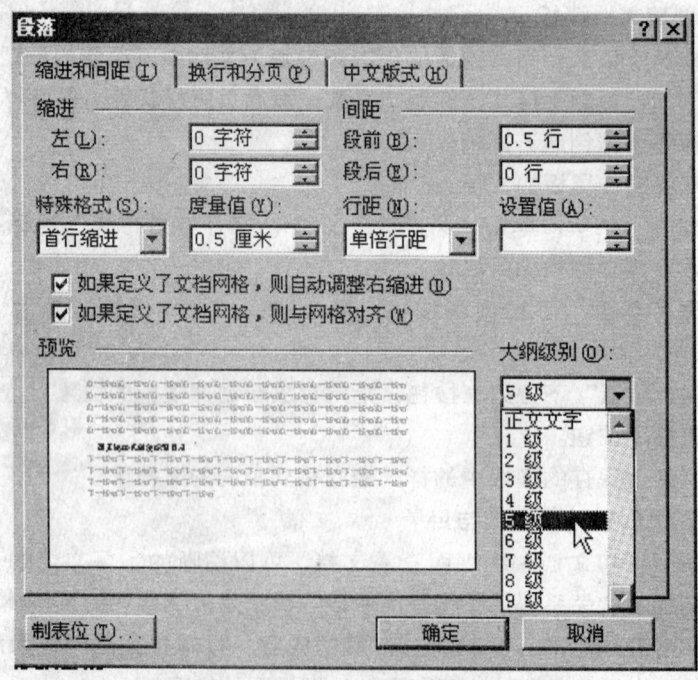

图8—33 "段落"对话框

同时，要注意如果标题样式中采用了多级编号，应将用于标题的编号级别链接到标题所采用的标题样式，如图8—34所示。

（2）用标题样式创建文档目录

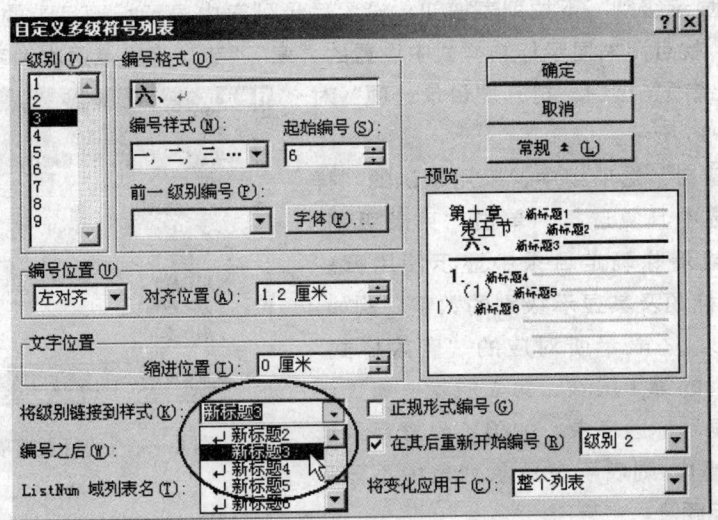

图 8—34　编号级别链接到标题栏式

Word 是利用内置的标题或用户建立的标题大纲级别来创建文档目录的。因此，在建立目录之前，应先在文档中创建好标题大纲，或应用内置标题样式后，才能创建以标题作为文档的目录。文档目录可包含标题大纲 1～9 级的标题内容，通常选用 1～3 级标题大纲级别制作文档目录。

1) 将插入点光标定位在要插入目录的位置。一般是将文档目录设置在文档的开始处。
2) 单击"插入"菜单，单击选择"索引和目录"命令，打开"索引和目录"对话框。
3) 单击"目录"选项卡，显示如图 8—35 所示的"索引和目录"对话框。

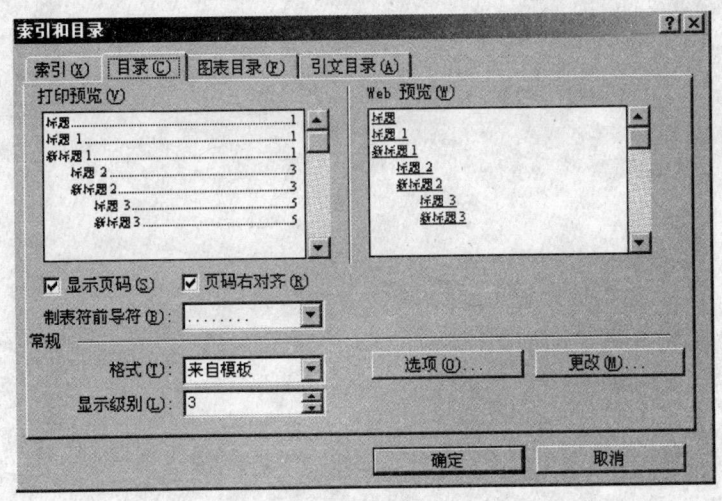

图 8—35　"索引和目录"对话框"目录"选项卡

4) 一般采用如图 8—35 所示的"显示页码""页码右对齐"默认设置。如果有必要，可单击进行更改。
5) 单击"格式"下拉列表按钮，单击选择要采用的目录风格样式（如"来自模板""古典""优雅""现代"等格式），一般选用默认的"来自模板"格式，可通过"打印预览"框浏览目录格式效果。

6）单击"显示级别"下拉列表按钮，设置目录列表中显示标题目录的层次关系。例如，设置3级，就可用来显示标题样式中设置的"章""节"等目录层次关系。

7）单击"选项"按钮，打开"目录选项"对话框，如图8—36所示。

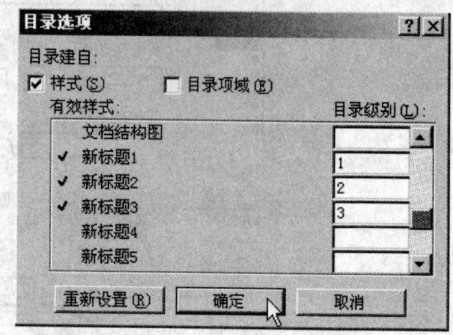

图8—36 "目录选项"对话框

8）"目录建自"选项组中，采用默认的"样式"设置，即选中其复选框。单击"目录级别"列表框，输入或清除确定目录中显示使用哪些"标题样式"的标题及其显示级别的数字。例如，设置为1、2、3、…表示所对应的"有效样式"标题分别在目录的第1层次、第2层次、第3层次、…层次上显示标题目录。如果不设置目录选项数（或删除掉），则表示在目录列表中不显示使用该样式的标题。

9）单击"确定"按钮，返回"索引和目录"对话框。

10）单击"确定"按钮，结束创建文档目录的操作。

第九章
Excel 2000 的基本操作（一）

第一节 电子表格软件 Excel 2000 概述

一、Excel 2000 的启动

在安装完 Excel 2000 后，系统会自动将 Excel 2000 列入"程序"菜单中。

启动 Excel 2000 中文版一般有以下几种方法：

1．单击"开始"按钮，在"程序"菜单中单击"Microsoft Excel"菜单项。

2．在"Windows 资源管理器"中双击表格文件（文件的扩展名为 .xls）的图标启动 Excel 2000 中文版，并将该文件打开。

3．双击桌面上的 Excel 2000 中文版的快捷图标。

4．在"启动"菜单中添加 Excel 2000 中文版的快捷方式，这样每次启动 Windows 系统时，Excel 2000 就会自动运行。在桌面上创建 Excel 2000 快捷方式的方法有两种，具体操作步骤如下：

（1）方法一

1）在桌面的空白区域右键单击，弹出一个快捷菜单，如图 9—1 所示。

2）将鼠标指针指向快捷菜单的"新建"命令，这时将出现"新建"级联菜单，如图 9—1 所示。

3）执行"新建"级联菜单中的"快捷方式"命令，会出现"创建快捷方式"对话框，如图 9—2 所示。

4）单击"浏览"按钮，出现"浏览"对话框，找到 Office 2000 应用程序所在的文件夹，然后选择 Office 子文件夹中的 Excel.exe。

5) 单击"打开"按钮,就可以将路径和文件名添加到"创建快捷方式"对话框的"命令行"文本框中。

6) 单击"下一步"按钮,在出现的"选择程序的标题"对话框中输入快捷方式的名称,然后单击"完成"按钮即可。

(2) 方法二

1) 单击 Windows 任务栏上的"开始"按钮,然后指向"程序"菜单。

2) 将鼠标指针指向 Microsoft Excel 程序的图标,右击后,并出现一个快捷菜单。

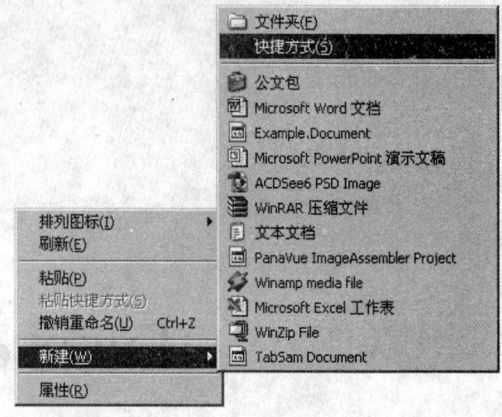

图 9—1 新建快捷方式

3) 将鼠标指向"发送到"命令,此时将出现它的级联菜单。

4) 点击该级联菜单上的"桌面快捷方式"菜单项即可。

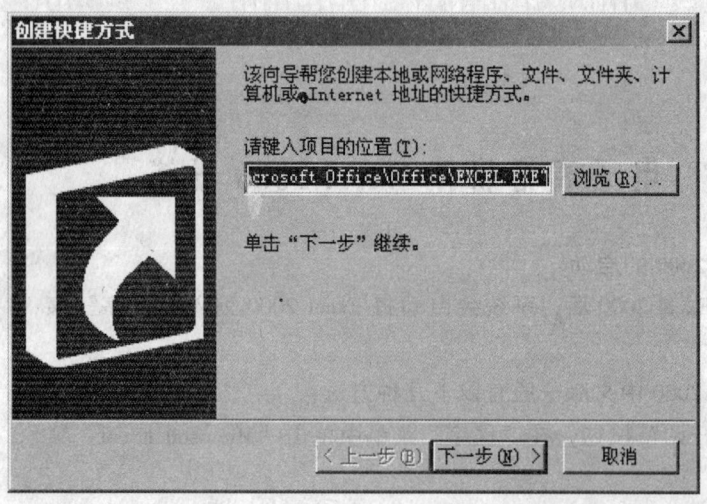

图 9—2 "创建快捷方式"对话框

二、Excel 2000 的用户界面及文档窗口的组成

启动 Excel 2000 中文版后,将打开 Excel 2000 中文版的用户界面。使用 Excel 2000 中文版主要是在用户界面上进行操作。

如图 9—3 所示就是一个典型的 Excel 2000 中文版用户工作界面,它主要由以下几部分组成:

1. 标题栏

标题栏位于工作界面的最顶端,包含系统按钮、应用程序名称和当前工作簿的名字,在图 9—3 中,由于是新打开的工作簿,标题栏显示的是"Book1",这是 Excel 2000 启动时默认的新工作簿名。在保存工作簿时,可以为其取一个更直观的名字。按下系统按钮,将显示系统下拉菜单;双击"系统"按钮,将关闭 Excel 2000 中文版。

2. 主菜单栏

主菜单栏提供编辑工作表的命令,包括"文件""编辑""视图"等 9 个菜单,单击任意一个菜单名,都会弹出一组操作和命令。主菜单栏会因工作文件的不同而有所变化。例如,当工作文件是图形时,菜单栏中会含有"图表"菜单。

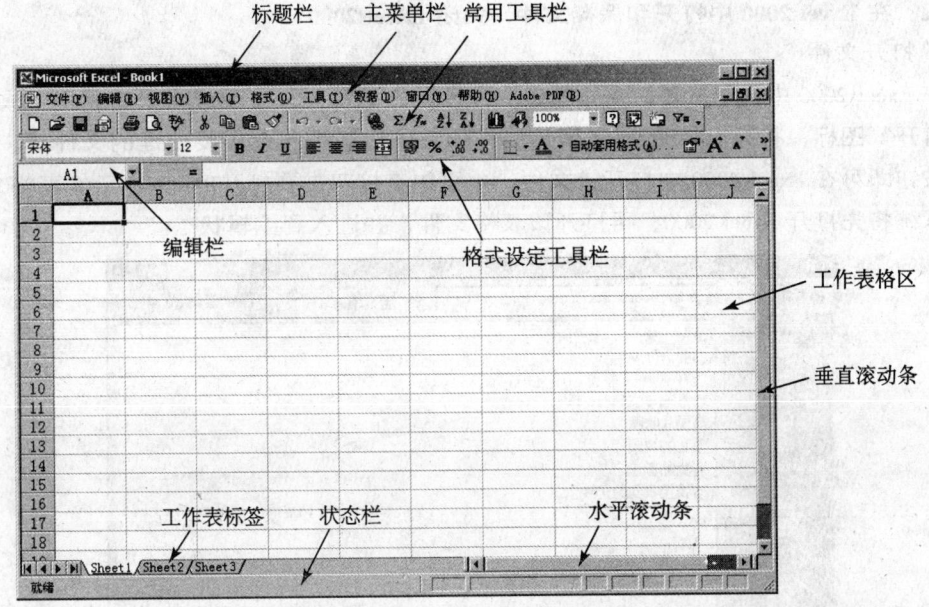

图 9—3　Excel 2000 中文版应用程序窗口

3．常用工具栏

Excel 2000 除了将所有功能设计成命令方式放在各个下拉菜单中以外，还将一些常用的命令用图标表示，并且将功能相近的图标集中在一起形成工具栏，使操作更加简捷。缺省时，屏幕上会出现常用工具栏和格式工具栏。如果要执行工具栏上的命令，只需单击相应的按钮即可。

4．格式设定工具栏

供用户设置字体、字号、货币、百分比、小数点等格式。

5．编辑栏

格式工具栏下面显示的是"编辑栏"，用于显示活动单元格中的常数、公式或文本内容。

6．工作表格区

用于记录数据的区域，所有数据都将存放在这张表中。可以在"工作表格区"输入用户需要的信息。事实上，Excel 2000 的强大功能的实现，主要依靠对"工作表格区"数据的编辑及处理。

7．工作表标签

用于显示当前工作簿中包含的工作表。当前工作表以白底显示，其他工作表以灰底显示，单击工作表标签将激活相应的工作表。

8．状态栏

位于窗口底部的信息栏，可以提供有关选定命令或操作进程的信息。状态栏左边显示正在执行的选定操作，例如，打开一个文件、复制单元格等。如果将鼠标指针指向一个命令或工具栏中的按钮，则会显示该命令的简要描述。状态栏右边可以显示一些按键，如 CapsLock、NumLock、ScrollLock、End 等是否打开。

9．水平、垂直滚动条

用于在水平、垂直方向改变工作表的可见区域。

三、在 Excel 2000 中打开和保存文件，关闭 Excel 2000

1．打开文件

在 Excel 2000 中打开文件，可以单击"文件"→"打开"菜单或者单击常用工具栏上的"打开"图标，将弹出如图 9—4 所示的打开文件对话框。选中要处理的文件后，单击打开按钮即可在 Excel 2000 中打开该文件。也可以直接双击要打开的 Excel 工作表格文件，此时系统将先打开 Excel 2000，再打开该表格文件，并进入到编辑状态。

图 9—4 "打开"对话框

2．保存文件

当建立工作簿文件后，在编辑过程中或者编辑后都需要保存工作簿文件。在工作中经常保存当前文件是一个好习惯，这样可以减少停电等发生意外时带来的不必要的损失。保存工作簿文件有很多方法：

（1）单击"文件"菜单，然后单击下拉菜单中的"保存"或"另存为"菜单项。

（2）如果是第一次保存工作簿，则单击工具栏上的"保存"按钮，此时会打开"另存为"对话框，在"文件名"的后面输入一个文件名，再单击"保存"按钮即可。

（3）如果正在编辑的工作簿已经进行过存盘操作，则只需要按 Ctrl + S 快捷键就可以快速保存工作簿。

（4）按 Shift + F12 组合键将显示"另存为"对话框。

（5）单击"文件"菜单，然后单击下拉菜单中的"保存工作区"菜单项。可以将打开的一组工作簿的大小、窗口位置等信息保存起来。

Excel 2000 在"加载宏"的选项中还提供了"自动保存"功能，在一定时间内，自动保存工作簿文件。

3．关闭 Excel 2000

（1）打开"文件"菜单，单击"退出"命令。

（2）在 Excel 2000 窗口左上角单击 Excel 图标，在下拉菜单中单击"关闭"按钮。

（3）在 Excel 2000 窗口左上角双击 Excel 图标。

（4）当 Excel 2000 具有焦点时，按 Alt + F4 键。

如果文件已被修改，退出 Excel 2000 中文版之前，系统将弹出提示对话框，提示操作者是否保存修改的内容。如果选择"是",则保存工作簿后关闭 Excel 2000;如果选择"否",则不做保存就退出;选择"取消"按钮,则不做任何操作,返回到编辑状态。

四、Excel 联机帮助的使用

Excel 2000 中文版提供了强大的联机帮助功能,能够帮助解决用户在使用中遇到的各种问题。Excel 2000 中文版的 Office 助手能迅速解答问题。

1. 通过"Office 助手"获取帮助

(1) 键入问题

如果有关于 Microsoft Office 程序的问题,可以从"Office 助手"处取得帮助。

(2) 自动取得帮助

即使没有提出问题,"助手"也会自动为正运行的任务提供"帮助"主题。例如,在设置工作表以进行打印时,"助手"会为您提供"帮助"主题以帮助用户准备要打印的工作表。

(3) 显示帮助性提示

"助手"还会显示如何在 Microsoft Excel 中更有效地使用其功能的提示。单击"助手"旁的灯泡可查看提示。

(4) 自定义"助手"

还可以选择其他"助手",并对其进行设置,以符合用户的个人需要和工作方法。例如,如果偏好使用键盘而不愿使用鼠标,那么可以让"助手"显示有关快捷键的提示。由于"助手"是由所有 Office 程序共享使用的,因此,所更改的任意选项都将应用于其他 Office 程序中的"助手"。

2. "帮助"菜单获取帮助

(1) 显示并使用"帮助"窗口

单击"帮助"菜单上的"Microsoft Excel 帮助"即可。如果"助手"已打开,则会出现"助手"。如果"助手"已关闭,则会出现"帮助"窗口(见图 9—5)。

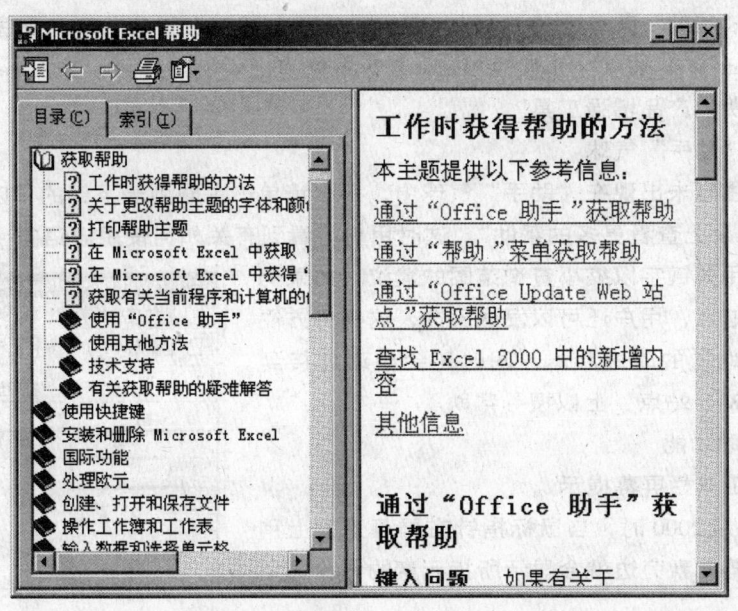

图 9—5 "Microsoft Excel 帮助"窗口

要滚动"帮助"的目录,请单击"目录"选项卡。如果要查找特定单词或词组,可单击"索引"选项卡。

(2) 显示屏幕提示

要查看菜单命令、工具栏按钮或屏幕区域的屏幕提示,可单击"帮助"菜单上的"这是什么?"命令,然后单击与所需信息相关的选项,如图9—6所示。

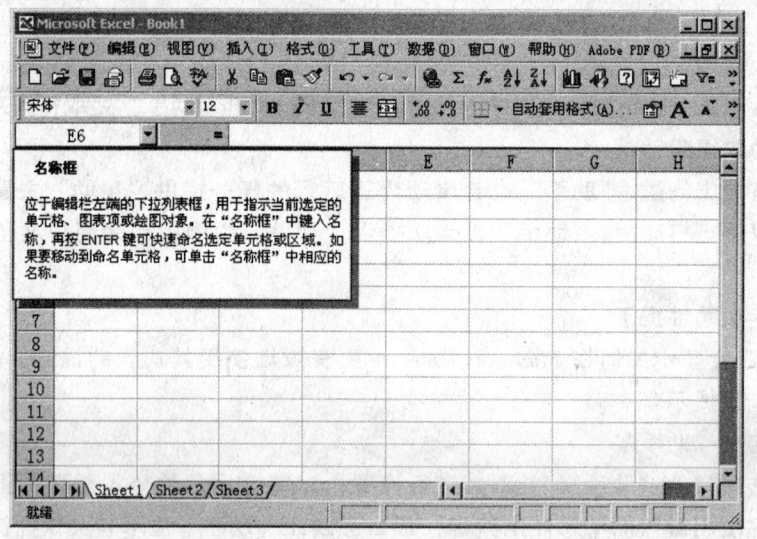

图9—6　使用"这是什么?"示例

要查看有关对话框选项的屏幕提示,请单击对话框中的问号按钮,然后单击选项(如果看不到问号按钮,请单击选项,然后按 Shift + F1 键)。

(3) 查看工具栏按钮的名称

要查看工具栏按钮的名称,可将鼠标指针停留在该按钮上直到其名称出现为止。

3．通过"Office Update Web 站点"获取帮助

(1) 通过"帮助"菜单

通过单击"帮助"菜单上的"网上 Office"选项,可以在任意 Office 程序中直接链接到"Office Update Web 站点"和其他 Microsoft Web 站点上。例如,可以在 Excel 中访问技术资源并下载免费的产品增强工具。

(2) 通过"助手"气球

如果所需主题未出现在"助手"气球中,那么请单击主题列表下部的"以上内容都不合适,请从 Web 上查看更多的帮助"。这时用户将看到有关如何使用短语向"助手"描述问题或如何使用关键字以缩小查询范围的建议。如果仍然找不到所需信息,用户还可以发送反馈,这样方便以后加强"帮助"的改进版本,同时还会自动连接到"Office Update Web 站点"上以搜寻帮助。

4．其他帮助功能

(1) 使用工具栏屏幕提示

在使用 Excel 2000 时,当鼠标指针在屏幕元素上稍作停留时,屏幕元素旁边就会显示所指元素的名称,如图9—7所示。

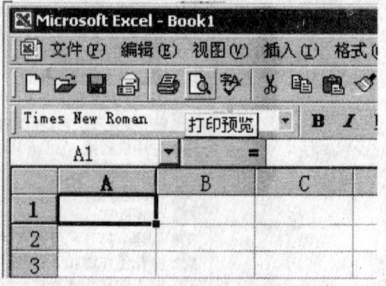

图9—7　工具栏屏幕提示

(2) 使用对话框中的帮助按钮

在对话框的标题栏的右端有个问号图标按钮。单击该按钮时，鼠标指针旁边会多出一个问号。此时单击对话框中的任何部分，都将得到相关部分的帮助信息。

第二节　使用工作簿

一、了解工作簿

1．工作簿

Excel 的文档就是工作簿。一个工作簿由一个或多个工作表组成。启动 Excel 后，用户看到的是名称为"Book1"的工作簿，它由三个工作表组成，即 Sheet1、Sheet2 和 Sheet3，当前活动工作表为 Sheet1。在默认情况下，工作簿由三个工作表组成，但用户可以根据需要插入或者删除工作表。

2．工作表

工作表是 Excel 完成一项工作的基本单位。工作表由单元格组成，纵向称为列，由列号区的字母分别加以命名（A、B、C、…）；横向称为行，由行号区的数字分别加以命名（1、2、3、…）。每张工作表最多可以有 65536 行 256 列数据。在工作表中单击鼠标，若单元格的边框加粗，则表示该单元格已被选中。工作表中可以包括字符串、数字、公式、图表等丰富信息。

使用工作表可以显示和分析数据。可以同时在多张工作表上输入并编辑数据，并且可以对不同工作表的数据进行汇总计算。在创建图表之后，既可以将其置于源数据所在的工作表上，也可以放置在单独的图表工作表上。

二、新建工作簿及打开现有工作簿

1．新建工作簿

启动 Excel 2000 后，系统会自动建立一个新的工作簿"Book1"，该工作簿在未存盘之前只存在于内存中，与 Excel 的默认工作目录中有无此文件无关。

在编辑过程中可以使用下面的方法新建工作簿：

(1) 单击"文件"菜单中的"新建"命令。弹出"新建"窗口，如图 9—8 所示。

(2) 若需要新建一个空白的工作簿，请单击"常用"选项卡，然后双击"工作簿"图

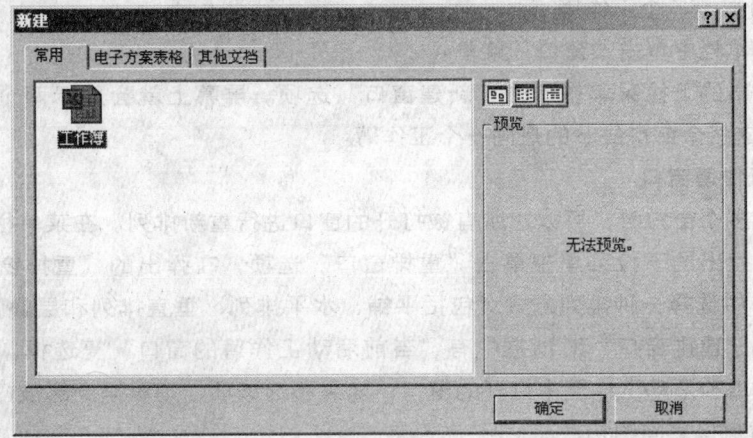

图 9—8　"新建"对话框

标。如果需要基于模板创建工作簿,请单击"电子方案表格"选项卡(见图9—9)或是列有自定义模板的选项卡,然后双击选择创建的工作簿类型所需的模板。

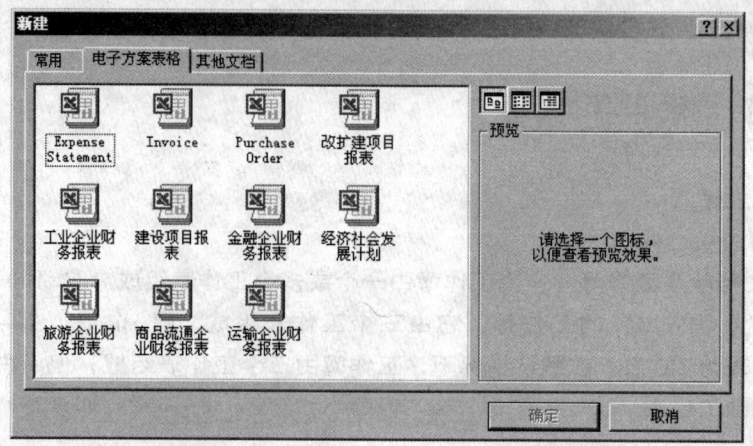

图9—9 "电子方案表格"选项卡

注意:如果没有在"新建"对话框中看到所需的模板,请确认模板是否已经安装并且位于正确的文件夹中。如果需要新建一个基于默认工作簿模板的工作簿,请单击"新建"按钮。

2. 打开工作簿

打开 Excel 2000 工作簿的方法有很多种:

(1)单击"文件"菜单,然后选择"打开"菜单项,将弹出"打开"对话框,从中可以选择要打开的文件。

(2)单击常用工具栏上的"打开"快捷按钮,将弹出"打开"对话框,从中可以选择要打开的文件。

(3)在 Windows 的"资源管理器"中找到并双击要打开的 Excel 文件,系统将自动打开 Excel 2000,并将该文件装入。

(4)在 Excel 2000 中单击"文件"菜单,在下拉菜单底部最近使用的文件清单列表中选择要打开的文件。

三、工作簿窗口的操作

1. 多窗口显示一个工作簿

(1)在菜单栏中单击"窗口"菜单。

(2)从弹出的下拉菜单中单击"新建窗口"选项。屏幕上就会显示两个窗口,如图9—10所示。这两个窗口显示的是同一个工作簿。

2. 排列工作簿窗口

当打开了多个窗口时,可以对所有被打开的窗口进行重新排列。在菜单栏中单击"窗口"菜单,从弹出的下拉菜单中单击"重排窗口"选项,在弹出的"重排窗口"对话框(见图9—11)中选择一种排列方式(包括平铺、水平排列、垂直排列和层叠),单击"确定"按钮。在"重排窗口"对话框中有"当前活动工作簿的窗口"复选框,如果选中该项,则只重排当前活动工作簿中打开的窗口;如果不选该项,则重排全部被打开的窗口。

3. 工作簿窗口之间的切换

如果在 Excel 2000 中打开了多个窗口,可以用下面方法实现窗口之间的切换:

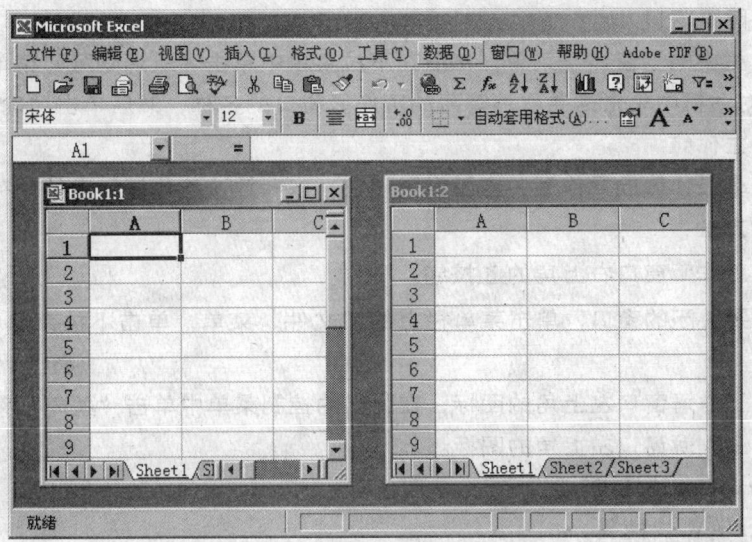

图9—10 多窗口显示一个工作簿

（1）如果多个窗口排列在屏幕上，只需单击需要激活窗口内的任意位置，即可切换该窗口。

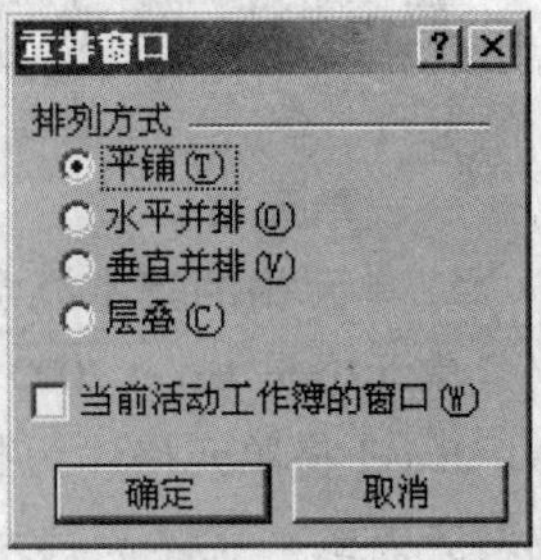

（2）单击菜单栏中的"窗口"菜单，如图9—12所示，从下拉菜单底部列出的所有被打开的窗口中选择需要切换的窗口名。

（3）按 Ctrl + F6 组合键，使活动窗口切换到下一个窗口，或按 Ctrl + Shift + F6 组合键，激活上一个窗口。

4．隐藏工作簿窗口

在 Excel 中还可以隐藏部分窗口，以释放更多的工作区。

图9—11 "重排窗口"对话框

（1）隐藏窗口

单击需要隐藏的工作簿窗口；单击菜单栏中的"窗口"菜单，在下拉菜单中单击"隐藏"菜单项。

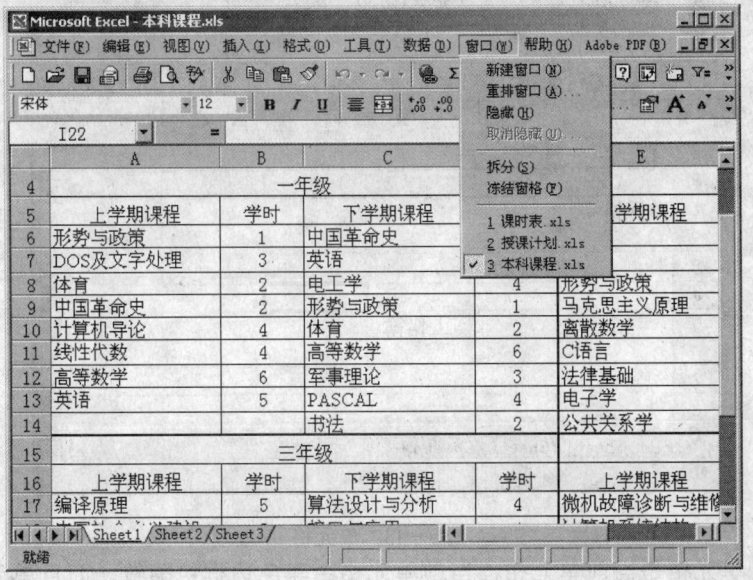

图9—12 "窗口"菜单中的工作簿列表

(2) 取消隐藏窗口

单击菜单栏中的"窗口"菜单，然后在下拉菜单中单击"取消隐藏"菜单项；然后在"取消隐藏"对话框中单击需要取消隐藏的工作簿窗口的名称，然后单击"确定"按钮。

四、关闭工作簿

在完成一个工作簿的操作后，应及时关闭它，以释放该工作簿所占的内存。关闭工作簿有以下几种方法：

(1) 单击工作簿窗口右上角的 ✕ 按钮。

(2) 激活要关闭的窗口，单击菜单栏上的"文件"菜单，单击下拉菜单中的"关闭"菜单项。

(3) 单击工作簿窗口左上角的图标，在弹出的控制菜单中单击"关闭"菜单项。

(4) 双击工作簿窗口左上角的图标。

(5) 按 Ctrl + F4 快捷键。

(6) 按 Ctrl + W 快捷键。

第三节 建立工作表

一、单元格

1. 单元格的基本概念

单元格是 Excel 2000 工作表的基本元素，单元格中可以存放文字、数字和公式等信息。Excel 将单元格作为整体操作的最小单位，单元格的高度和宽度以及单元格内的数据的对齐方式、字体及其大小都可以根据需要进行调整。

单元格由它在工作表中的位置来确定，行用数字标识，列用字母标识，例如，C5 表示第 5 行第 3 列。A1、B3、E19 都是单元格的地址，称为单元格的引用，如图 9—13 所示。

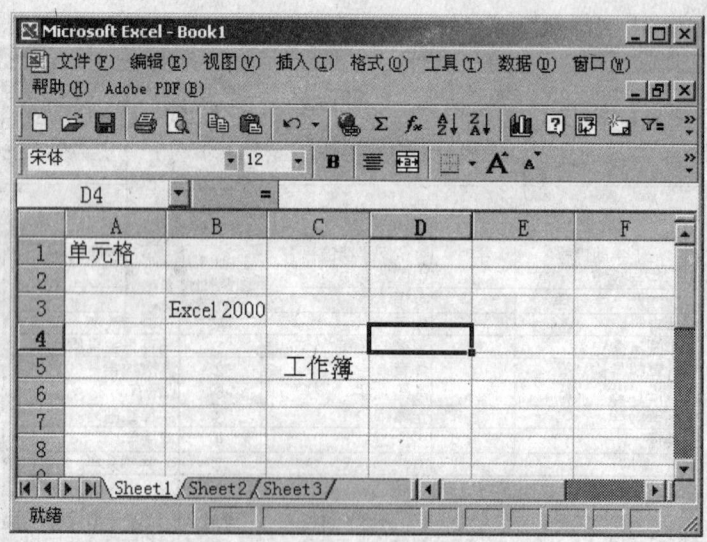

图 9—13　单元格

总有一个单元格是当前单元格，当前单元格由黑色边框包围着，而且单元格的引用会显示在名称框中（位于公式栏的左边）。单击某单元格就可以使之成为当前单元格。

2. 单元格的选定

在进行编辑操作之前，首先应该选定要编辑的范围（或内容）。可以通过单击某个需要编辑的单元格，使之成为当前活动单元格。

（1）利用鼠标选择单元格范围

1）选择连续单元格的方法是单击第一个单元格并按住鼠标不放，然后拖动鼠标指针到结束单元格位置，然后松开鼠标左键。

2）选择不相邻的单元格范围时，则应先按住 Ctrl 键不放，再分别单击要选择的单元格范围。

3）单击行号或列号，则可以选定一行或一列。按住 Ctrl 键，然后单击行号或列号，可以选取不连续的多行或是多列单元格。单击第 A 列左侧和第 1 行上面的空框，则可以选定整张工作表。

（2）利用键盘选定单元格范围

将箭头键移到要选择范围的第一个单元格上。按住 Shift 键，然后按相应的箭头键选择该范围的其他单元格。按 Shift + F8 键，可以选择其他不相邻的单元格范围。

二、输入数据

Excel 2000 允许在工作表区的单元格中输入文本、数值、日期和时间、批注、公式、超级链接等多种类型的信息。

1. 输入文本

文本包括汉字、英文字母、特殊符号、数字以及空格等。在 Excel 2000 中，每个单元格最多可以包含 32 000 个字符。在默认情况下，所有文本都在单元格中左对齐。如果相邻单元格中无数据，Excel 2000 允许长文本串覆盖在右边的单元格上；如果相邻单元格中有数据，当前单元格中过长的文本将被截断。要想看该单元格中的全部文本内容，可以单击该单元格，此时，在编辑栏中会显示出该单元格的所有内容。

要在单元格中输入一个文本，只需选择该单元格，然后输入文本，最后按 Enter 键或者选择另一个单元格即可。

在默认情况下，按 Enter 键后单元格指针会向下移动。如果希望改变按 Enter 键后单元格指针的移动方向，可以执行"工具"菜单中的"选项"命令，然后单击"编辑"标签，再选中"按 Enter 键后移动"复选框，之后单击"方向"列表框右边的向下箭头，在其中选择要移动的方向，如图 9—14 所示。

2. 输入数字

数字也是一种文本。要在一个单元格中输入数字，先用鼠标或键盘选择该单元格，然后输入数字，最后按 Enter 键即可。

在 Excel 2000 中，有效的数字可以是：表示数字的"0"至"9"，表示负号的"－"或括号"（）"，小数点"."，表示千位的"，"，表示分数线的"/"，货币符号"￥""＄"和百分号"％"等。

在输入数字的同时，该数字会自动出现在活动单元格和工作表上方的编辑栏中。活动单元格中显示的数字将自动沿单元格右边对齐。要修改输入的数字，可先选取要修改的单元格，再单击编辑栏进行修改。

若要输入分数，如要输入 7/12 时，应该先输入"0"和一个空格，然后输入"7/12"。如果直接输入"7/12"，Excel 2000 会把该数据作为日期处理，认为输入的是"7 月 12 日"。

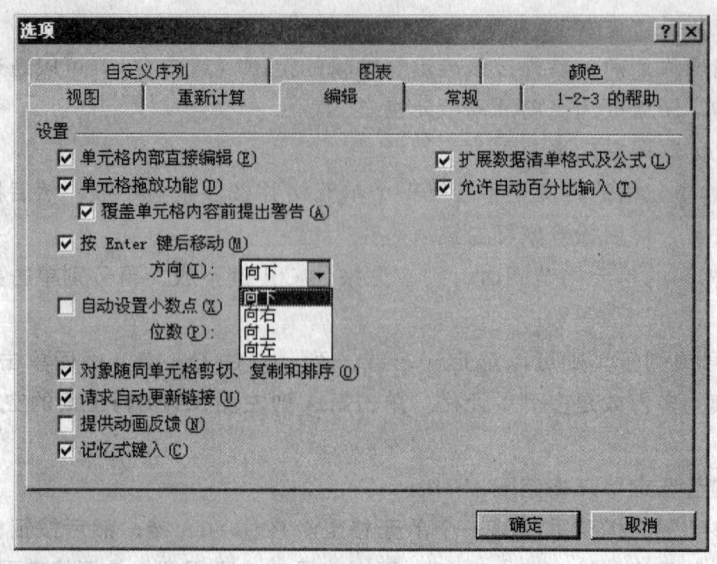

图9—14 "编辑"选项卡

负数有两种输入法,分别应用"-"或"( )"。例如,-7可以用"-7"或"(7)"来表示。

3.输入日期和时间

要在工作表中存储日期和时间,需采用Excel 2000事先定义的格式来输入数据。这样,它们才能用"单元格"命令进行格式化。日期和时间的输入格式有很多种,例如,输入日期:2004-2-5,5/2/2004,5Feb04等;输入时间:15:10,3:10p.m.等。

(1)选择要存储日期和时间的单元格。

(2)输入一种合法的日期和时间格式。要输入当前机器的时间,可按Shift+Ctrl+:组合键;要输入当前日期,可按Ctrl+;组合键。

(3)按Enter键或选择一个新单元格,输入的日期和时间的值即可成为单元格的内容。

4.输入批注

如果打算和其他用户共享自己的工作表,可为工作表中一些重要的单元格加批注,用来说明其中内容的含义或强调某些重要信息。

(1)选择需要插入批注的单元格。

(2)执行"插入"菜单中的"批注"命令,此时在该单元格旁边出现一个批注方框,同时,在该单元格右上角出现一个红色的标记。

(3)输入批注文本,然后单击方块外的任意位置,即可为该单元格加上批注,如图9—15所示。

以后只要将鼠标指针移动到添加了批注的单元格上,就会立刻显示出批注内容。如果想修改或删除批注,可以右击该单元格,然后在弹出的快捷菜单中选择适当的选项即可。

5.输入公式

Excel 2000最强大的功能之一是计算。在Excel 2000中,用户可以在单元格中输入公式,用于对工作表中的数据进行计算。公式是指一个等式,利用它可以从已有的值计算出一个新值。公式中可以包含数值、算术运算符、单元格引用(即地址)和内置等式(即函

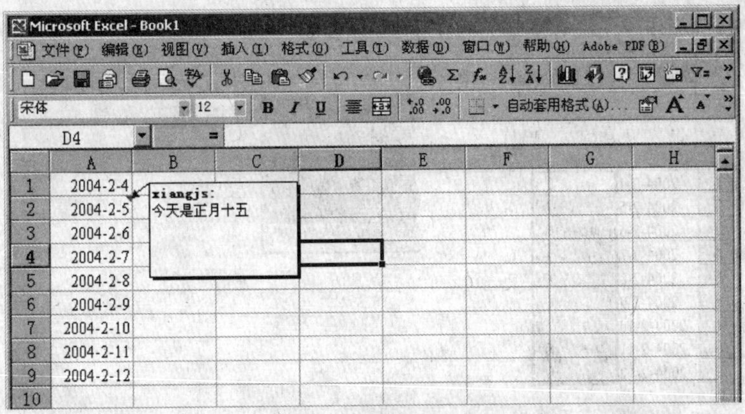

图9—15 插入批注

数)。只要输入正确的计算公式,经过简单的操作步骤后,计算的结果就将显示在对应的单元格中。如果工作表内的数据有变动,系统会自动将变动后的结果算出,因此,用户可以随时查看到正确的结果。

在 Excel 2000 中,所有公式都以等号开始。等号标志着数学计算的开始,它也告诉 Excel 2000 将其后的等式作为一个公式存储。

公式中可以包含工作表的单元格引用(即单元格名字,例如 C5,E6 等)。这样,单元格中的内容即可参与公式中的计算。单元格引用可与数值、算术运算符以及函数一起使用。公式输入的操作步骤如下:

(1) 选定要输入公式的单元格。
(2) 在单元格中输入一个等号"="。
(3) 输入公式的内容。
(4) 输入完毕后,按 Enter 键或者单击编辑栏中的"输入"按钮。

三、编辑单元格

1. 撤销和恢复操作

在进行 Excel 2000 编辑时,用户有时会执行一些误操作,这就需要撤销这些误操作;有时还会不小心删除一些有用的信息,这就需要恢复原始数据。这些都需要用到撤销和恢复操作。

(1) 取消最近一次操作

在进行表格编排的过程中,难免会出现一些错误。Excel 2000 会将最近的一系列操作都记录在案,并且提供了一个取消错误操作的功能。

取消最近一次操作的方法很简单,只需单击"常用"工具栏中的"撤销"按钮即可。

(2) 撤销一系列操作

1) 单击常用工具栏中"撤销"按钮旁边的下拉箭头。

2) 在弹出的列表框中,Excel 2000 采用倒序的方式显示用户最近进行过的一系列操作。移动鼠标,使要撤销的操作在列表框中呈反相显示状态,如图9—16所示。

3) 在最下面的一条反相显示操作处单击,Excel 2000 将依次撤销所做的操作。

注意:如果在进行了一系列操作后,执行了"保存"命令,则无法再进行"撤销"操作。

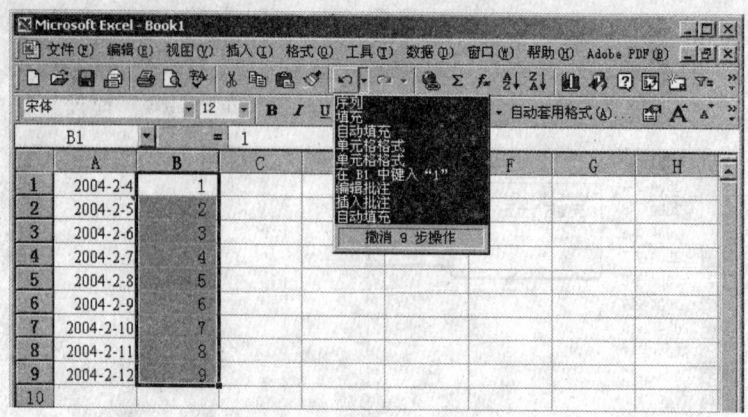

图 9—16 撤销一系列操作

(3) 恢复操作

相对于"撤销"操作，Excel 2000 还提供了"恢复"操作。如果发现刚执行的撤销操作有误，需要恢复所撤销的操作，这时就可以使用"恢复"命令。操作步骤如下：

1) 单击常用工具栏中的"恢复"按钮旁的下拉箭头 。

2) 在弹出的列表框中，Excel 2000 采用倒序显示最近进行的一系列撤销操作。移动鼠标指针，使想要恢复的操作在列表框中呈反相显示状态，如图 9—17 所示。

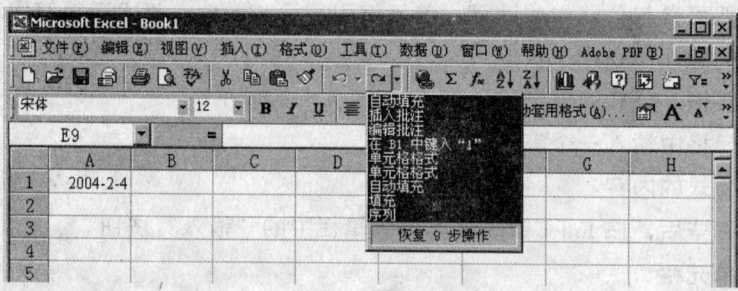

图 9—17 恢复操作

3) 在最下面的一条反相显示操作处单击，Excel 2000 将依次恢复所撤销的操作。

2. 复制单元格数据

单元格的复制是指将某个单元格或区域的数据复制到指定位置，原位置的数据仍然存在（要删除原位置上的数据，可用"剪切" 命令）。如果想把工作表中某些单元格的数据从一个地方复制到另一个地方，可执行"编辑"菜单中的"复制"与"粘贴"命令，也可使用常用工具栏上的"复制" 和"粘贴" 按钮，还可以使用一些其他方法。

(1) 复制整个单元格

1) 用剪贴板复制　当需要对工作表数据进行多次复制，或者需要将它复制到别的工作簿上面的时候，可以使用剪贴板复制数据：首先选定要复制的单元格区域；然后单击常用工具栏上的"复制"按钮，或按 Ctrl + C 组合键；再选定粘贴区域左上角的单元格；最后单击常用工具栏中的"粘贴"按钮，或按 Ctrl + V 组合键，即可完成复制操作。

2) 用鼠标拖放式复制单元格　首先选定需要复制的单元格区域；然后将鼠标指针放在选定数据的边框上，使鼠标指针变成斜向箭头；再按住 Ctrl 键不放，按住鼠标左键将选定区域拖放到新的位置；最后松开鼠标左键，松开 Ctrl 键，在新的位置上将出现复制出的数据。

(2) 单元格之间数据复制

操作步骤如下：双击需要编辑的单元格→在单元格中选定要复制的数据→单击常用工具栏中的"复制"按钮→在工作表中单击需要粘贴数据的位置→单击常用工具栏中的"粘贴"按钮。

(3) 复制单元格中的特定内容

如果想有选择地复制单元格中的特定内容，操作步骤如下：

1) 选定需要被复制的单元格区域。

2) 单击常用工具栏中的"复制"按钮，或按 Ctrl + C 快捷键。

3) 选定粘贴区域左上角的单元格。

4) 执行"编辑"菜单中的"选择性粘贴"命令，将弹出如图 9—18 所示的"选择性粘贴"对话框。

5) 选择所需的选项后，单击"确定"按钮，即可复制单元格中特定的内容。

(4) 使用 Office 剪贴板

如果有多个内容需要复制，并且将要不止一次地被粘贴，就可以使用 Office 提供的剪贴板功能，可以最多存放 12 项内容。使用 Office 剪贴板进行复制的操作步骤如下：

1) 右击工具栏的任意位置，在出现的快捷菜单中，执行"剪贴板"命令，打开"剪贴板"工具栏。

2) 选定要移动或复制的单元格区域，然后执行"编辑"菜单中的"剪切"或"复制"命令，所选的内容将被加到 Office 剪贴板中，如图 9—19 所示。

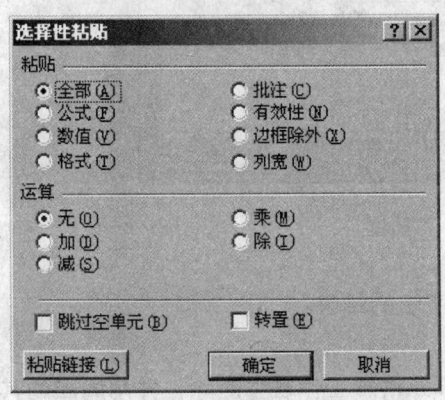

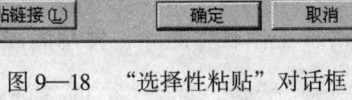

图 9—18　"选择性粘贴"对话框

图 9—19　剪贴板

3) 重复第二个步骤，把多个需要复制的单元格区域添加到 Office 剪贴板中；每次操作后，在"剪贴板"工具栏中都会增加一个图标。

4) 如果只粘贴某项内容，将鼠标指针指向"剪贴板"工具栏的某个图标，其下方会出现简短的关于该图标中存放内容的提示。单击相应图标，就可以粘贴内容。如果希望将 Office 剪贴板中的全部内容都粘贴过来，只需单击"剪贴板"工具栏中的"全部粘贴"按钮。

3．清除单元格数据

清除操作是指清除单元格中的内容、公式、数据、样式以及数字边界对齐和条件格式等，留下空白的单元格，而保留其他单元格的格式及批注等，并不影响工作表原来的结构。因此，用户可以按照原有的格式在被清除的单元格中输入新的内容。

清除操作的使用方法很简单。只需要选中需要清除的单元格或单元格区域，直接按键盘上的 Delete 键即可。也可以执行"编辑"菜单中的"清除"命令，可以从弹出式菜单中的 4 种清除方式中选择一种，即"全部""格式""内容""批注"。

4．插入与删除单元格

（1）在工作表内插入单元格

1）选定要插入单元格的位置，Excel 2000 将根据被选单元格数目决定插入单元格的个数。

2）执行"插入"菜单中的"单元格"命令，此时将出现"插入"对话框，如图 9—20 所示。

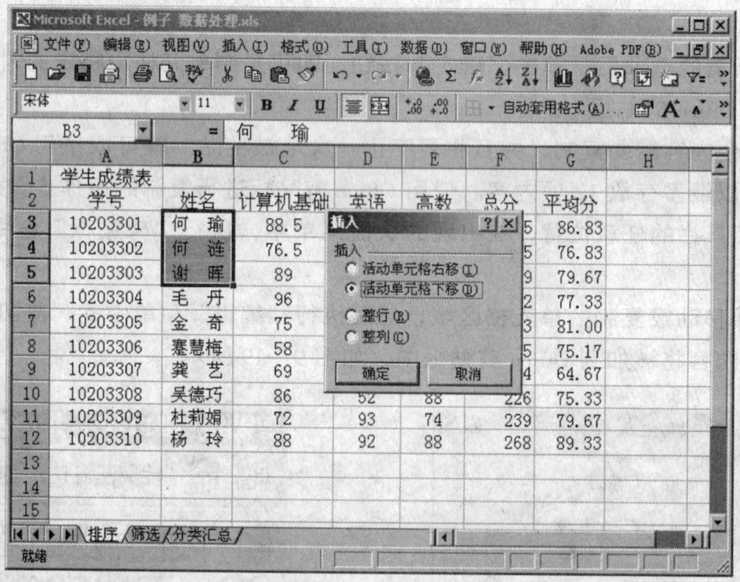

图 9—20　"插入"对话框

3）在"插入"对话框中选择所需选项。

4）单击"确定"按钮，即可得到如图 9—21 所示的结果。

（2）删除单元格

与清除操作不同，删除单元格是指将选定的单元格从工作表中删除，并用周围的其他单元格来填补留下的空白。

1）选定需要删除的单元格或单元格区域。

2）执行"编辑"菜单中的"删除"命令。

3）在"删除"对话框（见图 9—22）中设置删除以后所留下的空白位置的填充方式，并单击"确定"按钮。

5．插入和删除行和列

插入行（或列）的方法主要有两种：

（1）方法一

1）选取需要插入行（或列）的后面一行（或列）。

2）从"插入"菜单中执行"行"（或"列"）命令，即可在所选行（或列）的上方

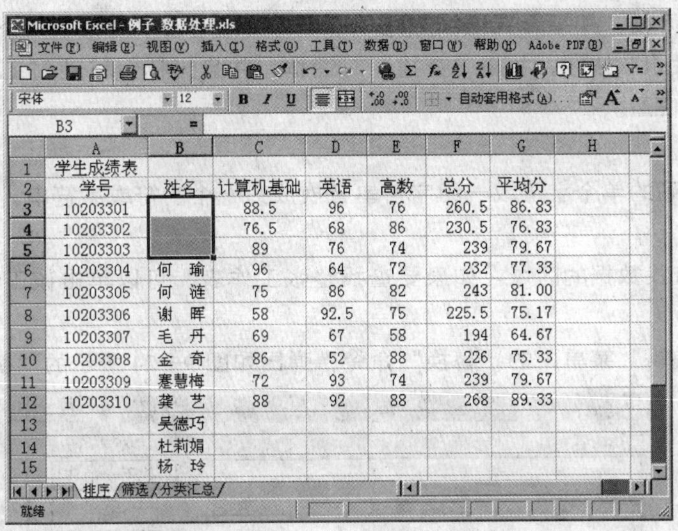

图9—21 在工作表中插入单元格

（或左侧）插入一行（或列）。

（2）方法二

1）选取需要插入的行（或列）的下面一行（或右边一列）。

2）执行"插入"菜单中的"单元格"命令，此时将出现"插入"对话框。

3）选择"整行"（或"整列"），再单击"确定"按钮，即可在所选行（或列）的上方（或左侧）插入一行（或列）。

删除行（或列）的操作只需选定要删除的行（或列），按Delete键或从"编辑"菜单中执行"删除"命令即可。

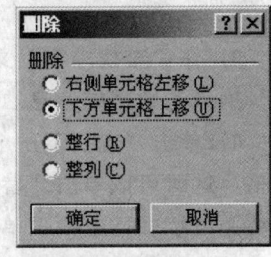

图9—22 "删除"对话框

6. 查找和替换

（1）查找

查找是实现在指定范围内快速查找用户所指定的单个字符或一组字符串。在进行"查找"操作之前，需要先选定一个搜索区域。这个搜索区域可以是一个选定的单元格区域，也可以是整张工作表，甚至是多张工作表。在选定了搜索区域后，就可以进行查找操作了。

1）执行"编辑"菜单中的"查找"命令，将弹出"查找"对话框，如图9—23所示。

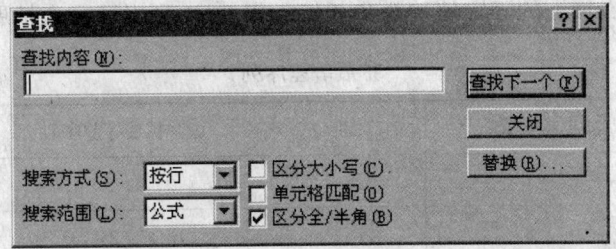

图9—23 "查找"对话框

2）在"查找内容"文本框中输入所要查找的数据或信息。根据需要可对对话框中的各个选项进行相应的设置。

3）单击"查找下一个"按钮，开始搜索。当Excel 2000找到确定的内容后，该单元格将变为活动单元格。如果还要继续查找下一个,可以单击"查找下一个"按钮。

4)单击"关闭"按钮,关闭"查找"对话框,并且光标会移动到工作表中最后一个符合查找条件的位置。

(2)替换

替换是将找到的单个字符或一组字符串替换成另一个字符或字符串,从而简化用户对工作表的编辑。

1)选定要查找数据的区域。如果要查找整张工作表,可以单击该工作表内的任意一个单元格。

2)执行"编辑"菜单中的"替换"命令,弹出如图9—24所示的"替换"对话框。

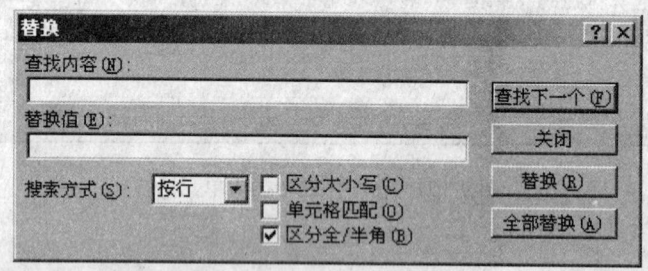

图9—24 "替换"对话框

3)在"查找内容"文本框中输入要查找的数据或信息,在"替换值"文本框中输入要替换成的数据或信息。

4)单击"查找下一个"按钮开始搜索。找到相应的内容时,该单元格将变为活动单元格。这时可以单击"替换"按钮进行替换,也可以单击"查找下一个"按钮跳过此次的内容并继续进行查找。单击"全部替换"按钮,可以把所有与"查找内容"相符的单元格内容替换成新内容,并且关闭对话框。

7. 使用自动填充功能

为了简化数据输入的工作,在 Excel 2000 中可以通过拖动单元格填充柄(单元格右下角),将选定单元格中的内容复制到同行或同列中其他单元格中。如果该单元格中包括 Excel 2000 可扩展序列中的数字、日期或时间段,在该操作过程中这些数值将按特定序列变化,而非简单的复制。

(1)序列填充类型

1)等差序列 在等差序列中,每次向后面的一个数值加上一个固定的值,就可以得到下一个数值。每次加上的固定值称为步长值。表9—1列出了几个扩展等差序列。

表9—1　　　　　　　　　扩展等差序列

初始值	步长值	扩展等差序列
1,2	1	3,4,5,6,…
-7,1	8	9,17,25,33,…
100,90	-10	80,70,60,50,…

2)等比序列 在等比序列中,每次向后面的一个数值乘以步长值,就可以得到下一个数值。表9—2列出了几个扩展等比序列。

表9—2　　　　　　　　　　　　扩展等比序列

初始值	步长值	扩展等比序列
1, 2	2	4, 8, 16, 32, …
2, 3	1.5	4.5, 6.75, 10.125, …
-5, 10	-2	-20, 40, -80, 160, …

3) 日期序列　日期序列根据起始单元格的数据填入日期，可以设置以日、工作日(序列中不包含星期六和星期天)、月或年为单位。表9—3列出了几个日期序列。

表9—3　　　　　　　　　　　　扩展日期序列

初始值	日期单位	扩展日期序列
2004-2-5	日	2004-2-6, 2004-2-7, …
2004-3-5	工作日	2004-3-8, 2004-3-9, …
2004-2-5	月	2004-3-5, 2004-4-5, …
2004-5-1	年	2004-6-1, 2004-7-1, …
5-Feb	月	5-Mar, 5-Apr, …

4) 自动填充序列　在Excel 2000中自动填充序列会根据初始值决定填充项，如果初始值的第一个字符是文字而后面跟一个数值，拖动填充柄，则每个单元格填充的文字不变，数值递增。表9—4列出了几个自动填充序列。

表9—4　　　　　　　　　　　　自动填充序列

初始值	扩展序列
一月	二月，三月，四月，…
No. 1	No. 2, No. 3, No. 4, …
Mon	Tue, Wed, Thu, …
1st	2nd, 3rd, 4th, …
File1	File2, File3, File4, …
第1级	第2级，第3级，第4级，…

(2) 用鼠标拖动建立序列

1) 将该行或该列的前两个单元格数据填好。

2) 选定这两个单元格。

3) 将鼠标指针移到选定单元格区域右下角的填充柄位置，这时光标变成小的黑十字，如图9—25所示。

4) 按住鼠标左键不放，拖动鼠标直至输入结束的位置。

5) 松开鼠标，数据就会自动根据序列和步长值填充到其他单元格中。

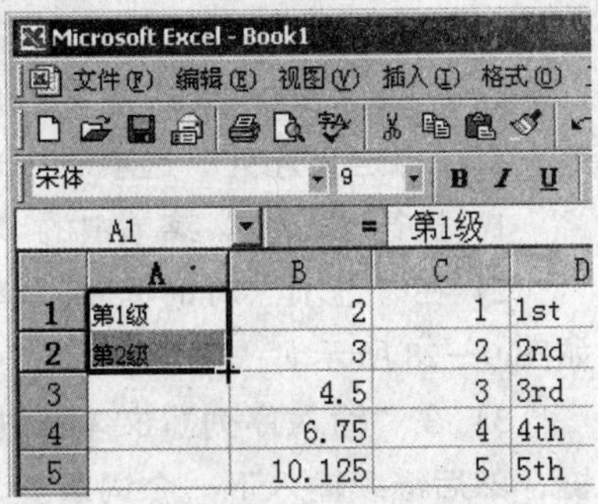

图9—25　选定单元格

如果要指定序列类型，应该在执行完第3步操作后按住鼠标右键不放，再拖动填充柄，在到达填充区域末尾时松开鼠标右键，这时会出现如图9—26所示的快捷菜单。从快

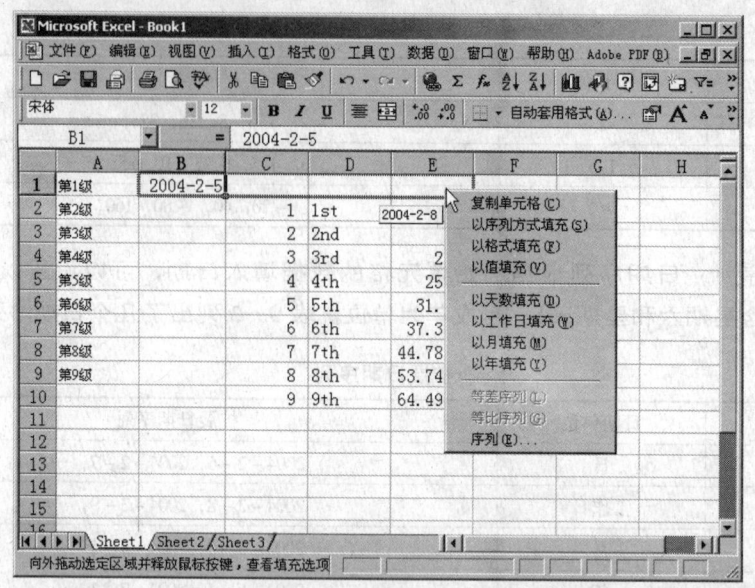

图 9—26 "自动填充"快捷菜单

捷菜单中选择一种适当的填充方式即可。

(3) 用"序列"对话框建立序列

1) 在填充区域的第一个单元格中输入数据序列中的初始值。

2) 选定含有初始值的单元格。

3) 执行"编辑"菜单中的"填充"命令,在级联菜单中执行"序列"命令,出现如图 9—27 所示的"序列"对话框。

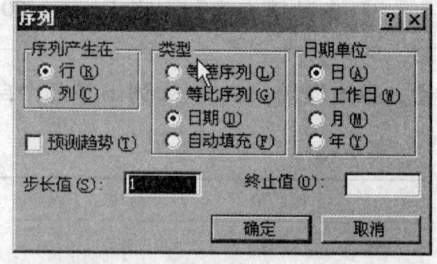

图 9—27 "序列"对话框

4) 在"序列产生在"选项区中,单击"行"或"列"单选按钮,确定填充方向。在"类型"选项区中,选择序列的类型,如果单击"日期"单选按钮,还必须在"日期单位"选项区中选择所需的单位,如果要指定序列增加或减少的数量,在"步长值"文本框中输入一个步长(可以为负数)。在"终止值"文本框中可以限定序列的最后一个值。

5) 设置完毕后,单击"确定"按钮。

(4) 建立自定义填充序列

除了 Excel 2000 默认定义的序列外,用户还可以使用"工具"菜单中的"选项"命令,在"自定义序列"选项卡中进行个性化的设置。

1) 执行"工具"菜单中的"选项"命令,弹出"选项"对话框。

2) 在"选项"对话框中,单击"自定义序列"标签,显示出"自定义序列"选项卡,如图 9—28 所示。

3) 在"输入序列"文本框中输入序列的各个词条。每输完一个词条,必须按 Enter 键,然后继续输入下一个词条。

4) 整个序列输入完毕后,单击"添加"按钮即可。

四、工作表的使用

在默认情况下,Excel 2000 中一个工作簿包含三个工作表。用户可以根据需要添加或

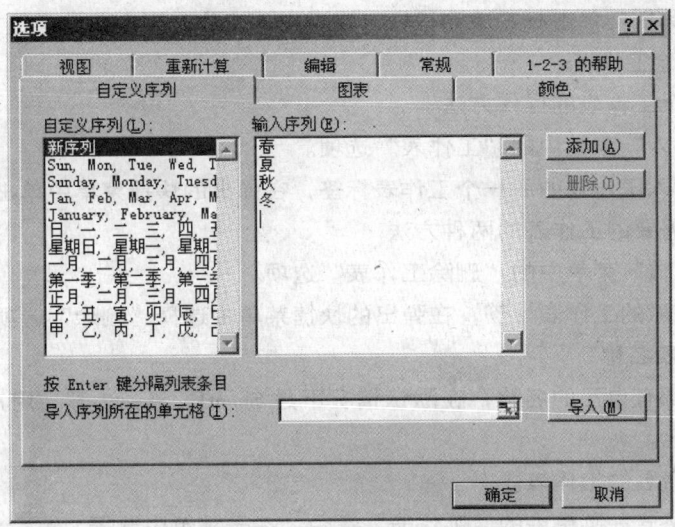

图9—28 "自定义序列"选项卡

删除工作表，同时对工作表进行其他一些操作。

1. 设定工作表的页数

(1) 单击"工具"菜单中的"选项"命令，在弹出的"选项"对话框中选择"常规"选项卡，如图9—29所示。

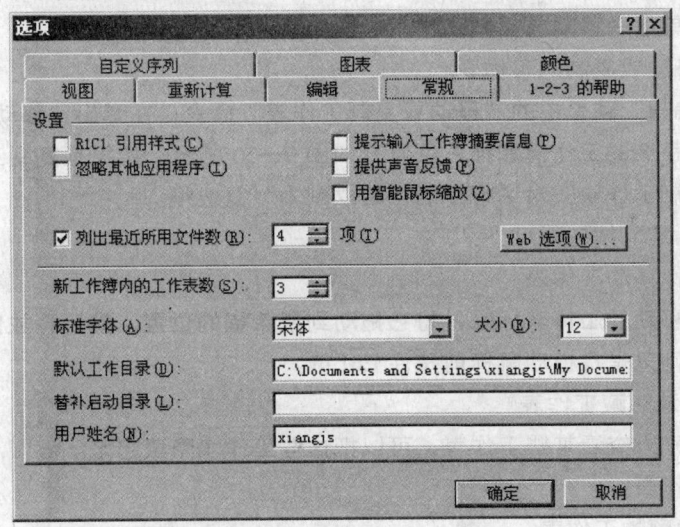

图9—29 "常规"选项卡

(2) 在"新工作簿内的工作表数量"中设定表数。

(3) 单击"确定"按钮。

2. 激活工作表

激活工作表有四种方法：

(1) 使用鼠标单击工作簿底部的工作表标签。

(2) 使用键盘激活工作表：按 Ctrl + PgUp 快捷键，激活当前页的前一页工作表；按 Ctrl + PgDn 快捷键，激活当前页后一页的工作表。

(3) 使用标签滚动按钮（按钮位于工作表标签的左侧）。

（4）使用鼠标右键单击标签滚动按钮，在弹出的工作表列表菜单中选择工作表。

3．添加和删除工作表

（1）添加一个工作表的操作方法

1）单击"插入"菜单中的"工作表"选项。

2）右击要插入工作表的后一个工作表标签，在弹出的快捷菜单中单击"插入"选项。

（2）删除不需要的工作表的两种方法

1）选择"编辑"菜单中的"删除工作表"选项。

2）右击要删除的工作表标签，在弹出的快捷菜单中选择"删除"选项。

4．变更工作表名称

每个工作表都有自己的名称，在默认情况下是 Sheet1、Sheet2 等。用户可以根据需要对工作表重新命名。

（1）选中要命名的工作表。

（2）选择"格式"菜单中的"工作表"命令，在子菜单中选择"重命名"命令。

（3）在工作表标签上输入新的工作表名称。

（4）单击"确定"按钮。

也可以双击工作表标签，然后输入新的名称。

5．移动和复制工作表

用户可以在一个或多个工作簿中移动工作表，操作步骤如下：

（1）使用菜单命令移动或复制工作表

1）激活要移动或复制的工作表。

2）单击"编辑"菜单中的"移动或复制工作表"命令；在弹出"移动或复制工作表"对话框中选择要移至的工作簿和插入位置，如图 9—30 所示；如果是复制工作表，则还要选中"移动或复制工作表"对话框中的"建立副本"复选框。

3）单击"确定"按钮即可。

（2）使用鼠标移动工作表

要单击需要移动的工作表标签，将它拖动到所希望的位置，然后释放鼠标左键。如果是复制工作表，则只是在拖动鼠标前按住 Ctrl 键。

6．隐藏和取消隐藏工作表

如果不希望别人查看某些工作表，可以把这些工作表隐藏起来。

（1）隐藏工作表

1）激活要隐藏的工作表。

2）单击"格式"菜单，选中"工作表"选项，在弹出的子菜单中单击"隐藏"命令。

（2）取消隐藏

1）单击"格式"菜单，选中"工作表"选项，在弹出的子菜单中单击"取消隐藏"命令。

2）在弹出的"取消隐藏"对话框中选择要取消隐藏的工作表，如图 9—31 所示。

3）单击"确定"按钮。

注意：Excel 2000 中不允许隐藏一个工作簿的所有工作表。

7．同时操作多个工作表

同时操作多个工作表，如复制、删除等，与操作一个工作表是一样的，只是要先选定

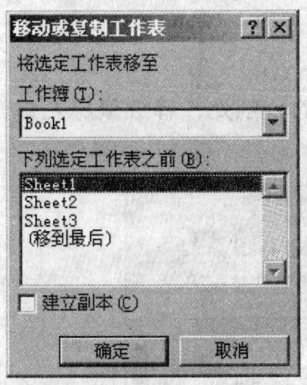
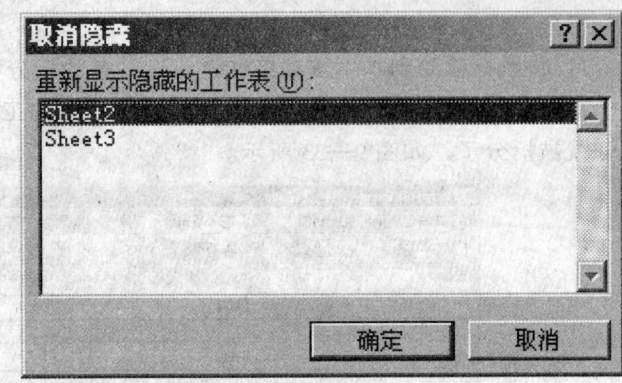

图 9—30 "移动或复制工作表"对话框　　　　图 9—31 "取消隐藏"对话框

多个工作表。选定多个工作表的方法如下：

（1）按住 Shift 键，单击工作表标签，将选定连续的工作表。

（2）按住 Ctrl 键，单击工作表标签，将选定或取消被单击的工作表。

五、工作表的拆分与冻结

1．拆分工作表

拆分工作表是把当前工作表窗口拆分成几个窗格，在每个窗格都可以使用滚动条来显示工作表的每一个部分。用户可以对工作表进行水平和垂直拆分。

（1）使用菜单命令进行拆分

1）选定单元格，该单元格所在的位置将成为拆分的分割点。

2）单击"窗口"菜单中的"拆分窗口"选项，在选定单元格处工作表将拆分为四个独立的窗格，如图 9—32 所示。

（2）使用鼠标进行拆分

在水平滚动条的右端和垂直滚动条的顶端有一个小方块，这个小方块就是拆分框。用

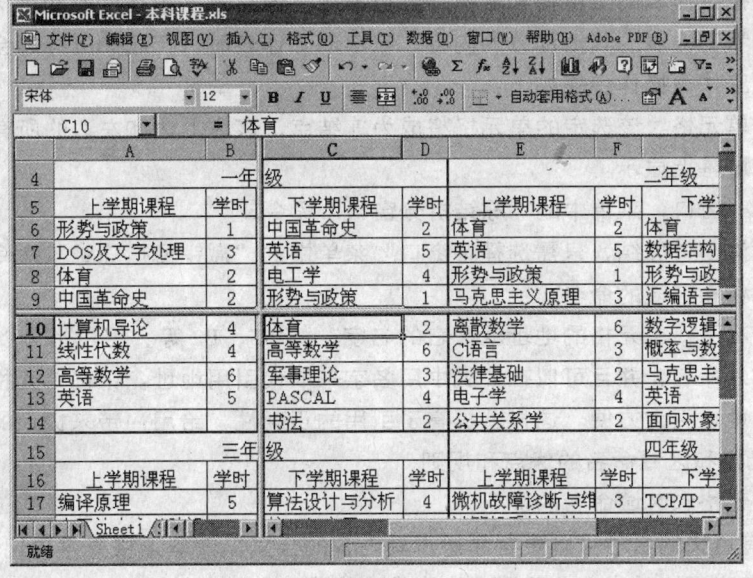

图 9—32 拆分窗口

鼠标拆分工作表要拖动拆分框。

1）将鼠标移动到水平滚动条和垂直滚动条的拆分框上。

2）按下鼠标左键，拖动拆分框到要进行拆分的工作表的分割处，释放鼠标左键，工作表就被拆分了，如图9—33所示。

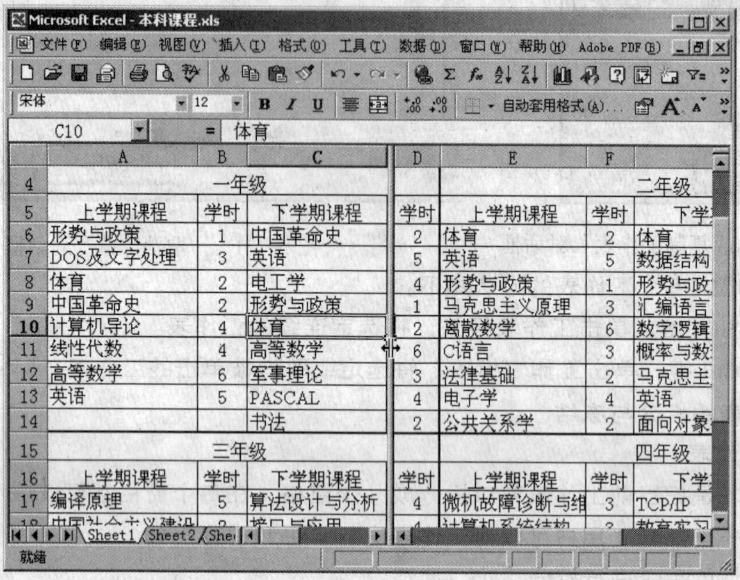

图9—33 用鼠标拆分窗口

（3）取消拆分窗口的方法

1）单击"窗口"菜单中的"撤销拆分窗口"命令。

2）更快捷的方法是在分割条上双击鼠标即可。

2．冻结工作表

冻结工作表也是将当前工作表窗口拆分成窗格，但与拆分工作表不同的是：在冻结工作表操作中将把工作表的上窗格和左窗格进行冻结。通常是冻结行标题和列标题，然后通过滚动条来查看工作表的其他部分的内容，在滚动工作表时行标题和列标题会一直在屏幕上显示。冻结工作表操作步骤如下：

（1）选定单元格。该选定的单元格将成为冻结点，该点上边和左边的所有单元格都被冻结，一直在屏幕上显示。

（2）单击"窗口"菜单中的"冻结拆分窗口"命令。

如果要取消窗口冻结，只需选择"窗口"菜单中的"撤销窗口冻结"命令。

六、单元格和区域的命名

在默认情况下，单元格的地址就是它的名字，如A5、B2等。用户也可以给单元格和单元格区域另外命名，并且可以在公式中用名字来取代引用地址。记忆单元格的名字远比记忆单元格的地址更为方便。这样就提高了引用的正确性，给用户带来极大的方便。

1．为单元格和区域命名的优点和规则

（1）为单元格和区域命名的优点

1）使用有意义的名称可以更容易辨识其内容的含义，使单元格更容易记忆。

2）使用名字可以减少在公式和命令中发生错误。

3）使用名字可以在工作表中快速定位单元格。

4）使用区域名更容易建立和维护宏。

（2）命名时应注意的规则

1）名字的第一个字符必须是字母或文字。

2）不可将空格当作分隔符，可以用下划线"_"或点"."替代。

3）在命名中不可使用除下划线"_"和点"."以外的其他符号。

4）不区分英文字母大小写。

5）名字不能使用类似地址的形式，如A5、C3、F4等。

6）避免使用Excel 2000的固定词汇，如DATABASE等。

7）名字不超过255个字符，在名称框中最多显示15个字符。

2．命名单元格

（1）使用"名称框"命名

"名称框"位于编辑栏左侧，"名称框"显示活动单元格的引用地址。如果单元格已命名，单击"名称框"右边的箭头，在下拉列表中显示所有名字清单。

1）选定要定义名字的单元格或单元格区域。

2）单击"名称框"，在其中键入新定义的名字。

3）按Enter键完成命名。

（2）使用菜单命令命名

1）选定要定义名字的单元格或单元格区域。

2）单击"插入"菜单中的"名称"命令，再单击子菜单中的"定义"选项，弹出"定义名称"对话框，如图9—34所示。

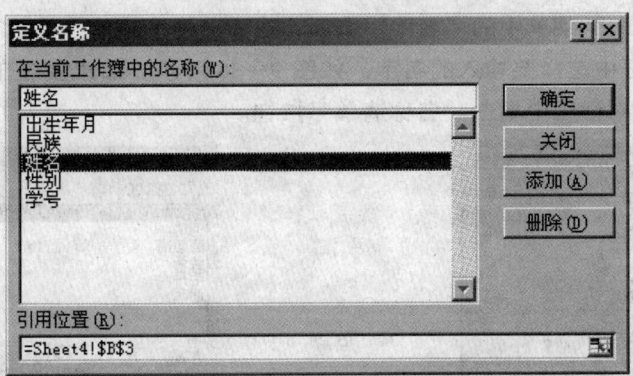

图9—34 "定义名称"对话框

3）在"引用位置"文本框中显示出被选中单元的引用名称或名称常量，单击此文本框右边的按钮，确认引用地址无误或重新选定单元格。然后再单击此按钮，回到"定义名称"对话框。

4）在"在当前工作簿中的名称"文本框中输入单元格新的名字。

5）单击"确定"按钮。如果要继续命名其他单元格或区域，单击"添加"按钮，然后再重新选定单元格，重复前面的步骤。

（3）自动命名

如果用户在工作表中已经建立了一个表格，可以使用自动命名的方法针对每一个单独的行或列定义其标题为单元格区域的名字。

1）选择包含文本的单元格和相邻单元格区域。

2）单击"插入"菜单中的"名称"选项，在弹出的子菜单中单击"指定"选项。

3）在"指定名称"对话框中选择要作为名字的文本单元格在选定区域的位置，如图9—35所示。

4）单击"确定"按钮。

3．使用名字

在工作表中灵活地使用名字，可以加快工作的速度。

（1）使用名字快速定位单元格区域

当一个单元格区域被命名后，该名字将自动出现在"名称框"的下拉列表中。单击"名称框"右边的下拉箭头，从列表中选择需要的名字，则相应的单元格就被选定了。

（2）引用名字

当定义一个新的名字时，对于以前键入的公式没有影响，不会把单元格地址引用自动变为名字使用。要想变为名字引用必须执行应用命令。具体操作步骤如下：

1）选中要引用名字的单元格区域。

2）单击"插入"菜单中的"名称"选项，在弹出的子菜单中单击"应用"选项。在"应用名称"对话框中选择所要用的名字。选中"忽略相对/绝对引用"和"应用行/列名字"复选框。

3）单击"确定"按钮。

4．建立命名表

建立了多个命名之后，为了方便追踪错误和记录工作，可以建立一个命名表。

（1）在工作表的空白区域选定一个单元格。

（2）单击"插入"菜单中的"名称"选项，在弹出的子菜单中单击"粘贴"选项。在"粘贴名称"对话框中选择要输入的名字，如图9—36所示。如果要在工作表中列出所有的命名，则可以在对话框中单击"名称清单"按钮。

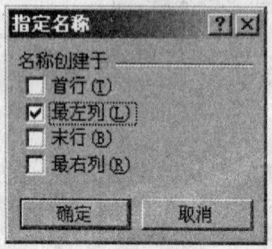

图9—35 "指定名称"对话框

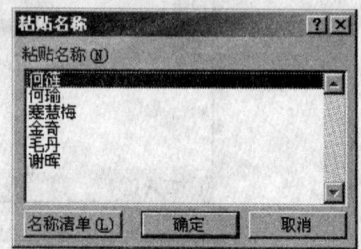

图9—36 "粘贴名称"对话框

（3）单击"确定"按钮。

5．删除命名

（1）单击"插入"菜单中的"名称"选项，在弹出的子菜单中单击"定义"选项。

（2）在弹出的"定义名称"对话框的"在当前工作薄的名称"文本框中输入要删除的命名，或者从命名列表框中选中要删除的命名。单击"删除"按钮删除该命名。

（3）单击"确定"按钮完成删除。

七、保护工作表和工作簿

设置对工作表和工作簿的保护，可以防止他人因误操作造成对工作表数据的损坏。

1．保护工作表

保护工作表功能可以防止修改工作表中的单元格、Excel宏表、图表项、对话框编辑表项、图形对象和"Visual Basic 编辑器"窗体中的代码。

（1）激活要保护的工作表。

（2）单击"工具"菜单中的"保护"选项，再单击子菜单中的"保护工作表"选项。

（3）在弹出的"保护工作表"对话框中选择各选项，如图9—37所示。单击"确定"按钮。

2．保护工作簿

（1）激活需要保护的工作簿。

（2）单击"工具"菜单中的"保护"选项，再单击子菜单中的"保护工作簿"选项。在"保护工作簿"对话框中选择各选项，如图9—38所示。

（3）单击"确定"按钮。

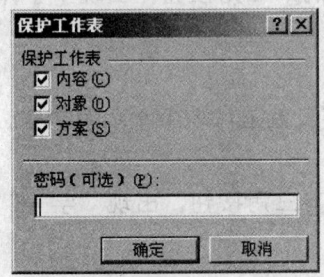

图9—37　"保护工作表"对话框

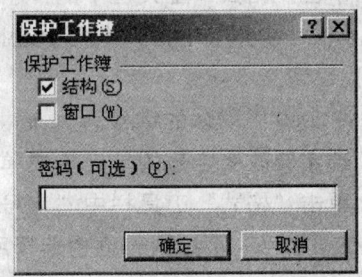

图9—38　"保护工作簿"对话框

八、使用和创建模板

模板是可以重复使用的方案，用以产生相似的对象。在 Excel 2000 中模板就是一种特殊的工作表。可以将经常使用的工作表格式以模板的形式保存，当再次使用该格式的工作表时，可直接使用该模板。使用模板可以简化工作、节省时间、提高效率。

1．创建自己的模板

（1）创建一个新的或打开一个已有的工作簿。

（2）在工作表中输入常量、公式，插入图表，定义各种格式和宏。

（3）单击"文件"菜单中的"另存为"选项。在"另存为"对话框的"文件名"文本框中输入模板名，在"保存类型"下拉列表框中选择"模板"选项（模板文件的扩展名为.xlt）。

（4）单击"保存"按钮，该模板将保存在 Excel 默认的文件夹中。

2．使用模板

选择"文件"菜单中的"新建"选项。在"新建"对话框中选择要使用的模板。在"新建"对话框的"常用"选项卡中，有工作簿模板和刚才建立的模板。而在"电子方案表格"选项卡中，Excel 2000 提供了多种模板。

第四节　工作表的格式化

一、格式化单元格

格式化单元格就是设置单元格格式，包括设置字符格式和设置数字格式。格式化单元格后，可以使单元格和单元格区域中的内容更加突出，视觉效果也会更好。

1．设置字符格式

Excel 2000 中，设置字符格式有多种方法：使用"格式"工具栏或者执行"格式"菜单中的"单元格"命令都可以实现。

(1) 使用"格式"工具栏设置文本外观

通过使用"格式"工具栏提供的多个按钮，可以快速地设置文本的字体、字号、字型和字体颜色等，如图9—39所示。

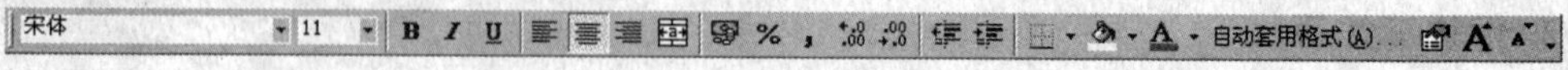

图9—39 "格式"工具栏

(2) 设置文本字体

1) 选定要改变字体的单元格或单元格区域。

2) 单击"格式"工具栏中的"字体"列表框右侧的下三角按钮，出现"字体"下拉列表框。在"字体"下拉列表框中选择所需的字体。

(3) 设置文本字号

Excel 2000 中默认的字号为12磅。用户可以按需要设置工作表中文本的字号。

1) 选定要改变字号的单元格或单元格区域。

2) 单击"格式"工具栏中"字号"列表框右侧的下三角按钮，出现"字号"下拉列表框。在"字号"下拉列表框中选择所需的字号。

(4) 设置字体样式

在"格式"工具栏中提供了三个设置字体样式的按钮："加粗""倾斜"和"下划线"。这三个按钮可以单独使用，也可以组合使用。只需选定需要设置字型的文本（或单元格区域），然后单击相应的按钮即可。表9—5列出了"加粗""倾斜"和"下划线"，这三个按钮的快捷键。

表9—5　　　　　　　　　字体样式设置快捷键

按　　钮	快　　捷　　键
加粗	Ctrl + 2 或 Ctrl + B
倾斜	Ctrl + 3 或 Ctrl + I
下划线	Ctrl + 4 或 Ctrl + U

(5) 设置文本颜色

改变文本的颜色可以按以下步骤进行：

1) 选定需要设置颜色的文本。

2) 单击"格式"工具栏中"字体颜色"按钮右侧的下三角按钮，出现"字体颜色"调色板。在"字体颜色"调色板中单击所需的颜色即可。

(6) 设置默认字体和字体大小

1) 执行"工具"菜单中的"选项"命令，弹出"选项"对话框。

2) 打开对话框中的"常规"选项卡，如图9—40所示。根据需要在该选项卡的"标准字体"和"大小"下拉列表框中指定字体和大小。

3) 单击"确定"按钮完成设置。

(7) 利用"单元格格式"对话框设置文本格式

1) 选定需要改变字体格式的字符。

2) 执行"格式"菜单中的"单元格"命令，弹出"单元格格式"对话框。单击"字

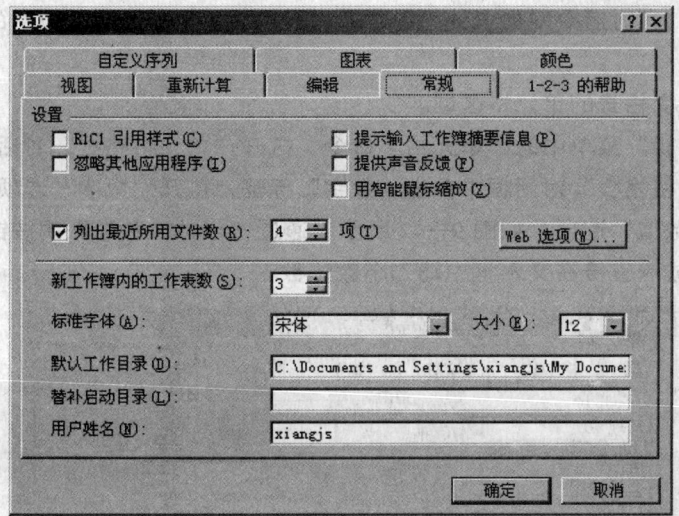

图 9—40 "选项"对话框中的"常规"选项卡

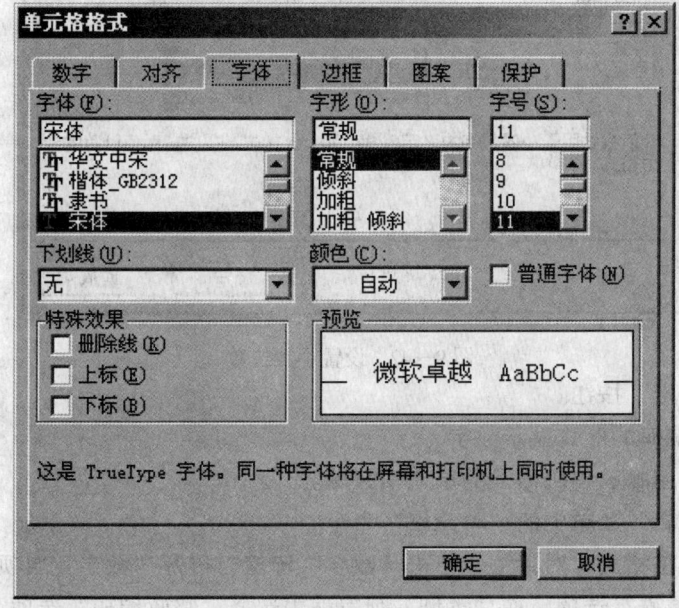

图 9—41 "单元格格式"对话框中的"字体"选项卡

体"标签,出现"字体"选项卡,如图 9—41 所示。分别在"字体""字型""字号""下划线"和"颜色"下拉列表框以及"特殊效果"选项区域内完成对文本的修饰设置。

3) 单击"确定"按钮。

2. 设置数字格式

在 Excel 2000 中,可以使用数字格式来改变数字(包括时间)在单元格中的显示形式,而不会改变该数字在编辑栏中的显示(即数字本身)。数字的默认格式为"常用"类型,用户可以通过"单元格格式"对话框设置数字格式,也可以创建自定义的数字格式。

(1) 使用"单元格格式"对话框设置数字格式

使用"单元格格式"对话框中的"数字"选项卡,可以对数字的多种格式进行设置。

(2) 设置小数位数

· 173 ·

在工作表中,有时需要对数值的小数位数进行设置。例如,有效位数的保留,小数点后的舍入方式等。

1) 选定要改变格式的单元格区域。

2) 执行"编辑"菜单中的"单元格"命令,打开"单元格格式"对话框。

3) 在"单元格格式"对话框中单击"数字"标签,打开"数字"选项卡。在"分类"列表框中选择"数值"选项,如图9—42所示。通过"小数位数"微调按钮将小数位数调节到合适的值,或者直接在文本框中输入小数位数。

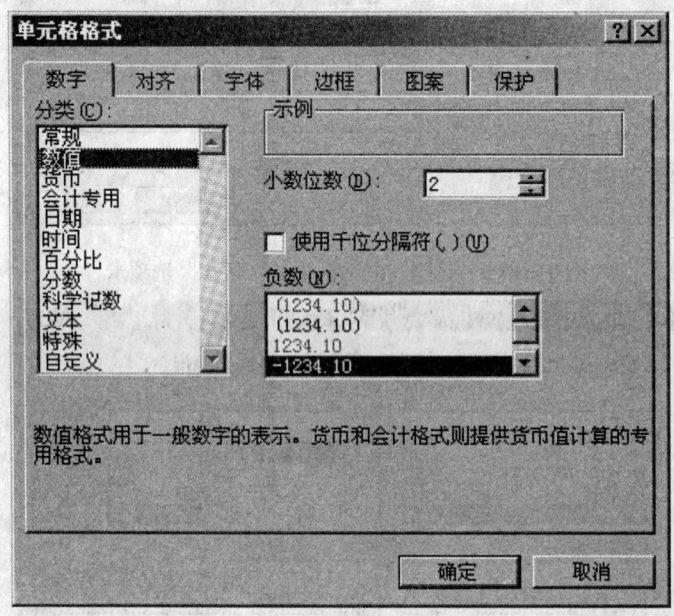

图9—42 设置小数位数

4) 单击"确定"按钮。

(3) 用邮政编码的形式显示数字

1) 选定要使用邮政编码格式的单元格区域。

2) 执行"编辑"菜单中的"单元格"命令。

3) 在"单元格格式"对话框中单击"数字"标签,打开"数字"选项卡。在"分类"列表框中选择"特殊"选项。在"类型"列表框中选择"邮政编码"选项。

4) 单击"确定"按钮。

(4) 设置分数格式

分数的表示方法有多种形式,例如,带分数、假分数等,在实际操作中,有时还需要对分数的格式进行设置。

1) 选定要改变格式的单元格区域。

2) 执行"编辑"菜单中的"单元格"命令。

3) 在"单元格格式"对话框中单击"数字"标签,打开"数字"选项卡。在"分类"列表框中选择"分数"选项,在"类型"列表框中选择所需的分数类型。

4) 单击"确定"按钮。

(5) 创建自定义数字格式

如果经常输入一种 Excel 2000 不能识别的数值,可以创建一个自定义的数字格式。例如，可以为发票号码建立一个自定义数字格式，其中既有字母又有数字和中文字符。

1) 选定需要设置自定义数字格式的单元格或单元格区域。

2) 执行"编辑"菜单中的"单元格"命令。

3) 在"单元格格式"对话框中单击"数字"标签，打开"数字"选项卡。在"分类"列表框中单击"自定义"选项，在"类型"文本框中输入自定义数字格式的格式码。

4) 单击"确定"按钮，完成自定义设置。

二、设置对齐方式

1. 水平对齐

要改变单元格中的数据在水平方向上的对齐方式，使用"格式"工具栏中的相应按钮最简便。操作步骤如下：

(1) 选定要设置水平对齐方式的单元格或单元格区域。

(2) 单击"格式"工具栏上的"左对齐""右对齐"或"居中对齐"按钮即可，其显示效果如图9—43所示。

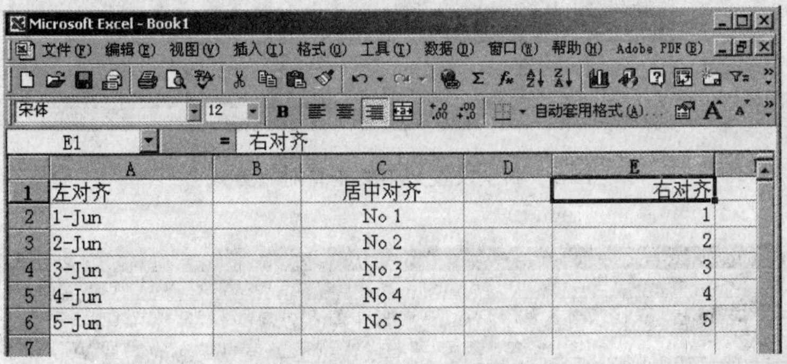

图9—43 水平对齐显示效果

2. 垂直对齐

要设置数据在单元格内的垂直对齐方式。

(1) 选定需要设置垂直对齐方式的单元格或单元格区域。

(2) 执行"格式"菜单中的"单元格"命令，弹出"单元格格式"对话框，单击"对齐"标签，打开"对齐"选项卡，如图9—44所示。在垂直对齐下拉列表框中选择需要的对齐方式。

(3) 单击"确定"按钮。三种垂直对齐方式的效果如图9—45所示。

3. 设置文本方向

利用该功能可以将单元格中的内容进行任意角度的旋转。

(1) 选定需要改变文字方向的单元格或单元格区域。

(2) 选定"格式"菜单中的"单元格"命令，弹出"单元格格式"对话框，单击"对齐"标签，打开"对齐"选项卡。在"方向"选项区域的右侧预览框中拖动红色的按钮到达目标角度，或者直接在"度"微调框中精确设置需要的角度。

(3) 单击"确定"按钮。

三、设置工作表的行高和列宽

在Excel 2000中，当单元格容纳不下输入的内容时，它会自动调整单元格的宽度。但有些时候需要保持一定的宽度，这就必须使用手动调整行高和列宽。

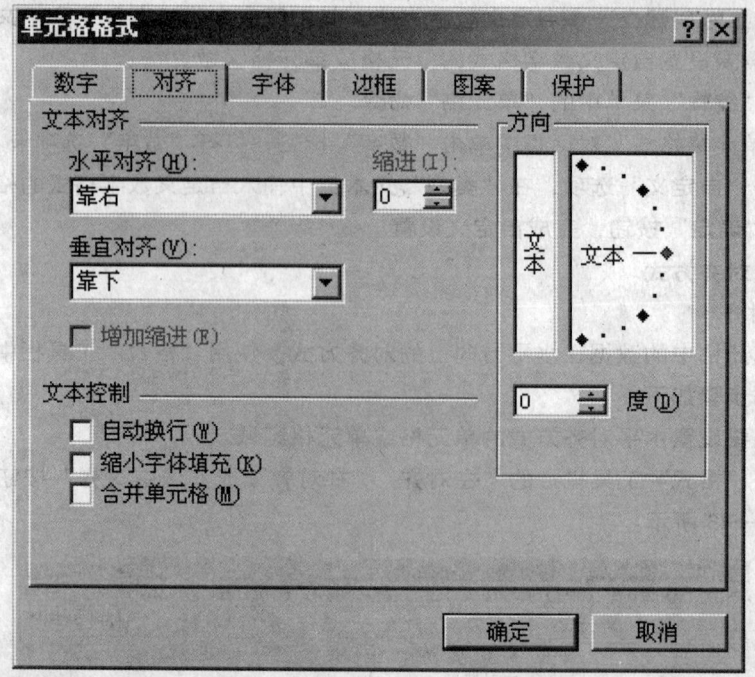

图 9—44 设置文本的垂直对齐方式

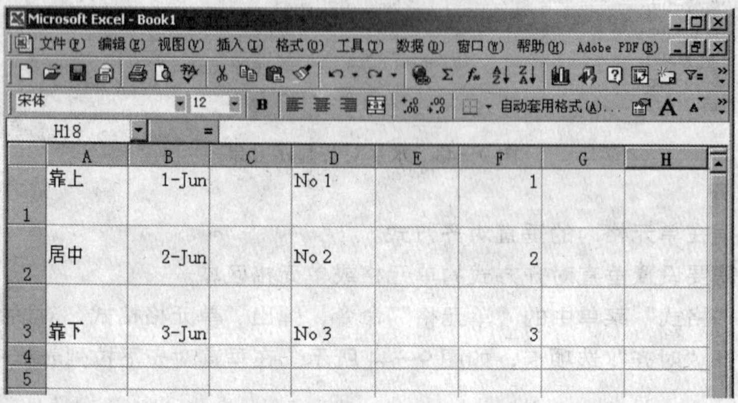

图 9—45 垂直对齐的显示效果

1．设置工作表行高

设置行高有两种方法。

（1）用鼠标设置行高

1）将鼠标指针指向要改变行高的行号之间的分隔线上，此时鼠标指针变成一个黑色双横线并且带有一个垂直的双向箭头，如图 9—46 所示。

2）按住鼠标左键不放并拖动，直至将行高调整到合适的大小为止，松开鼠标左键。

（2）用"行高"命令设置行高

1）选定要调整行高的区域。

2）执行"格式"菜单中"行"命令，再从级联菜单中执行"行高"命令，弹出如图 9—47 所示的"行高"对话框。在"行高"文本框中输入要设置的行高。

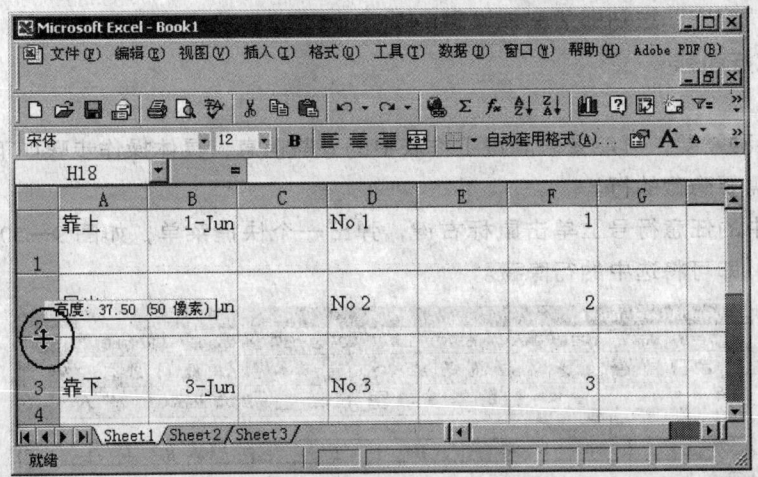

图9—46 用鼠标调整行高

(3) 单击"确定"按钮即可完成设置。

2．设置工作表列宽

在 Excel 2000 中，设置列宽也有两种方法。

(1) 用鼠标设置列宽

1) 将鼠标指针指向要改变列宽的列标之间的分隔线上，此时鼠标指针变成一个黑色双竖线并且带有一个水平的双向箭头，如图9—48所示。

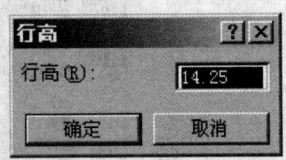

图9—47 "行高"对话框

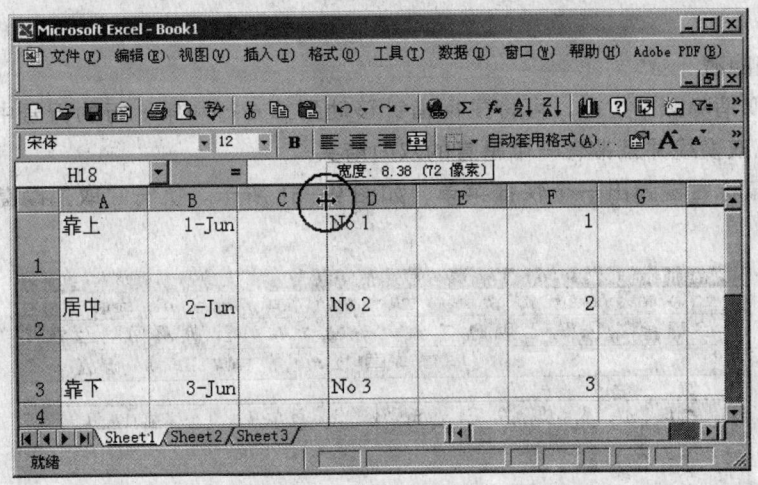

图9—48 用鼠标调整列宽

2) 按住鼠标左键不放并拖动，直至将列宽调整到合适的大小为止。松开鼠标左键。

(2) 用"列宽"命令设置列宽

1) 选定要调整列宽的区域。

2) 执行"格式"菜单中"列"命令，再从级联菜单中执行"列宽"命令，弹出如图9—49所示的"列宽"对话框。在"列宽"文本框中输入要设置的列宽。

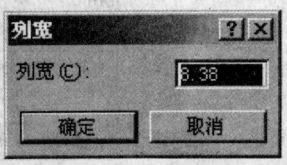

图9—49 "列宽"对话框

3）单击"确定"按钮即可完成设置。

四、隐藏行和列

（1）隐藏

有时因某种需要，可能要求隐藏工作表中的一些信息，具体操作步骤如下：

1）选中需要隐藏的行。

2）在其中的任意行号上单击鼠标右键，弹出一个快捷菜单，如图9—50所示。执行"隐藏"命令，即可将选中的行隐藏。

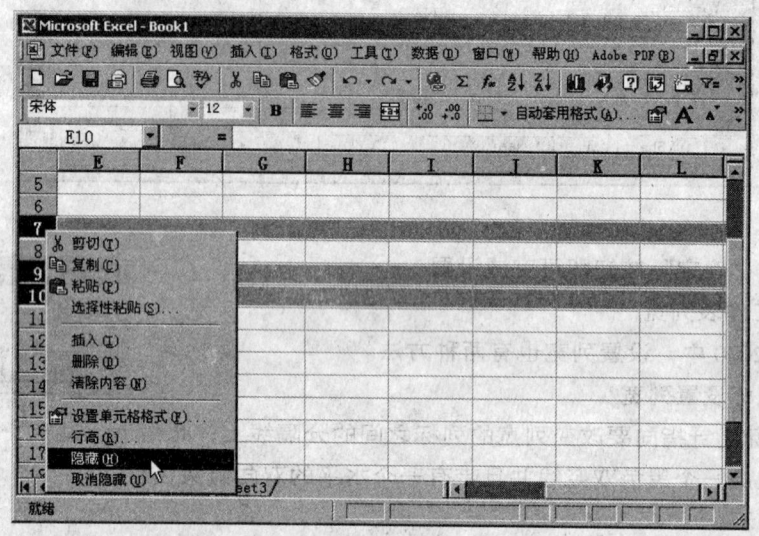

图9—50　隐藏行

（2）取消隐藏

1）如要取消隐藏第7行，可将鼠标指针移动到第6行和第8行的行号中间，鼠标将变成一个黑色双横线并且带有一个垂直的双向箭头。

2）单击鼠标右键弹出一个快捷菜单，如图9—51所示。执行"取消隐藏"命令，即可恢复显示。

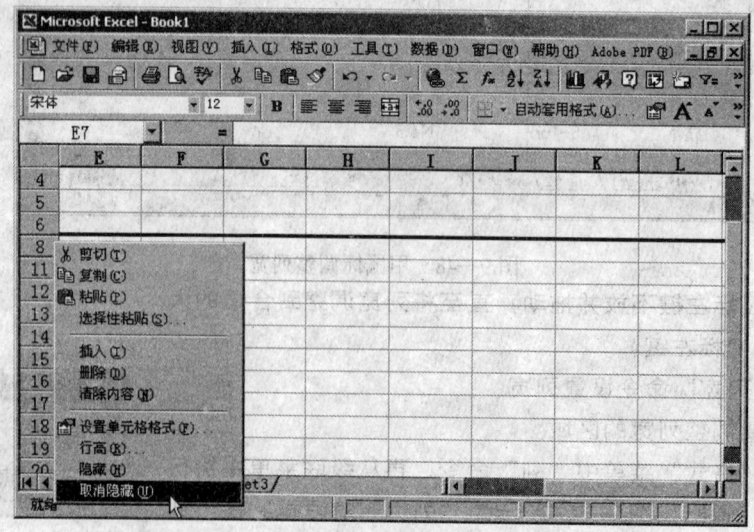

图9—51　取消隐藏

五、设置单元格的边框、底纹和图案

1．设置单元格的边框

为了使表格条理清晰、结构明确，就需要为单元格添加边框。

（1）使用"边框"按钮设置单元格的边框

使用"边框"按钮是最简单的设置单元格边框的方法。

1）选定需要添加边框的单元格或单元格区域。

2）单击"格式"工具栏中的"边框"按钮右边的下三角按钮，出现如图 9—52 所示的下拉工具窗口。从下拉工具窗口中选择所需的类型，单击即可。

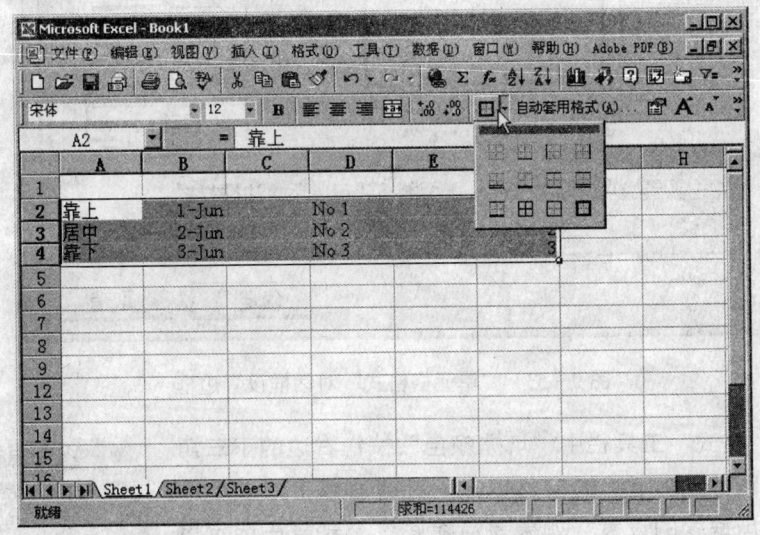

图 9—52　设置边框

（2）使用"单元格格式"对话框设置单元格的边框

如果在设置边框格式的同时还需要设置边框的线形和颜色等，则使用"单元格格式"对话框进行设置比较方便。

1）选定需要添加边框的单元格或单元格区域。

2）执行"格式"菜单中的"单元格"命令，弹出"单元格格式"对话框。

3）单击"边框"标签，打开"边框"选项卡，如图 9—53 所示。在"预置"选项区中通过单击预置选项、预览草图或者草图旁边的按钮可以添加边框样式。在"样式"列表框中为边框设置线形的样式。单击"颜色"列表框右边的下三角按钮，在下拉列表中选择边框的颜色。

4）完成设置后，单击"确定"按钮。

要删除边框线，只需在"单元格格式"对话框的边框选项卡中，单击"预置"选项区域中的"无"按钮即可。

2．设置单元格的底纹和图案

为了突出某些单元格区域的重要性或者与其他单元格区域有所区别，可以在这些单元格区域上添加底纹和图案。

（1）使用"填充颜色"按钮设置底纹

该方法可以选择 40 种不同的填充色。

1）选定需要设置底纹的单元格或单元格区域。

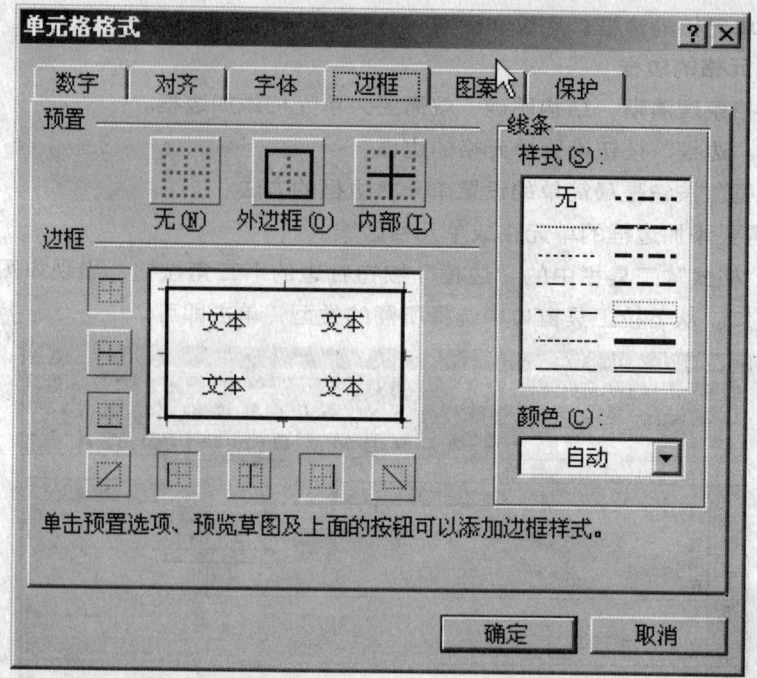

图9—53 "单元格格式"对话框设置边框

2）单击"格式"工具栏中"填充颜色"按钮右边的下三角按钮，出现如图9—54所示的调色板。单击调色板中的某个颜色块，即可完成底纹的设置。如果要清除底纹，只需在选定单元格区域后，单击"填充颜色"调色板中的"无填充颜色"按钮即可。

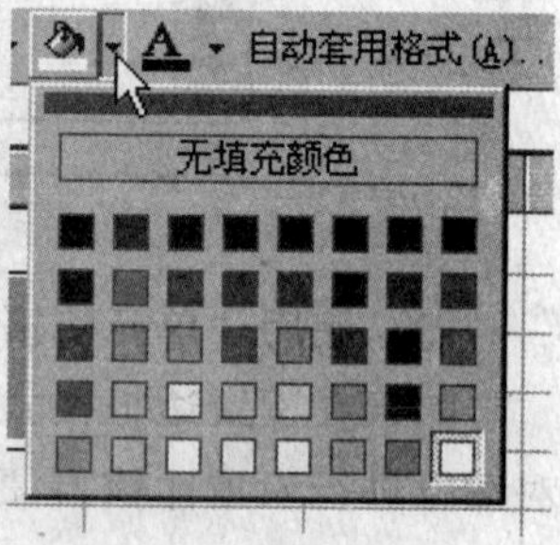

（2）使用"单元格格式"对话框设置底纹和图案

如果希望为单元格背景填充图案，则需要使用"单元格格式"对话框中的"图案"选项卡来完成。

图9—54 "填充颜色"调色板

1）选中要填充背景的单元格或单元格区域。
2）执行"格式"菜单中的"单元格"命令，弹出"单元格格式"对话框。
3）单击"图案"标签，进入"图案"选项卡，如图9—55所示。选择需要的设置。
4）单击"确定"按钮。

（3）设置填充颜色

在图9—55所示的对话框中，在"颜色"区域选择需要的颜色，即可用这种颜色填充所选定的单元格区域。如果要取消单元格区域背景的填充色，可以单击"无颜色"按钮。

（4）设置填充图案

如果希望为单元格的背景设置底纹图案，则可在图9—55所示的对话框中进行操作：
1）打开"图案"下拉列表框，出现如图9—55所示的菜单。
2）选择合适的底纹样式，则选定的单元格区域将以这种底纹样式作为背景。如果希望设置图案线条的颜色，可以打开"图案"下拉列表框，从中选取需要的颜色。底纹中线条的颜色称为底纹颜色。

（5）设置整张工作表的背景图案

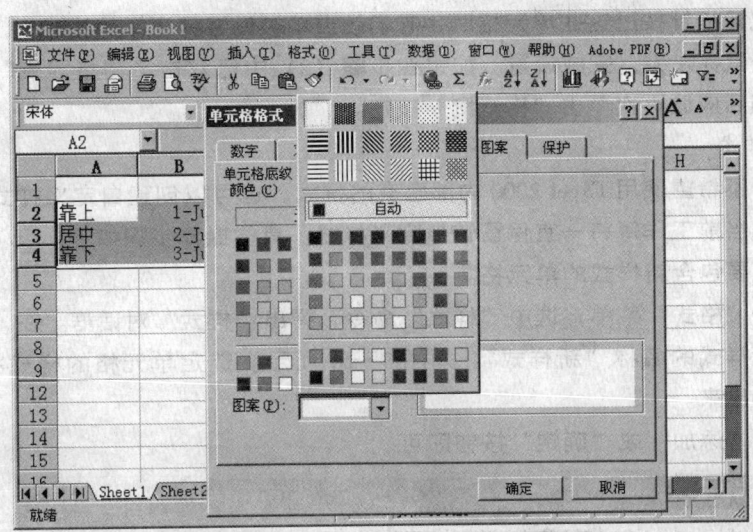

图9—55 选择填充图案

为了美化工作表，可以设置整张工作表的背景图案。

1）选中需要添加背景图案的工作表。

2）打开"格式"菜单，执行"工作表"命令，然后执行"背景"命令，弹出如图9—56所示的"工作表背景"对话框，提示用户选择一个图形文件。从储存的文件中选择所需要的背景图案文件，单击"插入"按钮即可。

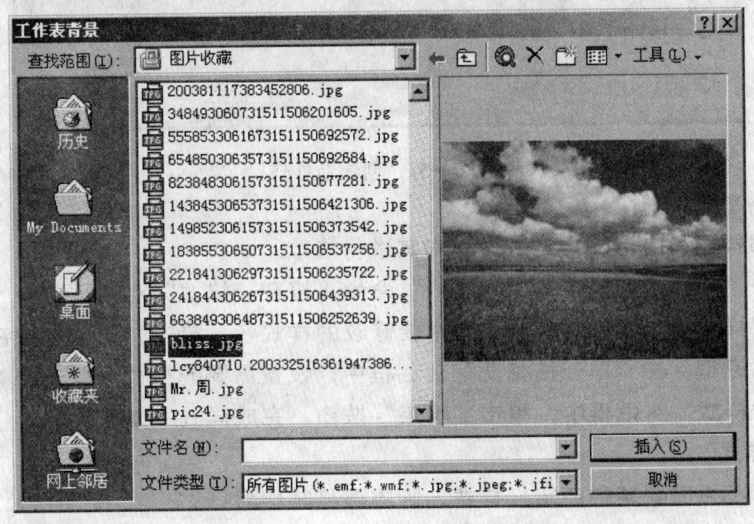

图9—56 "工作表背景"对话框

六、使用样式

快速设置单元格格式是指以现有的格式为基础，快速对其他单元格进行格式化。

1．使用格式刷

在设置单元格格式时，如果在其他单元格中已经应用了这种格式，就可以直接进行复制，而无需重新设置。

（1）选定已经应用所需格式的单元格区域。

（2）单击常用工具栏中的"格式刷"按钮，鼠标指针变成一个带小刷子的十字形。如果要将格式复制到多个单元格区域，鼠标双击"格式刷"按钮。选定要设置新格式的单元格区域。当鼠标指针按过这些单元格时，它们就自动被设置为所需的格式。

（3）松开鼠标左键，完成设置。如果在步骤（2）中已双击了"格式刷"按钮，则在完成格式复制后应该再次单击"格式刷"按钮。

2．创建样式

如果用户不希望使用 Excel 2000 内部已有的样式，也可以创建自定义样式。只要该样式不被删除，当前工作簿将一直保留该自定义样式。具体操作步骤如下：

（1）选定要包含新样式的单元格。

（2）单击"格式"菜单，选中"样式"命令，弹出"样式"对话框。在"样式名"组合框中输入新样式的名称"新样式"。如图 9—57 所示。选定单元格的样式将在"样式"对话框中显示出来。

（3）单击"添加"或"确定"按钮即可。

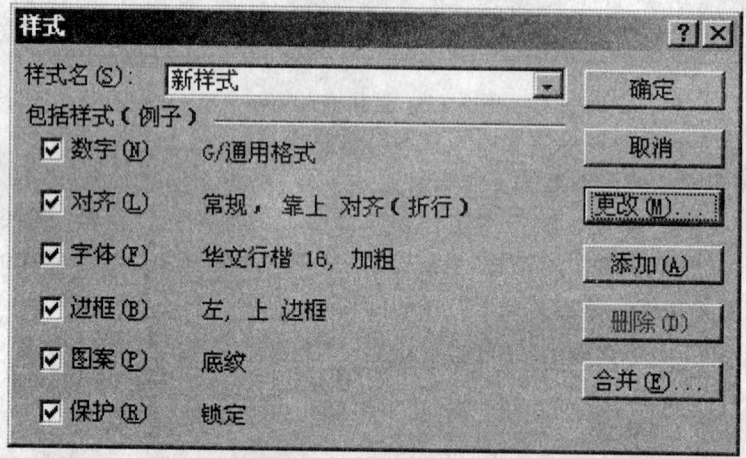

图 9—57　创建新样式

3．修改样式

对于内部样式和自定义样式，均可对其进行修改。

（1）单击"格式"菜单，选中"样式"命令，打开"样式"对话框。

（2）在"样式名"下拉列表中，选中要修改的样式名。单击"更改"按钮，打开"单元格格式"对话框。在"单元格格式"对话框中，设置需要的格式。单击"确定"按钮。

（3）在"样式"对话框中，单击"确定"按钮，完成样式的修改。

4．删除样式

如果以后不再需要某种自定义样式，则应该将其删除。

（1）单击"格式"菜单，选中"样式"命令，打开"样式"对话框。

（2）在"样式名"下拉列表中，选中要删除的样式名。单击"删除"按钮，将该样式删除。注意：Excel 2000 的"常规"样式不可删除，但可以修改。

（3）单击"确定"按钮。

5．合并样式

若想在一个工作簿中使用另一个工作簿中创建的样式，则可以通过样式合并来实现。

（1）打开要合并的源工作簿和目标工作簿，并将目标工作簿置作为当前活动工作簿。

（2）单击"格式"菜单，选中"样式"命令，打开"样式"对话框。

（3）在"样式"对话框中，单击"合并"按钮，弹出"合并样式"对话框。在"合并样式来源"列表框中选定要合并的源工作簿,单击"确定"按钮。这样就将源工作簿中的样式合并到目标工作簿中。在"样式名"下拉列表中,就可以观察到目标工作簿样式的变化。

七、自动套用格式

自动套用格式是指一整套可以迅速应用于某一数据区域的内置格式和设置的集合,它包括如字体大小、图案和对齐方式等设置信息。通过自动套用格式功能,可以快速构建带有特定格式特征的表格。

1．使用自动套用格式

(1) 选定需要应用自动套用格式的单元格区域。

(2) 执行"格式"菜单的"自动套用格式"命令,弹出"自动套用格式"对话框。

(3) 在对话框中根据需要选择一种格式。单击"选项"按钮,会在"自动套用格式"对话框下显示一些复选框,如图 9—58 所示,允许选择"应用格式种类"。如果只想应用自动套用格式中的部分特性,可以只选中相应的复选框而清除其余的复选框。

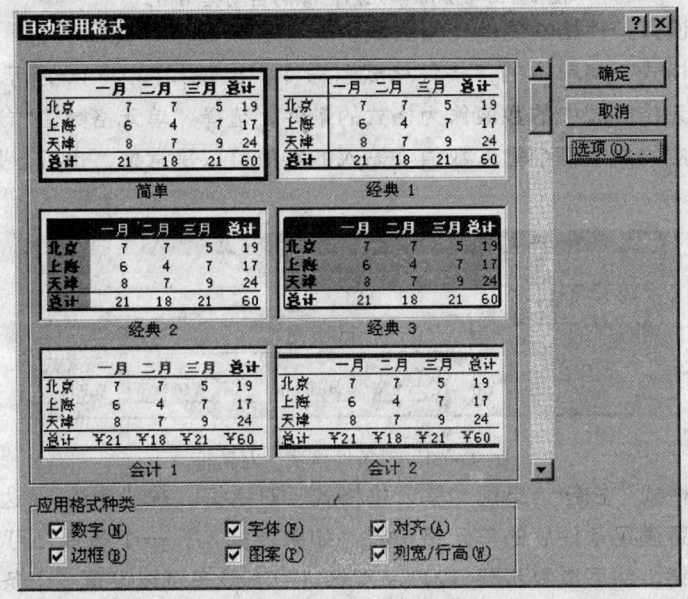

图 9—58　设置"应用格式种类"

(4) 设置完毕后,单击"确定"按钮。这时选定的单元格区域将按照选择的表格格式进行设置。

2．删除单元格区域的自动套用格式

(1) 选定包含有要删除自动套用格式的单元格区域。

(2) 选择"格式"菜单中的"自动套用格式"命令,弹出"自动套用格式"对话框。滚动到列表框的底部,在格式范例中选择"无",如图 9—59 所示。

(3) 单击"确定"按钮。

八、设置条件格式

条件格式就是带有条件的格式,当条件满足时,单元格应用该格式,而当条件不满足时就不应用该格式。

1．设置条件格式

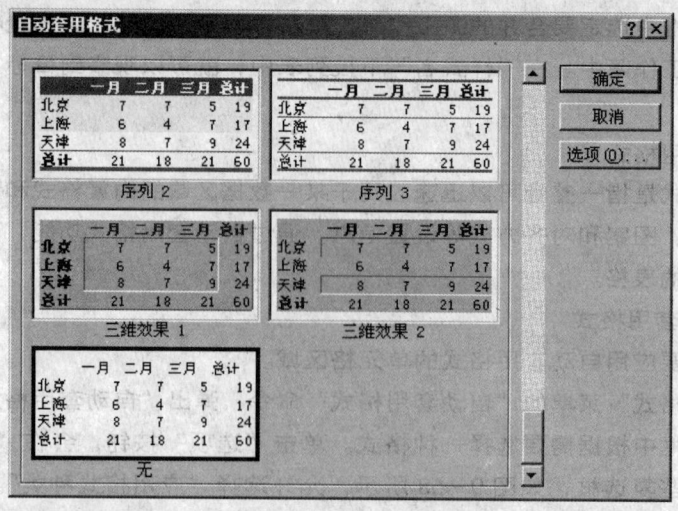

图9—59 删除单元格区域的自动套用格式

(1) 选定要设置条件格式的单元格区域。

(2) 执行"格式"菜单中的"条件格式"命令,出现如图9—60所示的"条件格式"对话框。选定单元格区域中的数值作为格式的条件,选择"单元格数值"选项,选定比较词组,然后在相应的文本框中输入数值。输入的数值可以是常量,也可以是公式(公式前要加上等号)。

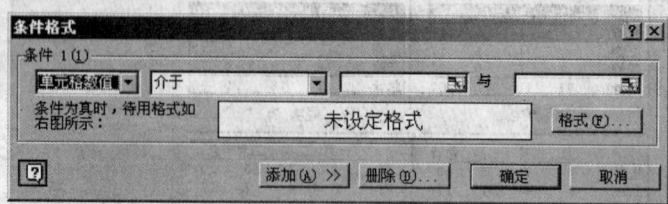

图9—60 "条件格式"对话框

(3) 单击"格式"按钮,出现"单元格格式"对话框。在"字体""边框"和"图案"选项卡中分别设置满足条件后的单元格格式。如果要加入另一个条件,可以单击图9—60中的"添加"按钮,然后重复步骤(2)~步骤(3)。最多可以设置3个条件。

(4) 单击"确定"按钮即可。

2. 更改、添加和删除条件格式

(1) 选定含有需要进行更改(添加或删除)的条件格式操作的单元格区域。

(2) 执行"格式"菜单中的"条件格式"命令,打开"条件格式"对话框。根据需要进行更改(添加或删除)。

(3) 单击"确定"按钮。

九、设置分页符

当一个工作表变得很长时,Excel 2000会自动在工作表中添加一个"分页符",并用虚线标出分页的位置。

1. 查看分页符的位置

(1) 执行"工具"菜单中的"选项"命令。

(2) 单击"视图"标签,打开"视图"选项卡。单击"窗口选项"选项区域中的"自动分页符"复选框,如图9—61所示。

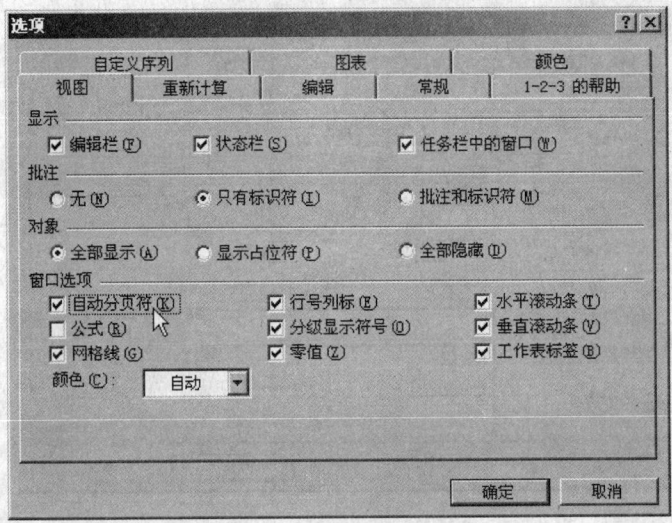

图 9—61　查看分页符的位置

(3) 单击"确定"按钮。

2．插入分页符

有时需要在特定的位置分页，这就需要插入分页符。选定工作表中特定单元格（分页符将插入在所选单元格的左边和上方）。从"插入"菜单中执行"分页符"命令。

3．删除分页符

(1) 选定工作表中的特定单元格，即当初进行分页的单元格位置。

(2) 执行"插入"菜单中的"删除分页符"命令（在插入分页符后，如果再选择该单元格，"插入"菜单中的"分页符"命令将变为"删除分页符"命令）。

第五节　工作表的打印

一、工作表的页面设置

在 Excel 2000 中，通过改变"页面设置"对话框中的选项，可以控制打印工作表的外观和版面。

1．设置页面

页面的打印方式包括页面纸张的大小、打印方向、缩放比例以及打印质量。用户可以根据自己的需要进行设置。具体操作步骤如下：

(1) 选定需要设置页面打印方式的工作表。如果希望对多张工作表进行设置，需要先选中多张工作表。

(2) 执行"文件"菜单中的"页面设置"命令，弹出"页面设置"对话框。

(3) 单击"页面"标签，进入"页面"选项卡，如图 9—62 所示。

1) 在"方向"选项区中可以设置打印方向。选择"纵向"单选按钮，将按纵向打印工作表；如果选择"横向"单选按钮，则将按横向打印工作表。

2) 在"缩放"选项区中，可以选择工作表打印时的缩放比例。单击"调整为"单选按钮，可以调整打印页面。

3) 在"纸张大小"下拉列表框中选择需要的纸张大小。在"打印质量"下拉列表框中

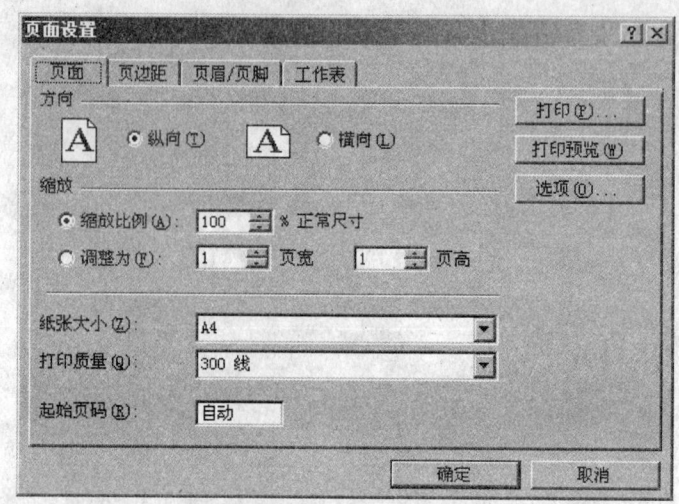

图9—62 "页面设置"对话框中的"页面"选项卡

选择打印的质量。在"起始页码"文本框中可以设置起始页的页码。如果要应用Excel 2000的自动给工作表添加页码的功能，则应在"起始页码"编辑框中输入"自动"字样。

（4）设置完毕后，单击"确定"按钮以确定操作。

2．设置页边距

页边距是指正文与页面边缘的距离。可以通过设置页边距调整文本在页面中的打印区域。操作步骤如下：

（1）选定要设置页边距的工作表，如果希望对多张工作表进行设置，需要先选中多张工作表。

（2）执行"文件"菜单中的"页面设置"命令，弹出"页面设置"对话框。

（3）单击"页边距"标签，进入"页边距"选项卡，如图9—63所示。分别在"上""下""左""右"文本框中输入所需的页边距数值。在"页眉"和"页脚"文本框中指定页眉和页脚与纸张边缘的距离。在"居中方式"选择区域内可以选择"水平居中"和"垂直居中"复选框，以确定打印页面的居中方式。

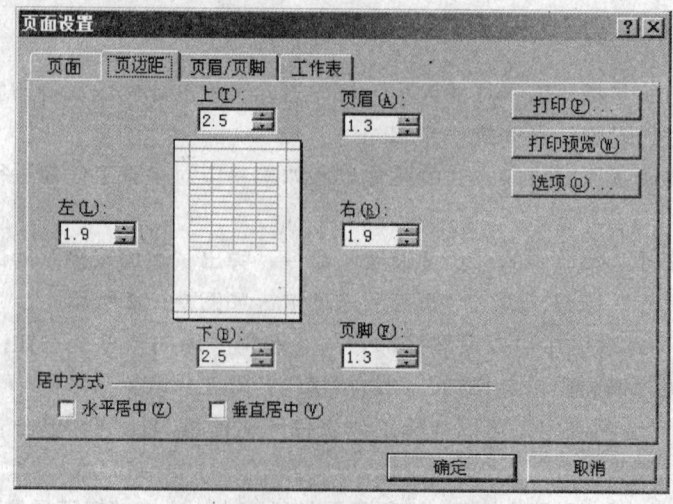

图9—63 "页边距"选项卡

(4) 设置完毕后,单击"确定"按钮。

3．设置页眉和页脚

页眉位于页面的顶部,用于在每页的顶部重复显示信息,例如,书名、章节名、文件名、公司的标志或名称等;页脚位于页面的底部,用于在每页的底部显示重复的信息,例如,文件名、作者名、页码和日期等。

(1) 使用内置页眉页脚格式

在 Excel 2000 中内置了一些页眉和页脚格式,在通常情况下,可以应用这些格式对整个页面进行修饰。

1) 选定要设置页眉和页脚的工作表,如果希望对多张工作表进行设置,需要先选中多张工作表。

2) 执行"文件"菜单中的"页面设置"命令,弹出"页面设置"对话框,单击"页眉/页脚"标签,进入"页眉/页脚"选项卡,如图9—64所示。在"页眉"下拉列表框中,选择内置的页眉格式。在"页脚"下拉列表框中选择内置的页脚格式。

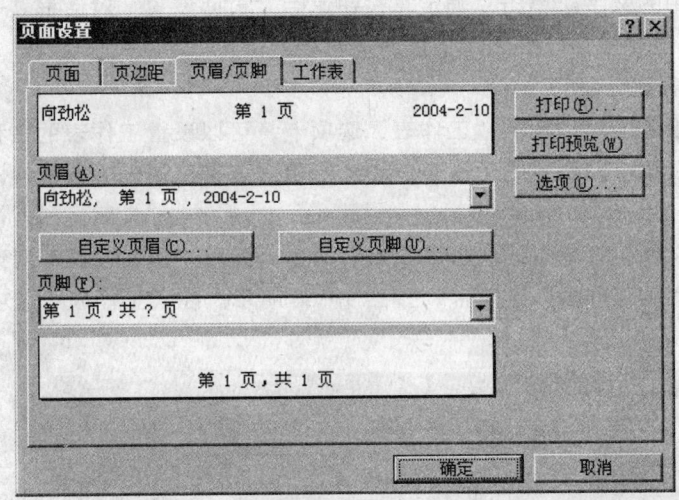

图9—64 "页眉/页脚"选项卡

3) 设置完毕后,单击"确定"按钮即可。

(2) 设置用户自定义页眉和页脚

如果觉得 Excel 2000 内置的页眉和页脚不合适,可以自定义个性化的页眉和页脚。操作步骤如下:

1) 选定要设置页眉和页脚的工作表,如果希望对多张工作表进行设置,需要先选中多张工作表。

2) 执行"文件"菜单中的"页面设置"命令,弹出"页面设置"对话框,单击"页眉/页脚"标签,进入"页眉/页脚"选项卡。

3) 单击"自定义页眉"按钮,弹出如图9—65所示的"页眉"对话框。在"左""中""右"三个文本框中输入和编辑希望在页眉中显示的文字,这些文字将分别显示在页眉的左侧、中间和右侧。单击"确定"按钮,返回"页面设置"对话框。

4) 单击"确定"按钮,即完成页眉的个性化设置。

(3) 删除页眉和页脚

1) 选定要删除页眉和页脚的工作表,如果希望删除多张工作表的页眉和页脚设置,

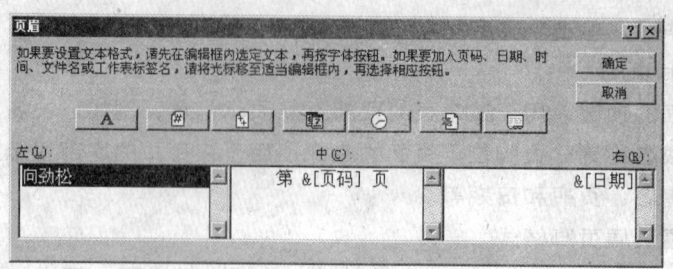

图9—65 "页眉"对话框

则需要选中多张工作表。

2)执行"文件"菜单中的"页面设置"命令,弹出"页面设置"对话框,单击"页眉/页脚"标签,进入"页眉/页脚"选项卡。

3)如果要删除页眉/页脚,在"页眉(页脚)"下拉列表框中选择"(无)"。如果希望将该页眉或页脚的格式从列表中删除,可以单击"自定义页眉"或"自定义页脚"按钮,然后删除编辑框中的文字。单击"确定"按钮返回"页面设置"对话框。

4)单击"确定"按钮,就删除了页眉或页脚的设置。

4.设置工作表的选项

通过"页面设置"对话框的"工作表"选项卡,可以设置工作表的多种打印格式。

(1)选定要设置打印格式的工作表,如果希望对多张工作表进行设置,需要选中多张工作表。

(2)执行"文件"菜单中的"页面设置"命令,弹出"页面设置"对话框。单击"工作表"标签,进入"工作表"选项卡,如图9—66所示。在"工作表"选项卡中,根据需要进行设置。

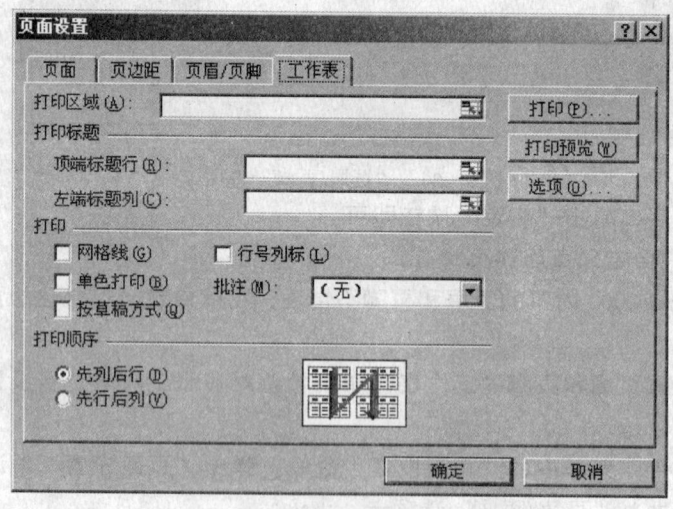

图9—66 "页面设置"对话框的"工作表"选项卡

(3)单击"确定"按钮,完成设置。

5.设置分页符

当文件超过一页时,Excel 2000会自动在分页符处将文件分页。用户也可以人为地插入一个分页符,将文件强制分页。

(1)插入分页符

1）选定新一页开始的单元格。

2）单击"插入"菜单中的"分页符"命令。如果想插入一个垂直分页符，选定的单元格必须位于工作表的 A 列；如果要插入一个水平分页符，则应选定的单元格必须位于工作表的第一行。在其他位置选定单元格，则会插入一个水平分页符和一个垂直分页符。

(2) 删除分页符

1）删除 1 个水平分页符　选定水平分页符右边第一列的任意单元格。单击"插入"菜单中的"删除分页符"选项。

2）删除 1 个垂直分页符　选定垂直分页符下面第一行的任意单元格。单击"插入"菜单中的"删除分页符"选项。

二、打印预览

打印预览能够以非常逼真的视点查看文档打印后的外观，这有助于发现一些难以发现的问题，也可避免一些不必要的浪费。打印预览窗口如图 9—67 所示。在打印预览窗口中，鼠标指针的形状是一个放大镜，单击工作表可以将工作表放大，再次单击则将工作表还原。

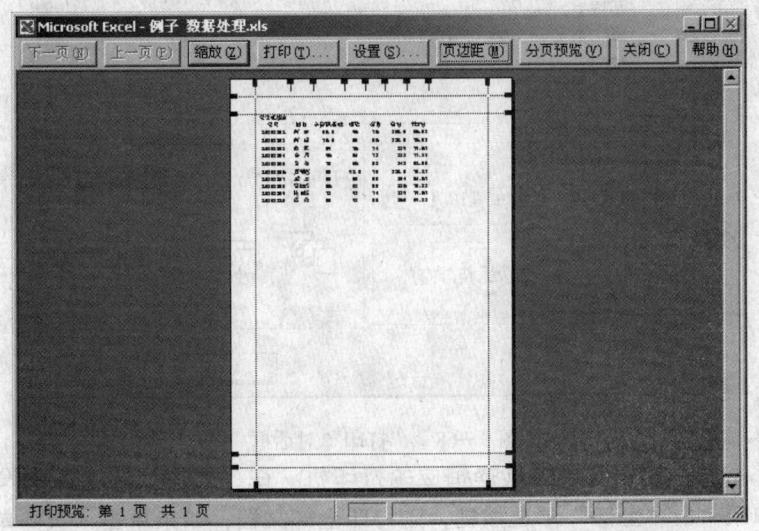

图 9—67　在打印预览窗口中修改页边距

(1) 打印预览窗口中各个按钮的作用

"下一页"：显示当前页的下一页。

"上一页"：显示当前页的上一页。

"缩放"：使页面在全页视图和局部放大视图之间切换。

"打印"：单击该按钮将弹出"打印"对话框。

"设置"：单击该按钮将弹出"页面设置"对话框。

"页边距"：显示或隐藏用来拖动调整页边距、页眉和页脚边距、列宽的控制柄。当显示出控制柄后，可以直接使用鼠标拖动控制柄来修改页边距和列宽等，如图 9—67 所示。

"分页预览（普通视图）"在"分页预览"和"普通视图"间切换。

"关闭"：单击该按钮可以关闭打印预览窗口，回到常规显示状态。

"帮助"：打开帮助窗口。

（2）切换到打印预览窗口的几种方法

1）单击常用工具栏中的"打印预览"快捷按钮。

2）单击"文件"菜单中的"打印预览"命令。

3）单击"文件"菜单中的"页面设置"选项，在"页面设置"对话框中单击"打印预览"按钮。

4）单击"文件"菜单中的"打印"选项，在"打印"对话框中单击"预览"按钮。

三、设置打印选项

在对工作表的所有编辑及设置确定无误后，就可以进行打印了。

如果希望使用缺省的打印设置打印文档，可以直接单击常用工具栏上的"打印"按钮。也可以在打印之前设置打印机参数。

1．执行"文件"菜单中的"打印"命令，弹出如图9—68所示的"打印"对话框。

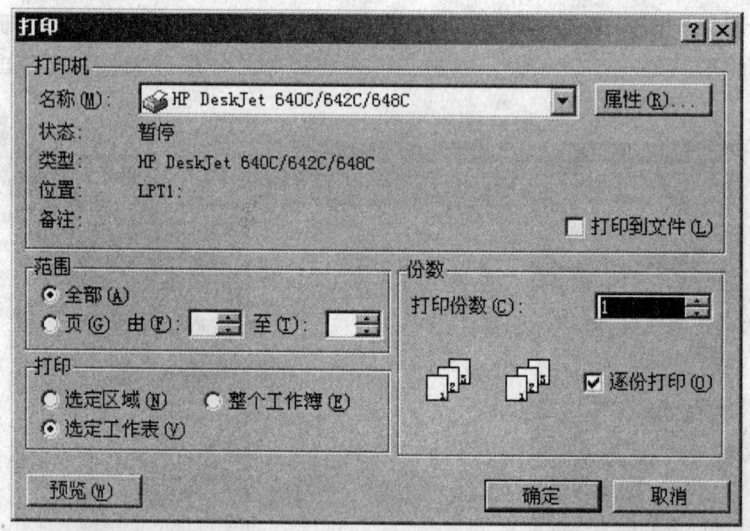

图9—68 "打印"对话框

2．在"名称"下拉列表框中选择相应的打印机。在"范围"选项区中设置要打印的文档范围，如果单击"全部"单选按钮，则打印全部文档；如果单击"页"单选按钮，则可以在后面的数据框中键入要打印的页码范围。在"打印"选项区中可以选择要打印的对象：可以是"选定区域""整个工作簿"或"选定工作表"。在"份数"文本框中设置打印的份数。如果希望设置打印机的属性，可以单击"属性"按钮。设置完毕后，连续单击"确定"按钮，直至返回到如图9—68所示的对话框中。

3．单击"确定"按钮，就开始打印了。

四、使用视面管理器

用户可以使用视面管理器为不同的视图命名，从而创建工作表的不同视图。通过视面管理器对视图命名可以在窗口中快速切换各种视图。

建立视图命名的操作步骤如下：

1．激活工作表。

2．单击"视图"菜单中的"视面管理器"命令，弹出"视面管理器"对话框，如图9—69所示。

3．单击"添加"按钮，弹出"添加视面"对话框，如图9—70所示。在"名称"文

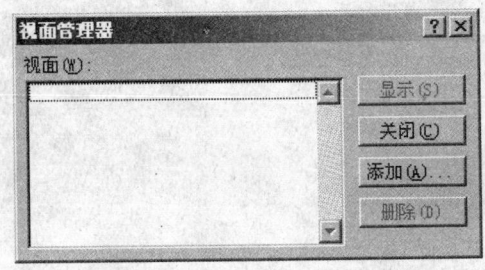

图9—69　"视面管理器"对话框

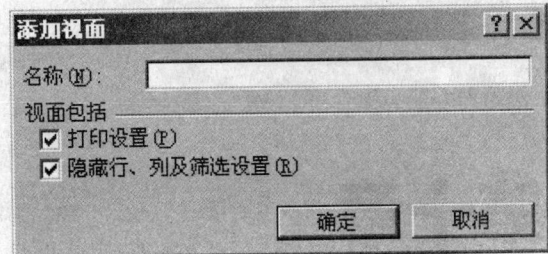

图9—70　"添加视面"对话框

本框中输入视图的名称,并且设置对话框中的复选框。

4. 单击"确定"按钮,将视图保存。

第十章
常用工具软件的使用方法

第一节 压缩软件 WinRAR

WinRAR 是 32 位 Windows 版本的 RAR 压缩文件管理器，它允许用户创建、管理和控制压缩文件。运行于 Windows 下的 RAR 存在两个版本：图形用户界面版本（WinRAR.exe）；命令行控制台（文本模式）版本（Rar.exe）。这里只介绍图形用户界面版本，如图 10—1 所示。

图 10—1　WinRAR 界面

一、使用 **WinRAR** 的图形模式压缩文件

1．运行 WinRAR 的两种方法

（1）在 WinRAR 图标 上双击，或是选中 WinRAR 图标后按下 Enter

键。

(2) 也可以从 Windows 的"开始"菜单启动：单击"程序"菜单选中"WinRAR"子菜单，然后运行"WinRAR"命令。当 WinRAR 运行时，会显示当前文件夹的文件和文件夹列表，如图 10—1 所示。

2．进入文件所在的路径的两种方法

(1) 用户必须转到含有要压缩的文件的文件夹，可以使用 Ctrl + D 快捷键或单击位于窗口左下角的驱动器小图标 。

(2) 也可在工具栏的驱动器列表中来更改当前的驱动器。按下 Backspace、Ctrl + PgUp、"向上"按钮 或者在文件和文件夹列表中的"..."上面双击都可以转到上级目录。按下 Enter 键、Ctrl + PgDn 或在任何其他的文件夹上双击都可进入该文件夹。若按 Ctrl + \ 键则会将根目录设为当前文件夹。

3．压缩文件

(1) 当进入了需要处理的文件夹时，选择要压缩的文件和文件夹。

(2) 当选择好一个或是多个文件之后，在 WinRAR 窗口顶端单击"添加"按钮、按下"Alt + A"或在"命令"菜单中选择"添加文件到压缩文件"命令，弹出如图 10—2 所示的"压缩文件名和参数"对话框，输入目标压缩文件名或是直接接受默认名。在对话框中可以选择新建压缩文件的格式（RAR 或 ZIP），压缩方式（标准、最好、最快、…），分卷大小和其他压缩参数。此对话框的详细帮助在"压缩文件名和参数对话框"主题中。当准备好创建压缩文件时，单击"确定"按钮即可。

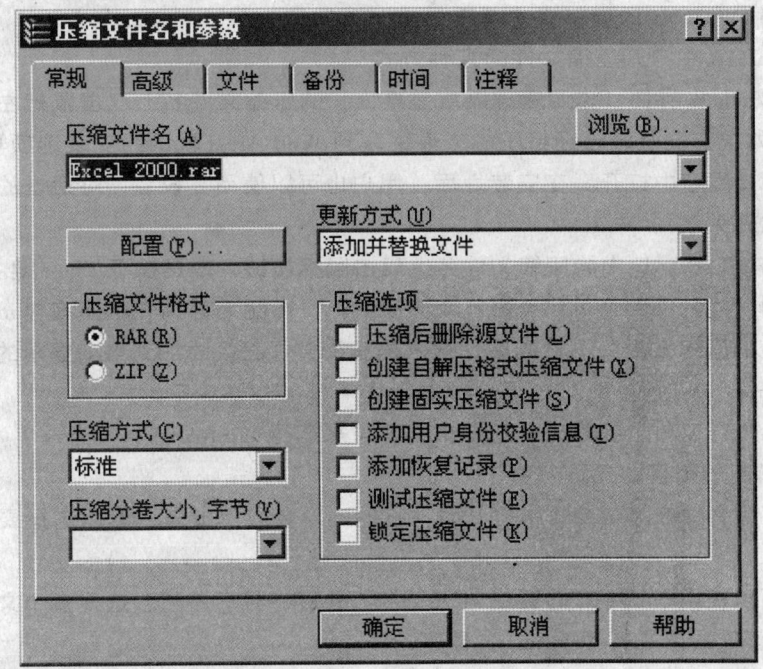

图 10—2 "压缩文件名和参数"对话框

(3) 压缩期间将会弹出压缩处理状态窗口，以显示操作的状况。如果用户希望中断压缩，在命令窗口单击"取消"按钮。用户可以单击"后台"按钮将 WinRAR 最小化并放到任务栏。压缩完成后，又会弹出 WinRAR 窗口并且把刚创建的压缩文件作为当前选定的文件。

（4）使用拖动方式，从其他位置将要添加的文件拖动到 WinRAR 窗口，就可以把文件添加到压缩文件中，如图 10—3 所示。在 WinRAR 窗口选择想要查看的文件并在名称上面按下 Enter 键（或双击鼠标左键），WinRAR 将会读取压缩文件并执行该文件或者显示该文件的内容。

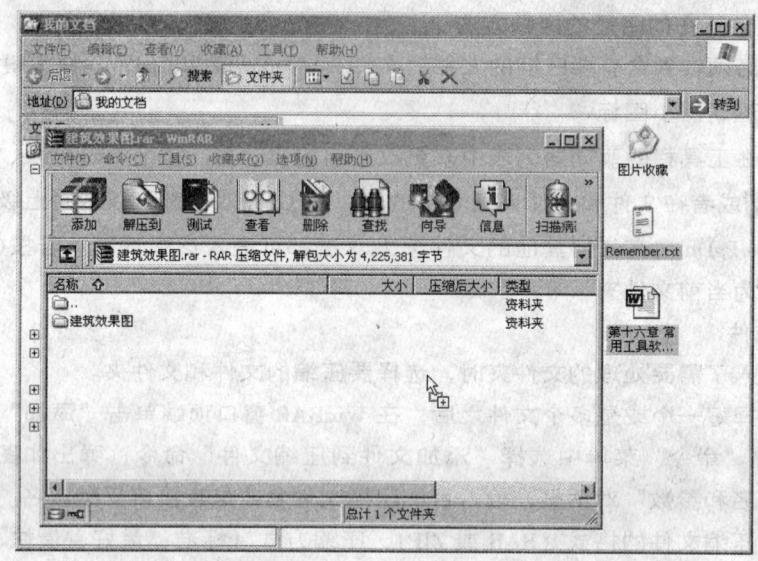

图 10—3　拖动文件到 Winrar 窗口

二、使用 WinRAR 的图形模式解压文件

1. 在 WinRAR 中打开压缩文件的几种方式

（1）在 Windows 界面（资源管理器或是桌面）的压缩文件名上双击鼠标左键或是按下"Enter"键。如果在安装时已经将压缩文件关联到 WinRAR（默认的安装选项），压缩文件将会在 WinRAR 程序中打开。在安装之后，用户也可以使用"设置"对话框的"综合"选项卡将压缩文件关联到 WinRAR。

（2）在 WinRAR 窗口中的压缩文件名上双击鼠标左键，或是按下 Enter 键。

（3）拖动压缩文件到 WinRAR 窗口或快捷图标，在此之前请先确定在 WinRAR 窗口中没有打开其他的压缩文件。不然的话，拖入的压缩文件将会添加到当前显示的压缩文件之中。

（4）从命令行以单个参数——压缩文件名，来运行 WinRAR。

2. 选择解压的路径的几种方法

（1）当压缩文件在 WinRAR 中打开时，它的内容会显示出来。然后选择要解压的文件和文件夹。

（2）也可以使用 Shift + 方向键或 Shift 键和 Ctrl 键与鼠标键配合选择多个文件，就如同 Windows 资源管理器或是其他 Windows 程序一样。

（3）还可在 WinRAR 中使用空格键或 Ins 键选择文件。在键盘的数字盘部分的 NUM + 和 NUM – 则允许组选择文件时的文件过滤掩码，如图 10—4 所示。

3. 解压缩

（1）当选择了一个或是多个文件后，在 WinRAR 窗口顶端单击"解压到"按钮，或是按下 Alt + E 快捷键，将弹出如图 10—5 所示的"解压路径和选项"对话框，选择或输入

图 10—4　选择要解压的文件

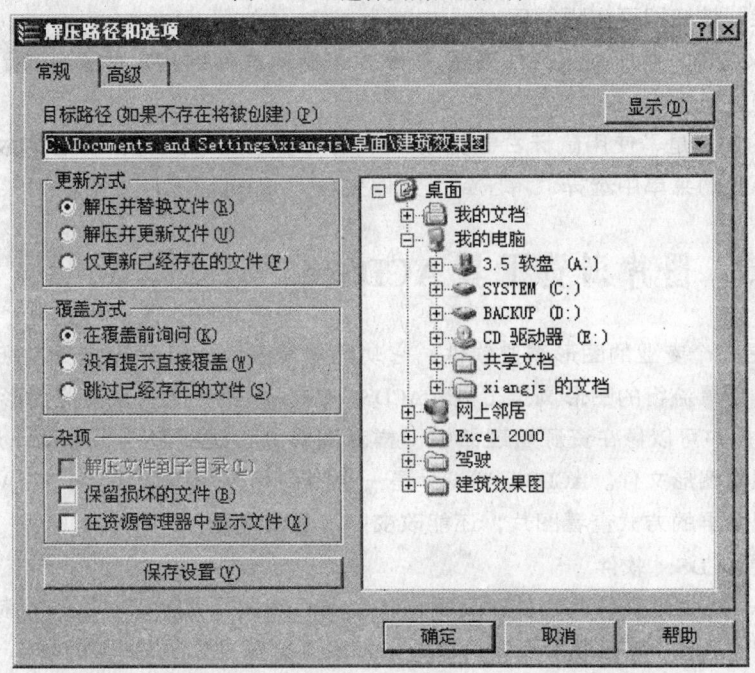

图 10—5　"解压路径和选项"对话框

目标文件夹并单击"确定"按钮。此对话框也提供一些高级的选项（可以查看帮助中的"解压路径和选项"对话框主题）。

（2）解压期间，也会弹出进度窗口显示操作的状况。若希望中断解压，在窗口中单击"取消"按钮。也可以单击"后台"按钮将 WinRAR 最小化放到任务栏区。如果解压完成，而且没有错误，WinRAR 将会返回到界面模式。在有错误的状况时，则会出现错误信息诊断窗口。

如果在安装 WinRAR 时选择了"把 WinRAR 集成到资源管理器中"的选项，也可以直接从 Windows 界面（资源管理器或是桌面）解压和压缩文件。

三、在资源管理器或桌面上压缩文件的三种方法

1. 在资源管理器或桌面选择要压缩的文件，以鼠标右键在选定的文件上单击并选择"添加到压缩文件……"命令，将弹出如图10—2所示对话框。以后的操作与"使用WinRAR的图形模式压缩文件"相同，压缩文件将会在同一个文件夹中被创建并成为当前选定的文件。

2. 也可以选择"添加到〈压缩文件名〉"命令来添加所选择的文件到指定的压缩文件，而没有其他的附加选项，WinRAR将会自动引用在压缩配置对话框设定的默认压缩设置。

3. 另一个方法是使用鼠标左键拖着文件图标并放到已存在的压缩文件图标上，这时文件将会添加到此压缩文件中。

四、在资源管理器或桌面上解压文件的三种方法

1. 如果在安装WinRAR时，没有关闭"把WinRAR集成到资源管理器中"选项，用户便可以使用Windows界面直接解压文件。在压缩文件图标上单击鼠标右键，选择"解压文件"命令，将弹出如图10—5所示的"解压路径和选项"对话框，选择或输入目标文件夹并单击"确定"按钮即可实现解压。

2. 也可以选择"解压到〈文件夹名〉"命令来解压文件到指定的文件夹，而不需要其他的附加选项。

3. 另外的方法是，使用鼠标右键拖动一个或是多个压缩文件，将它们放到目标文件夹，然后在弹出的菜单中选择"解压到〈文件夹名〉"即可。

第二节 图片浏览工具 ACDSee

ACDSee是一个专业的图形浏览软件，它功能非常强大，几乎支持目前所有的图形文件格式，是目前最流行的图形浏览工具。ACDSee Browser是专门用来浏览图形的，在ACDSee Browser中用户可以像在资源管理器中一样对图形文件进行复制、移动、删除等操作，并且还可以观看图形文件。ACDSee Viewer是一个专门用来看图的工具，在ACDSee Viewer中，用户能以全屏的方式查看图片，还能改变图形显示的比例。

一、安装 ACDSee 软件

在Windows系统中安装此软件，安装程序会询问是否接受版权协议、安装路径等，用户只需一路按"Next"按钮继续下去；最后，弹出浏览图片格式选择对话框，选择所有的图像格式。安装完毕后，开始菜单栏中将添加ACDSee Browser和ACDSee Viewer两个菜单项，它们分别提供了在Windows中"浏览"和"观看"图片的功能。

二、ACDSee Browser

1. 显示图形

在ACDSee Browser中，用户最常用的是对图形文件进行复制、移动、删除等操作。这些操作与资源管理器的使用方法是完全相同的，所不同的是在ACDSee Browser中，用户只须在要浏览的图形文件上点一下鼠标左键，左面窗口马上就显示出这个图，如图10—6所示。

2. 缩略图

ACDSee Browser也可以用缩略图的方式来显示文件。单击"View"菜单，从"ViewMode"

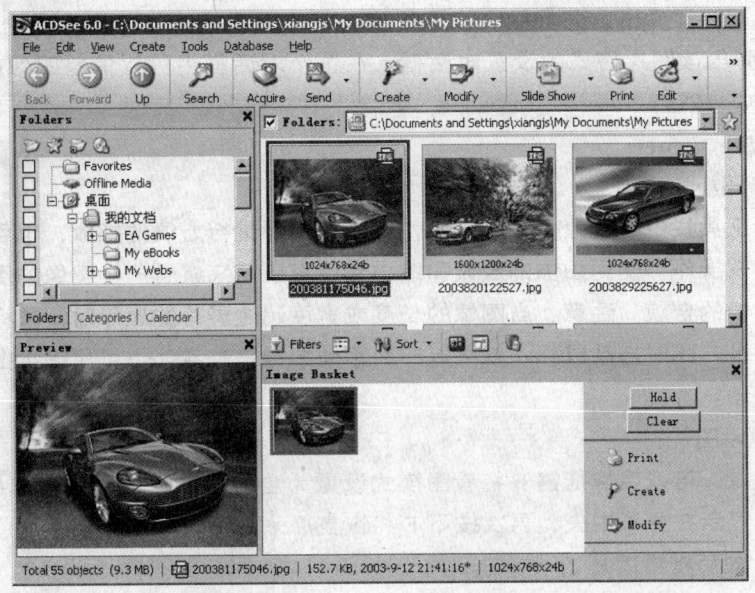

图 10—6 ACDSee 显示图形

菜单的子菜单中选中"Thumbnails"菜单，文件列表中的文件名都变成了缩略图，在这种显示方式下，可以直接看到图形文件的内容，非常方便。

3．转换文件格式

ACDSee 不仅能识别几乎所有的图片格式，也可以让一幅图片在不同的格式之间互相转换，而且操作起来也非常简单。

（1）先选择好要转换格式的图片文件，打开"Tools"菜单选择"Convert"菜单，弹出"Convert File Format"对话框，如图 10—7 所示。

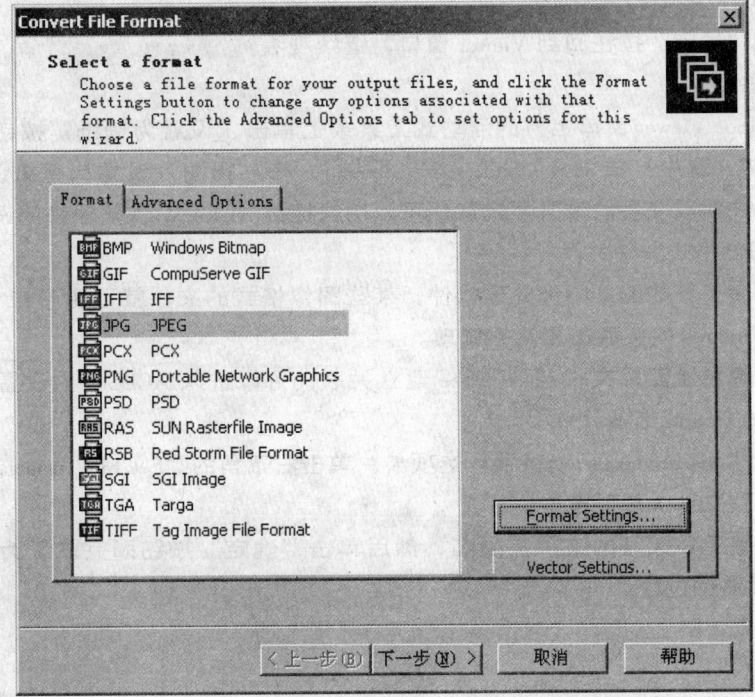

图 10—7 "Convert File Format" 对话框

(2) 在中间的文件格式列表栏中选择要转换成的图片格式,单击右边的"Format Settings"按钮将弹出该图片格式的设置对话框,在这个对话框中可以调整图像的各种设置。然后单击"OK"按钮。

二、ACDSee Viewer

1. 放大与缩小

单击界面工具栏中的放大、缩小按钮,可以对图像进行方便的缩放,也可按数字小键盘的 + 和 – 键来操作。使用图像的放大和缩小功能可以用来察看一个图像的局部,或者来浏览一个大图像的全貌。注意:当图像的长度或宽度超过屏幕的显示时,鼠标箭头指针就会变为手型指针,此时拖动鼠标,就可以四面移动图像来查看,也可用键盘上的光标键来控制图像的移动。

2. 全屏显示图片

观看图片时,可以用快捷键 F 将看图模式设置为全屏模式,这时窗口已经不再存在,只有一幅图片显示在屏幕中央,再次按下 F 将恢复原来的窗口模式。

3. 向前、向后观看图片

可以单击"下一张图片"或"上一张图片"按钮观看下一张图片或上一张图片。也可以按 PageUP 和 PageDown 键来向前或向后翻页。

4. 连续播放图片

ACDSee 为用户提供了幻灯片式播放(连续播放)的功能。

(1) 单击工具条上的"播放幻灯片"按钮,系统会自动播放当前目录下的所有图片文件。在自动播放的过程中可以随时敲一下 ESC 键停止自动播放。

(2) 如果用户觉得播放速度慢,可以单击工具条上的"选项"按钮,在弹出的对话框上的"Slide Show"选项卡上将幻灯片播放间隔"Delay"项的时间调短一点。系统默认为 5 s,可以将它调整为 1 s。

(3) 单击"确定"按钮回到 Viewer 窗口,继续观看。

5. 设置壁纸

可在 ACDSee Viewer 窗口上方的浮动式工具条上单击"设置为壁纸"按钮,也可以用快捷键 Ctrl + W(置中)或 Ctrl + Shift + W(平铺),将某幅图片设置为壁纸,如图10—8所示。如果用户对改变后的效果不满意,可以用快捷键 ALT + W 恢复原来的设置。

6. 设置图像格式文件关联

有时,安装了新的图形图像处理软件,某些图像格式的文件就可能不与 ACDSee 相关联,而使用 Windows 的关联设置又很繁琐。

(1) 如果想要让图片文件与 ACDSee 建立关联,可以进入 ACDSee 的设置窗口,选择菜单 Tools 中的 Option 选项。

(2) 选择"Miscellaneous"(杂项)选项卡,单击右下角的"Set File Associations"按钮,就进入了"设置文件关联"窗口。

(3) 选择要建立关联的文件扩展名,然后单击"确定"按钮即完成了为图片文件与 ACDSee 建立关联的过程。

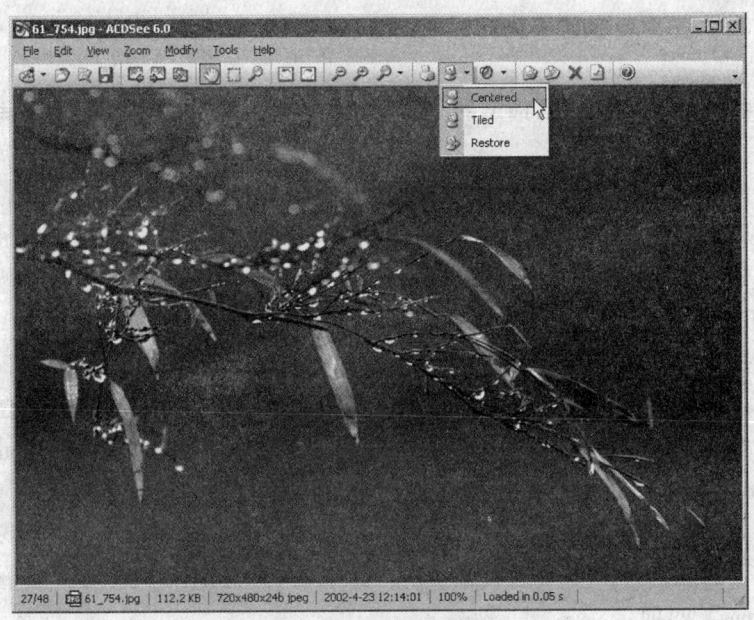

图 10—8 设置壁纸

第三节 图片抓取工具 SnagIt

抓图好手 SnagIt 的主要功能包括图像的任意区域截取、文本抓取、影片中的影像抓取。同时它还可以对抓取后的图片进行编辑和一些特效处理。

一、SnagIt 界面简介

SnagIt 的安装十分简单,只需按照提示一路"下一步",最后"确定"就行了。图 10—9 就是安装后 SnagIt 启动的界面。SnagIt 的菜单栏中共有六项:

1. Input

主要是选择图片抓取的范围。用户可以在其中选择抓取全屏、窗口、特定区域、菜单

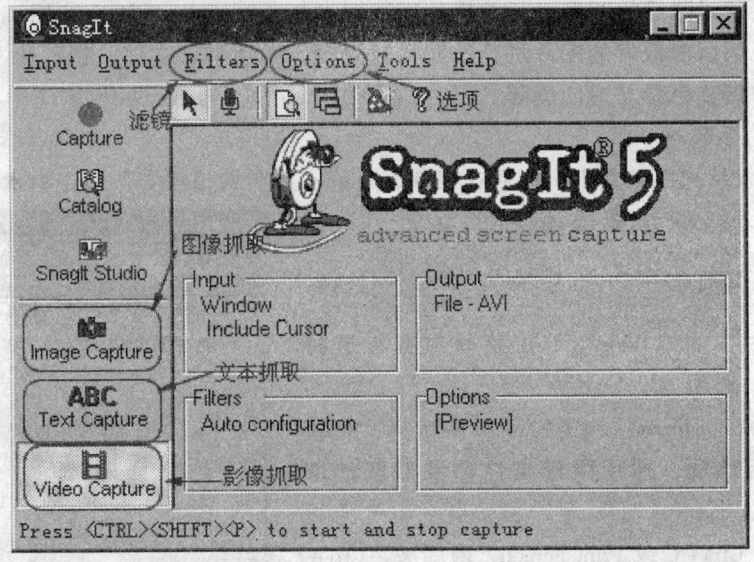

图 10—9 SnagIt 界面

等，甚至可以选择在 DOS 模式下进行抓取图片。

2．Output

主要是把抓取的图片传送到指定的地方，如打印机、剪贴板、文件夹、电子邮件等。

3．Filters

滤镜。对图片进行一些特效处理，如旋转、变形、调整色彩与亮度等。

4．Options（选项）

主要用来设置 SnagIt 的属性。

5．Tools（工具）

实际上就是主界面左侧列出的一些快捷键，Capture 是用来启动抓图的，Catalog 是用来看图的，Snagit Studio 是加强 SnagIt 的一个免费的共享软件，它会使用户的图片看起来更专业化，但需要先安装才能使用；Image capture 是进行图像抓取的；Text Capture 是进行文本抓取的；Video Capture 是进行影像抓取的。

6．Help（帮助）

主界面右下侧的大片区域是实时显示用户正在进行的操作，它分为"Input""Output""Filters""Options"四项。

二、SnagIt 的抓图功能

1．图像的抓取

（1）SnagIt 中图像抓取默认的组合键是 Ctrl + Shift + P；可以在"Input"菜单下选择抓图范围，如果要进行局部抓图，可以在"Input"的下拉菜单中选定"Region"，如果要包括鼠标可以选择"Include Cursor"复选菜单。设置完毕后就可以进行截图了。

（2）在选择好想要截取的区域时，按下组合键 Ctrl + Shift + P，这时屏幕上将出现一个手的形状，手上拿着一个十字坐标，用鼠标的左键点住然后拖动它，把选好的区域框住以后松开鼠标，图形就被抓取下来。

当然还可以对窗口进行截取（在"Input"菜单下选择"Window"），对整个屏幕进行截取（在"Input"菜单下选择"Screen"）。

（3）如果要对截好的图像进行编辑处理可以在 SnagIt Studio 中进行编辑。SnagIt 还提供了滤镜功能，可以对截好的图片进行一些特效处理，如镜射、变形、锐利化、模糊化、马赛克、浮雕、调整色彩与对比度等。

2．文本的抓取

SnagIt 可以用来抓取文字，应用在任何 Windows 文字编辑器中，如记事本、写字板、Word、C + +、Visual Basic 或 Access 等。

（1）在抓取前选中 SnagIt 中的 [ABC Text Capture] 按钮，或者从菜单栏中的"Tools"下拉菜单中直接选择"Text Capture"选项。

（2）然后在"Input"的下拉菜单中选择"Clipboard"剪贴板选项，再用鼠标框住需要截取的部分，使之反显。

（3）按下 Ctrl + C 或 Print Screen，最后按下 Ctrl + Shift + P，文字便被截取下来，如图 10—10 所示。

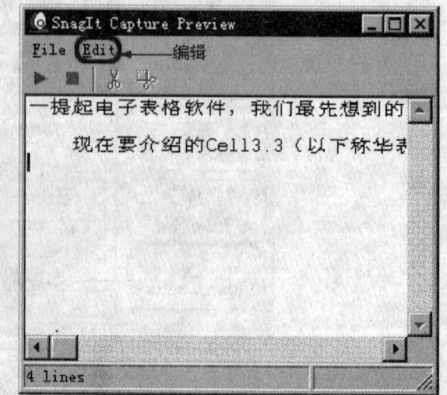

图 10—10　抓取文字

3．影像的抓取

（1）执行时按下 SnagIt 中的 [Video Capture] 按钮，或者在"Tools"下拉菜单中选择"Video Capture"选项。

（2）在播放影像的时候，选择好想要截取的部分。

（3）可以先让影片播放器暂停，然后按下 Ctrl + Shift + P，弹出如图 10—11 所示的"SnagIt Video Capture"对话框。接着选取好需要截取的部分，这时会发现选中的部分出现一个白框，标出选中的部分。这时按下"Start"按钮，开始进行抓取。

（4）再次把播放器打开；随着影像的播放，白框也在闪动，表示正在截取，停止时按下 Ctrl + Shift + P，此时又弹出如图 10—11 所示的"SnagIt Video Capture"对话框。

（5）单击"Stop"按钮，弹出 SnagIt 的预览窗口，如图 10—12 所示。在窗口中，可以对影像作一些编辑，其保存和取消操作的方法和上述一样。但要说明的是目前 SnagIt 只能抓取 AVI 格式的影像文件。

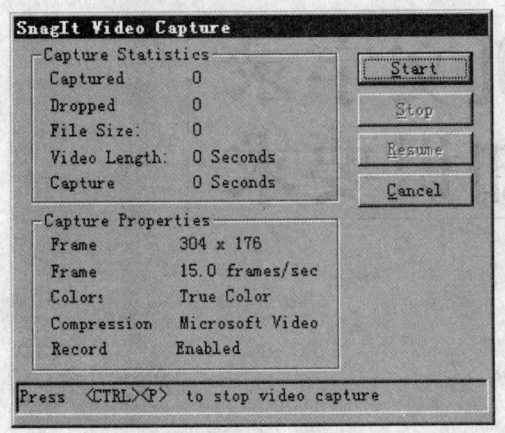
图 10—11　"SnagIt Video Capture"对话框

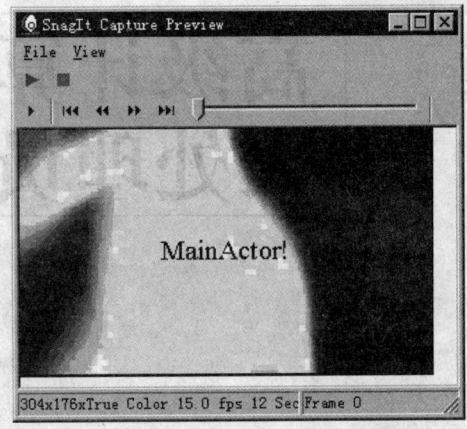
图 10—12　SnagIt 的预览窗口

第五部分

高级计算机文字录入处理员知识要求

第十一章

Windows 操作系统知识(三)

一、画图程序

"画图"程序是中文 Windows XP 中的一个图形处理应用程序,它除了有很强的图像生成和编辑功能外,还具有一定的文字处理能力。

1. 启动"画图"程序

启动"画图"程序的步骤为单击"开始"按钮,将指针依次指向"程序"→"附件",然后单击"画图"按钮。"画图"程序的窗口,如图11—1所示。

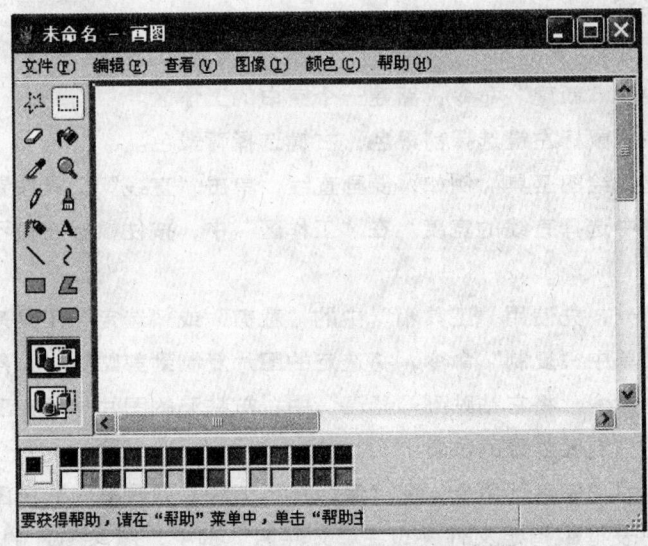

图 11—1 "画图"程序窗口

2. "画图"程序功能简介

同其他应用程序窗口一样,"画图"程序窗口的最上面为标题栏。标题栏的下面为菜单栏,菜单栏中包含了完成画图工作所需的所有命令。窗口的最下面的"状态栏"提供了当前操作的帮助信息。

(1) 工作区

指窗口中间的空白部分，是进行绘画的地方。工作区边上有大小调整控制点，将鼠标指针指向该位置，当光标变成双箭头时，按住鼠标左键拖动可以改变工作区的大小。当工作区很大，"画图"窗口不能完全显示时，"画图"窗口的下边和右边就显示水平和垂直滚动条，可以拖动滚动条来浏览所有区域。

(2) 颜料盒

"颜料盒"位于工作区的下面，其中包含了各种颜色。

1) 改变颜色 如果对提供的颜色不满意，还可以更改其中的颜色。方法是：用鼠标左键双击想要改变的颜色，这时出现如图11—2所示的"编辑颜色"对话框。可以从48种基本颜色中选择一种所需要的颜色。也可以单击"规定自定义颜色"按钮，通过设置"色调""饱和度""亮度"的值自己设定一种颜色。

2) 设置背景色 在绘图时，可以随时根据绘图需要设置前景色和背景色。如图11—1所示的颜料盒的左侧有两个小方框，左上面的方框显示当前的前景色，右下面的方框为当前的背景色。方法是：将鼠标指针指向颜料盒中需要的颜色上，单击鼠标左键将其设置为前景色；单击鼠标右键将其设置为背景色。

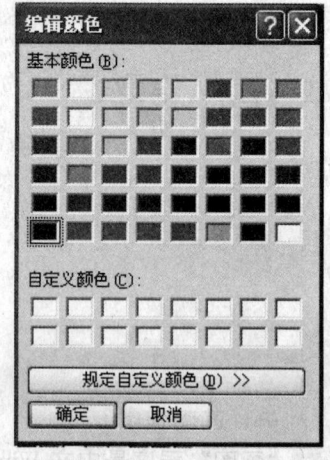

图11—2 编辑颜色对话框

(3) 工具箱

包含"画图"程序提供的各种工具。将鼠标指针指向工具盒中的某个工具，等待1 s左右将会出现该工具的中文名称。

3. 创建图片

(1) 单击"文件"菜单中的"新建"命令，新建一个空白的工作区。

(2) 在"颜料盒"中，使用鼠标左键选择前景色，右键选择背景色。

(3) 在"工具盒"中，选择绘图工具。例如，要画直线，单击"直线"工具按钮，然后在工具盒下面的工具属性框中选择直线的宽度。在"工作区"中，按住鼠标左键不放并移动，就可画出一条直线。

如果要复制图片的某一部分，先使用"工具箱"中的"裁剪"或"选定"工具来选定要复制部分，反击"编辑"菜单中"复制"命令，将选定的图片复制到剪贴板中，然后单击"编辑"菜单中的"粘贴"命令，将它粘贴到"画图"中，被粘贴的图片显示在工作区的左上角，可以使用鼠标将它拖到要放置的位置上。

(4) 单击"文件"菜单中的"保存"命令。在"保存在"下拉式列表框中选择图片所保存的磁盘上，再在中间的列表框中指定文件夹；在"文件名"框中，输入图片的名称；在"保存类型"框中，根据图片包含颜色多少选择一种文件类型。

(5) 单击"保存"按钮，保存创建的图片。

对于一个已有的文件，可以通过单击"文件"菜单的"打开"命令打开它，然后再对它进行编辑。

二、清理磁盘

Windows XP 提供一个"磁盘清理程序",运用"磁盘清理程序"时,它将搜索整个硬盘,然后列出临时文件、临时 Internet 文件和可以安全删除的不需要的文件,从而释放磁盘上的空间,提高磁盘利用率。磁盘清理方法是:

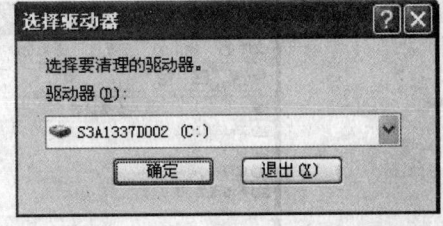

1. 单击"开始"按钮,依次指向"程序"

图 11—3　"选择驱动器"对话框

"附件"和"系统工具",然后单击"磁盘清理扫描程序",可启动"磁盘清理扫描程序",弹出"选择驱动器"对话框,如图 11—3 所示。

2. 在"选择驱动器"对话框中,选择将要进行磁盘清理的驱动器。

3. 单击"确定"按钮,磁盘清理程序启动,进入如图 11—4 所示的"磁盘清理"对话框。在"磁盘清理"对话框中,在"要删除的文件"栏中选择要删除的文件,单击"确定"按钮,出现提示信息框。单击提示信息框中的"确定"按钮,系统开始正式删除所选择的文件。

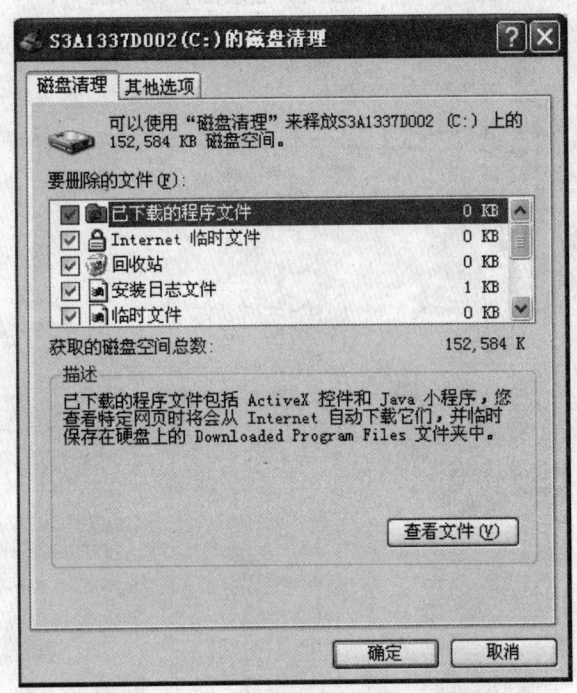

图 11—4　"磁盘清理"对话框

三、磁盘碎片整理

使用"磁盘碎片整理程序"可以重新安排文件和硬盘上的未用空间以提高磁盘读写速度和程序的运行速度,从而提高计算机性能。注意:该程序不能移动指定为"系统"及"隐藏"属性的文件。

1. 通过单击"开始"按钮,依次指向"程序""附件""系统工具",然后单击"磁盘碎片整理程序",启动"磁盘碎片整理程序",如图 11—5 所示。

2. 单击要整理的磁盘,更改磁盘碎片整理程序的设置,然后单击"碎片整理"按钮,即可进行磁盘碎片整理。

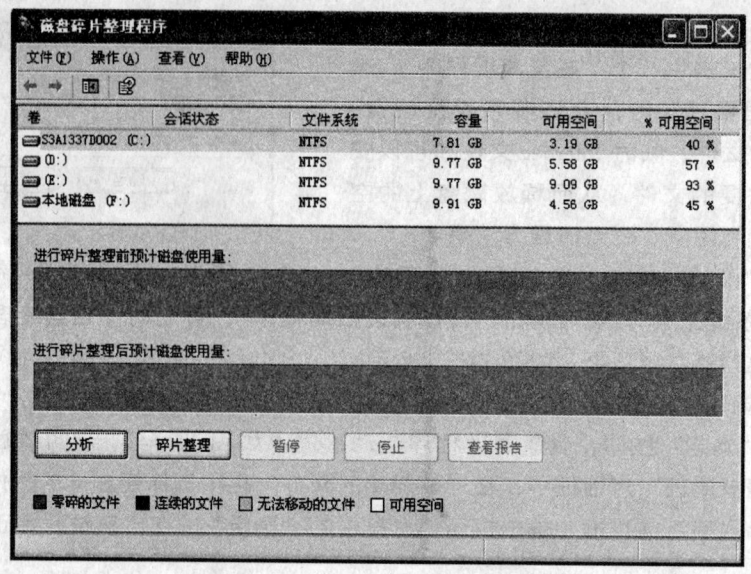

图11—5 "磁盘碎片整理程序"对话框

第十二章

计算机网络基础

第一节 计算机网络基础知识

一、计算机网络概念

计算机网络是计算机技术和通信技术密切结合的产物,也是计算机应用中一个空前活跃的领域。构建计算机网络的主要目的就是实现资源共享。计算机网络就是利用通信线路将具有独立功能的计算机连接起来,借助于通信线路,按照通信协议传递信息,实现硬件、软件和数据等资源共享的计算机集合体。

二、计算机网络的组成

从计算机网络的功能和系统角度分析计算机网络的组成。

1. 计算机网络功能组成

从计算机网络的定义可以看出,计算机网络是建立在通信网络的基础之上,是以资源共享和在线通信为目的的系统。因此,从功能上看计算机网络由通信子网和资源子网两个部分组成。

(1) 资源子网

由提供软硬件资源、信息数据资源的计算机系统、联网外围设备等软硬件系统组成。资源子网负责全网的数据处理业务,向网络用户提供各种网络资源与网络服务。

(2) 通信子网

由通信线路、通信控制处理机和其他通信设备组成,完成网络数据传输、转发等通信处理任务,为实现资源共享提供基础和保障。

2. 计算机网络系统组成

从系统角度上看,计算机网络由计算机网络硬件系统和计算机网络软件系统组成，其中硬件系统包括计算机、通信设备和传输介质等硬件设备；软件系统包括网络操作系统、网络通信软件、网络协议、网络管理软件和各种网络应用软件。

三、计算机网络的功能

提供资源共享和数据通信是计算机网络的基本功能。

1．资源共享

资源共享，包括计算机硬件资源、软件资源、数据和信息资源共享。用户可以使用网络中任意一台计算机的中央处理器、共享通信线路、连接设备、共享打印机、存储空间等；用户可以使用远程主机的软件（系统软件和用户软件），既可以将相应软件调入本地计算机执行，也可以将数据送至对方主机，运行软件，并返回结果；网络用户可以使用其他主机和用户的数据。

2．数据通信

数据通信是指能提供高效、快捷的数据通信服务，支持用户之间的数据传输。如电子邮件、文件传输、IP 电话、视频会议等。

四、ISO/OSI 参考模型的结构

为了易于管理和解决计算机网络中的问题，ISO 将 OSI 参考模型分成 7 个层次，从低层到高层依次是：物理层、数据链路层、网络层、传输层、会话层、表示层和应用层。OSI/RM 各层的主要功能如下。

1．物理层

主要功能是利用物理传输介质为数据链路层提供物理连接，实现比特流传输。物理层具有电气、机械、功能和过程四种特性。电气特性定义了传输信号的类型和信号与比特的转换对应关系；机械特性定义了连接端子的外形尺寸及其形状；功能特性定义了连接端子中各条线路代表的功能和信号高低所代表的意义；过程特性定义了信号传输和接收等控制的时序（即定时关系）。

2．数据链路层

主要功能是以帧（frame）为数据单位，将有差错、不可靠的物理线路变成无差错的数据链路，实现点到点（point-to-point）可靠的数据传输。数据链路层主要涉及主机的物理地址、网络拓扑结构、数据帧的有序传输、差错控制和流量控制等问题。

3．网络层

主要功能是通过路由算法为分组数据通过通信子网选择一条适当的路径（通道），具有路由选择、拥塞控制与网络互联等功能。

4．传输层

主要功能是为用户提供可靠的端到端（end-to-end）服务，透明地传送报文。

5．会话层

主要功能是建立、管理和终止应用程序之间的会话和数据交换。

6．表示层

主要功能是处理在两个通信系统中交换信息的表示方式，以保证通信双方能正确、无歧义地交换信息。

7．应用层

为用户的应用程序提供网络服务。

五、计算机网络的分类

可以按网络采用的传输技术、传输介质、拓扑结构、网络操作系统、网络覆盖的地理范围等不同观点对计算机网络进行分类。按照计算机网络覆盖的地理范围可分为:

1. 局域网 (LAN)

局域网是将有限范围内(如一个实验室、一栋大楼、一个校园)的各种计算机、终端与外围设备互联形成的计算机网络。采用交换机技术及其协议标准组建的局域网,称为交换式局域网,而把用以前组网技术组建的传统局域网称为共享式局域网。

2. 城域网 (MAN)

城域网是介于局域网与广域网之间的一种高速网络,设计的目的是满足几十千米范围内的大量机关、企事业单位、公司共享资源的需要。

3. 广域网 (WAN)

广域网又称为远程网。覆盖的地理范围从几十千米到几千千米,可以覆盖一个国家、一个地区或横跨几个洲,形成国际性的计算机网络。

第二节 计算机网络设备

一、局域网传输介质

传输介质是指发送和接收设备双方传输信号经过的物理通路。计算机网络常用的传输介质有:同轴电缆、无屏蔽双绞线、屏蔽双绞线、光缆。

二、网卡

网卡是网络接口适配器的别称,是组建局域网的基本部件。网卡的硬件特性与其驱动程序共同实现物理层和数据链层的功能。

三、中继器

中继器又叫转发器,是同一个局域网中,在物理层上实现两个网络段连接的设备。

四、集线器

集线器(hub)是一种多端口的中继设备,作为网络传输介质间的中央节点,把来自不同的计算机网络设备的电缆集中配置于一体,将多台计算机连接起来。集线器将一个端口接收的信号进行整形、放大,并向其他端口转发,实现接入计算机和延长(一个)局域网的覆盖范围。集线器能自动指示有故障的工作站,并切除其与网络的通信,有利于故障的检测和提高网络的可靠性。集线器可分为:独立式集线器、堆栈式集线器、智能模块化集线器。

五、网桥

网桥(bridge)是指在数据链路层上连接两个具有相同协议的局域网的互联设备。网桥是一种局域网的互联设备,它的作用是扩展网络和通信手段,在其相连接的两个传输介质中转发数据信号,扩展网络的距离;同时又根据数据中的物理地址信息,决定是否将接收的数据帧向另一个端口(传输介质)转发,从而有效地限制两个局域网间不必要的数据信号传输。

六、以太网交换机

以太网交换机是最近几年开发出来的网络设备。以太网交换机采用交换技术,利用交换机端口分段,将一个大的以太网冲突域分割成两个或多个小的以太网冲突域,各个端口按照交换规则转发和交换数据信息。以太网交换机工作于数据链路层,用于连接较相似的网络(例如以太网—以太网)。以太网交换机的转发速度比网桥快,但功能比网桥少。

七、路由器

路由器在网络层一级工作,互联两个或多个相同类型或不同类型的网络互联设备,可以实现局域网与广域网的互联,局域网与局域网的互联。

八、网关

网关是实现在网络层以上采用不同协议的网络进行互联设备的总称。网关通常由软件来实现,网关软件可运行在服务器上或一台计算机上,以实现不同体系结构网络之间或局域网与主机之间的连接。

九、IP网关

实际上,IP网关是一种路由器,也可以使用具有路由功能的第三层交换机代替。IP网关起转发访问本地网络以外的 IP 数据报的作用。每个互联的 IP 网络上都设置有自己的 IP 网关,每台主机也要指定 IP 网关的位置(IP 地址)。主机根据自己的 IP 地址、子网掩码和 IP 数据报中指定的目的 IP 地址,可以判断出 IP 数据报是否是发给位于本子网内的主机,如果是,则把数据报直接发送给目的主机;如果不是,则把数据报发给本地的 IP 网关。IP 网关再根据 IP 数据报中的目的 IP 地址,查找路由,向通往目的 IP 地址的下一个网络转发 IP 数据报,直到 IP 数据报到达目的主机。

第三节 计算机网络协议

一、网络协议的基本概念

协议:是通信双方为了实现通信而设计的约定或对话规则。网络协议主要由语义、语法和定时关系三个要素组成。语义定义是什么、做什么;语法定义如何做或怎么做;定时关系则规定何时做。

二、计算机网络协议

网络协议是组建计算机网络不可缺少的组成部分。常用的网络协议有 NetBEUI、IPX/SPX、TCP/IP 等网络协议。

1. NetBEUI

NetBEUI 是 Windows 操作系统采用的网络协议,它具有占用内存少、检错能力强、传输快的优点。但不具备路由能力,只适于小型网络,特别是用于组建 Windows 对等网络。

2. IPX/SPX

IPX/SPX 是与 Novell 网络通信的网络协议,可以互联不同结构的计算机网络。具有路由能力,内存占用比 NetBEUI 多,网络速度没有 NetBEUI 快。

3. TCP/IP

TCP/IP 是目前应用最广泛的计算机网络协议,可以互联不同结构的计算机网络。与其他网络协议相比,主机开销较大,管理比较困难,但是具有很强的路由能力。TCP/IP 由多个协议组成,构成一个网络协议体系,是事实上的网络互联标准和工业标准,也是 Internet(因特网)采用的网络协议。

三、TCP/IP 协议基础

1. IP 地址

(1) IP 地址的作用

IP 地址是一种协议地址,在 IP 互联网中,IP 协议提供了一种统一的地址编址格式。它与物理地址没有必然的联系,可以屏蔽各种物理网络的地址差异,达到在 IP 互联网上唯一标识主机及其各节点的目的,为 IP 互联网上的信息通信提供了必要的条件。

(2) IP 地址的组成

IP 地址由网络号和主机号两个层次组成。

网络号用来唯一标识互联网中的一个特定的网络;主机号则唯一标识该网络中的一个特定的主机。

2. IP 地址的分类

IP 地址由 32 位二进制数组成。哪些位用来表示网络号,哪些用来表示主机号,可由 IP 地址的类型确定。为了表达和书写方便,通常将 32 位 IP 地址的二进制数划分成四组,每组为一个字节,再将其转换成对应的十进制数,每组数之间用小数点分隔。从高位到低位表示成 W.X.Y.Z 的形式。

IP 地址分成五类:A、B、C、D、E。实际可分配给主机使用的 IP 地址只有 A、B、C 类地址。IP 地址的分类只是指定 IP 地址中哪些位用来表示网络号,哪些位用来表示主机号,他们之间没有地位高低、优先、从属的差别。满足 A、B、C 类型规定的 IP 地址称为标准 IP 地址,或称为 A 类 IP 地址、B 类 IP 地址、C 类 IP 地址(见表 12—1)。

表 12—1　　　　　IP 地址的类别及网络号和主机号部分

IP 地址类别	第 1 个字节 W 值的范围	网络号	主机号
A	1 ~ 127	W	X.Y.Z
B	128 ~ 191	W.X	Y.Z
C	192 ~ 223	W.X.Y	Z

3. 子网与子网掩码

为了充分利用 IP 地址、分流网络通信量、保证安全及便于网络管理等原因,在现有的一个 IP 网络地址内划分成多个子网。划分子网是以牺牲主机号数量为代价而获得多个子网的。划分的子网号数量越多,子网中可供使用的子网主机号数量就越少。在对网络进行划分子网的环境中,不能简单地用标准 IP 地址类型来确定和区分网络号部分和主机号部分。在一个标准类型的 IP 网络内,采用子网掩码的方法来指定 32 位 IP 地址中那些二进制位用于划分子网、那些位用来标识网络号、主机号。

4. IP 路由

路由是指路由选择,根据用户数据信息传输的目的 IP 地址要求和网络拓扑状况,在网络中选择一条适合数据信息传递的路径。

5. IP 地址分配

在 IP 互联网中,每台主机必须有一个唯一的 IP 地址。否则无法保证和实现网络通信。可采用动态分配 IP 地址和静态分配 IP 地址的方法为主机分配一个 IP 地址。

(1) 动态分配 IP 地址

动态分配 IP 地址是有效利用 IP 地址资源、系统默认的、使用最多的一种 IP 地址分配方法。当主机启动时,系统向网络上运行动态主机配置协议(DHCP)的服务器发出获得 IP 地址的请求,DHCP 服务器接收后,将网络中未分配的、可用的 IP 地址分配给它。显然，要实现动态分配 IP 地址，主机所连接的网络中必须拥有一台的运行 DHCP 协议的服务器，同时，主机的网络协议 IP 配置中也必须设置"自动获取 IP 地址"选项。

（2）静态分配 IP 地址

静态分配地址是网络管理员将网络中可供分配的 IP 地址固定地分配给用户使用的一种配置方法。通常在分配 IP 地址时，同时指定网络所使用的子网掩码。

四、域名与域名解析

1. 域名系统

（1）域名

使用 IP 地址可以在整个 IP 互联网上统一地唯一标识网上的计算机，准确定位 IP 网络上资源的位置，也可以直接使用 IP 地址访问因特网上的主机资源。但是，IP 地址是用数字表示的，使用者既难于记忆，又很难把 IP 地址与其所标识的计算机相联系起来。为了解决这个问题，人们采用域名标识 IP 互联网上的计算机。域名是一种分层次的、有意义的、易于理解和记忆的字符串，它与 IP 地址相对应，达到即可使用 IP 地址唯一标识 IP 互联网上的主机，又容易记忆和产生联想的目的。

（2）域名系统（DNS）

域名的命名机制和管理机制统称为域名系统（Domain Name System）。在 Internet 上，域名系统将整个 Internet 视为一个域名空间，采用树状分层命名结构，最高域是无域名的（树）根，根下面命名和管理顶级域（名），顶级域下面可命名和管理其子域（称为二级域名），子域下面还可以命名和管理自己的子域，每个域都可以命名和管理主机名。主机的域名则由其主机名（叶）、沿着所在的各子域名（树枝）、顶级域名（树干）到根方向上的所有域名（从叶至根、从左到右顺序书写）组成。每个域名之间用"."分隔。这样，只要保证同一个域下面的域名或主机名不同名，那么就可以保证整个 Internet（因特网）上的域名不会重复。从而，使域名与其 IP 地址相对应，达到使用有意义、易于理解和记忆的字符串名标识整个网上主机的目的。

域名不区分大小写字母。一台主机（拥有一个 IP 地址）可以加入多个域，取得多个域名。例如，中央电视台为其 Web 服务器申请了两个域名：www.cctv.com.cn 和 www.cctv.com，实际是与同一个 IP 地址 202.108.249.206 对应。在域名 www.cctv.com.cn 中，cn 是顶级域名，com 是二级域名，cctv 是二级域名下面的子域，www 是服务器主机名，位于 cctv 域内。

2. DNS 服务

用户使用域名访问 Internet（因特网）上资源时，需要先将资源所在主机的域名解析成对应的 IP 地址，这种服务称为 DNS 服务，提供 DNS 服务的主机称为域名服务器。

第四节　计算机网络操作系统工作模式

网络操作系统的基本任务是屏蔽本地资源与网络资源的差异，为网络用户提供各种基本网络服务功能，完成网络共享系统资源管理，提供网络系统的安全性服务。网络操作系统的类型很多，下面介绍常用的两种网络操作模式。

一、对等模式

对等模式的网络操作系统常用于小型局域网中，如 Windows 95/98、Windows 2000 组建的局域网。在采用对等模式组建的局域网中，各联网主机的地位平等，不存在明确的服务器与工作站的分工关系。安装在每个网络结点主机上的网络操作系统为对等方式，即可提供本地主机上的资源，又可以获得网络上其他结点主机提供的共享资源。每台联网主机都以前台为本地用户提供服务，后台为其他结点主机上的用户提供网络服务的方式工作。

对等模式的局域网操作系统结构简单，网络中任何两个结点都能实现直接通信，网络上的共享资源由提供资源的结点用户负责管理，不需要专门的网络管理员。缺点是每台联网结点的主机即要完成工作站的功能，又要完成网络服务器的功能，即要完成本地用户的数据处理任务，又要承担网络通信管理和本地共享资源管理的任务。因此，主机的负荷较重。同时，网络上没有统一的网络资源管理系统，不能保证有效地管理、利用共享资源，保护共享资源的安全。

二、"客户机/服务器"模式

"客户机/服务器"模式是一种非对等式的网络操作系统。联网的主机有明确的分工，分成提供网络服务的网络服务器和获取网络服务的客户机。人们常将运行客户程序的计算机称为客户机，将运行服务器程序的计算机称为服务器。在客户机/服务器模式中，客户程序主动发出服务请求，服务器程序被动等待、接受客户程序发来的服务请求，并提供相应的服务。

Internet（因特网）上提供的 WWW 浏览服务和 E-mail 电子邮件服务就是一种"客户机/服务器"式的工作模式。

第五节 因特网基础知识

一、因特网的基本概念

因特网是 Internet 的中文名称。它是世界上最大、覆盖范围最广的计算机互联网络，是利用通信设备和线路，通过 TCP/IP 网络通信协议，将遍布世界各地的各种计算机及其网络连接一起，而形成的一个全球性网络。它是一个浩瀚而庞大的信息共享资源库，是遍布全世界的巨大数据通信网络。因特网是我国国家标准术语中规定的标准、规范的 Internet 的中文名称。平常人们也称之为国际互联网、环球信息网等，其实这些都是不规范、不正确的称呼。

二、Internet 基本术语

1. WWW 与 WWW 服务器

（1）WWW 的含义

WWW 是英文"World Wide Web"的缩写形式，一般称为 3W、Web、万维网、环球网或者称为全球信息网。WWW 是基于超文本（Hypertext）的文件信息服务系统，用户可以通过浏览器搜索和浏览文本文字、图片、声音和视频等多媒体信息。WWW 是以超文本传输协议（HTTP）为存取方法，以超文本页为信息载体，采用客户机/服务器（Client/Server）模式提供信息服务的浏览系统。

（2）WWW 服务器

WWW 服务器：是存放和提供超文本文件信息服务的计算机。

2. 浏览器

浏览器（Browser）是 WWW 服务的客户端浏览程序。用来向 WWW 服务器发出访问请求、解释、显示或播放 WWW 服务器上传来的超文本文件信息和各种多媒体数据。目前常用的浏览器有 Microsoft 公司的 Internet Explorer 和 Netscape 公司的 Navigator。

3．超链接

网页中用来标记可以转接到其他网页地址、进行浏览的文本或图片标识称为超链接（HyperLink）。用鼠标单击网页中的超链接，就可以跳转到另一张网页浏览。

通常，文本形式的超链接以彩色字体显示，并在其下面加有一条下划线；图片形式的超链接则在图片的超链接区有一个边框。并且，每当鼠标指向超链接时，鼠标指针一般都变成手指形状。

4．超文本

超文本（Hypertext）就是包含有超链接的文本。一份超文本文件就是一张网页。

5．HTML

HTML 是 HyperText Markup Language 的缩写，称为超文本标识语言，是用于编写 WWW 超文本网页文件的标准文本格式语言。

6．账号

账号是主机或服务器授权用户访问计算机资源及其使用权限，获得服务的电子通行证。一般由用户名或叫账户名（User Name 或 User ID）和密码（Password）两部分组成。

7．URL

URL 是 Uniform Resource Locator 的缩写，称为统一资源定位符。顾名思义，URL 是一种以统一的格式准确、无误地确定因特网上的资源位置及其访问资源的方法。

URL 的格式由三部分组成：协议，即指定访问资源的方法，说明如何存取资源。域名或 IP 地址，即指定存放资源的主机的域名，指明访问的资源位于因特网中的主机。路径名及文件名。指定资源位于主机上的路径名及文件名，说明访问哪个资源。

URL 的格式是：

[协议]：//[域名或 IP 地址]/[路径名]/[文件名]

其中：":　//"和"/"是分隔符，方括号"[ ]"只是表示其中内容是一串字符，在实际书写中不应键入。域名或 IP 地址部分是不可缺少的。在缺省路径名及文件名的情况，系统默认访问指定主机上的默认网页，通常是指网站上的首页。缺省协议时，系统默认采用 http 协议访问指定资源。如新浪网的 WWW 网站的 URL 是：http：//www.sina.com.cn。

8．ISP

ISP 是 Internet Service Provider 的缩写，指因特网服务提供商。通常，用户在上因特网之前，需要从 ISP 处办理上网开户手续，缴纳各种费用，获取上网的用户账号和密码，以及接入因特网的电话号码、TCT/IP 协议中的 IP 地址设置等参数。

9．首页与主页

（1）首页

首页是指网站的基本页面、起始网页。它通常是网站及其设计人员希望用户浏览访问网站时所看到的第一个页面。当访问一个网站时，如果用户不指定资源的路径名和文件名，Web 服务器往往默认指向该网站的首页。用户可以通过首页访问该网站链接的其他页面。

（2）主页

主页与首页含义有所不同，它是指用户打开 Web 浏览器上网后，首先看见的页面，是用户希望经常浏览的页面。

三、因特网的主要服务

目前 Internet 能为用户提供的服务有 40 多种，其中使用最多和最基本的应用服务主要有以下几种：

1. 信息浏览、查询

Internet 是一个庞大的信息库，大部分信息以超文本网页的形式存放在称为 WWW 服务器的计算机上，用户可以通过浏览器上网浏览、查询各种信息。这些计算机数以百万计，在 Internet 上查询信息并非易事。通常是借助一些搜索、查询工具（如 Gopher、Archie 以及各种搜索引擎）来帮助进行信息查询。

2. 电子邮件

能够通过网络以电子邮件（Electronic Mail，E–mail）的形式将文本信息、甚至图像、声音、视频等信息传送到世界任何地方的另一台主机上，发送给你想发送的人查阅。这种利用计算机网络进行通信的方式称为电子邮件（E–mail）。

3. 远程登录

远程登录（Telnet）是指用户从一台计算机连接到远程的另一台计算机上，不仅能在自己（本地）的计算机上操作，而且可以使用远程计算机上的资源。远程登录是将用户每次在键盘上的击键发出的操作命令传送给远程主机，并把远程主机运行命令生成的结果（信息）回送到用户的显示器上显示出来，使用户的计算机看起来就像直接连接到远程主机上的一个终端。

4. 文件传输

文件传输（File Transfer）是 Internet 上广泛使用的一种文件传输服务。它允许用户计算机和远程计算机之间来回传输文件。用户将自己的文件发送到网络上，传给指定的主机，称为"上传"；用户从网上接收某个主机上的文件，复制到本地磁盘中，称为"下载"。

5. BBS

BBS 又称为电子公告板。用户可以将信息发布到网络上（俗称发帖子），而其他用户可以查看此信息，并可回复、发表自己的意见。

随着 Internet 的发展，在 Internet 上提供了许多新的服务和功能，如多媒体业务、网上视频、音频播放业务、广播电视业务、电子商务、电子政务、游戏娱乐、网上银行、网上证券交易、网上学校、网上聊天等渗入各行各业。

四、因特网接入方式

1. 普通 Modem 接入

用户通过普通电话线、调制解调器（Modem）、采用拨号连接方式，使用 PPP 点对点协议与 ISP 的服务器连接，自动获得 ISP 动态分配的 IP 地址，访问 Internet 的各种资源。使用这种接入方法，不能同时进行上网和打电话。

拨号上网的硬件要求一根开通了的电话线、一台调制解调器。

2. ADSL 上网方式

ADSL 的中文意思是非对称数字用户线路。它的主要特点是：高速率、低费用、多功能等。ADSL 上行传输可达 512 kbps，下行传输可达 8 Mbps，采用 ADSL 技术与 Internet 连接浏览速率比目前一般拨号上网用的 56k Modem 快上百倍。除此之外，上网与打电话可同时进行。

使用 ADSL 上网方式,需要在计算机上安装一块 10M 或 10/100M 以太网卡及其驱动程序,网卡通过一根 RJ45 双绞线电缆连接到 ADSL Modem,再用一根 RJ11 普通电话线将 ADSL Modem 与信号分离器相连,最后,信号分离器通过开通 ADSL 的普通电话线路连接到电信局的 ADSL 交换机上。通常 ADSL Modem、RJ11 普通电话线、RJ45 双绞线电缆、信号分离器由 ISP 接入提供商提供,用户只准备以太网卡。

国内 ADSL 上网有两种方式:专线上网方式和虚拟拨号上网方式。普通用户一般采用虚拟拨号方式上网。采用 ADSL 虚拟拨号上网,普通用户还需安装拨号软件,上网前,执行虚拟拨号操作。ISP 一般采用动态分配 IP 地址,用户无需设置 IP 地址参数。

3．Cable Modem 上网方式

所谓 Cable Modem,即电缆调制解调器,又名线缆调制解调器。用它可以利用有线电视网进行数据传输,传输速率一般在 10 Mbps 以上,比普通 Modem 的数据通信速率要高得多。而且用户开通网络后,无需拨号、不计时、24 h 使用,是目前接入因特网的发展方向之一。

Cable Modem 上网方式,需要在计算机上安装一块 10M 或 10/100M 以太网卡及其驱动程序,通过一根 RJ45 双绞线电缆连接到电缆调制解调器上,电缆调制解调器又通过有线电视电缆与有线电视电缆信号分离器相连,最后直接与有线电视公司提供的有线电视电缆相连。采用动态分配 IP 地址,用户不需设置 IP 地址参数。

4．通过单位的局域网上网方式

单台计算机通过本单位组建的局域网访问因特网的现象越来越普遍。用户在 PC 机内安装好以太网卡(现在购机时一般都安装、配置好了),使用 RJ45 双绞线连接到集线器上,再安装必要的网卡驱动程序和相应的应用软件,正确配置好参数,就可以通过本单位的 IP 路由器与 ISP 提供的因特网相连接,访问因特网上的资源。

五、电子邮件的基本知识

电子邮件是通过网络传递电子信函。电子邮件是因特网提供的一种主要网络服务功能,也是用户使用最多的一项服务。只要能上网,从 ISP 处或从网上提供电子邮件服务的网站上,免费申请了电子邮件账户和密码,就可以接收和发送电子邮件了。用户可以采用直接登录电子邮件服务器(即登录电子信箱)收发电子邮件,也可以通过电子邮件软件(如 Outlook Express、FoxMail 等)收发电子邮件。

1．E－mail 和 E－mail 地址

E－mail 是 Electronic mail(电子邮件)的缩写,是因特网上传递电子信件的一种方式。E－mail 的书写形式还没有统一的规定,可以写成:E－mail、E－mail、e－Mail 等多种形式。E－mail 地址就是发送或接收 E－mail 的地址。其格式为:

用户名@邮件服务器域名

其中:用户名是用户在电子邮件服务器上开设的电子邮件账户(信箱)名;邮件服务器域名是指提供 E－mail 账户(信箱)服务的 E－mail 服务器的域名。@是分隔符,是英文 "at" 的符号,表示 "位于、在" 的意思。

例如,E－mail 地址 xieming@163.com,可以理解成用户的 E－mail 信箱 xieming 位于 163.com 电子邮件服务器上。

2．POP3、SMTP 协议及其服务器

(1) POP3 邮局协议

POP3 是 Post Office Protocol version3（邮局协议第 3 版本）的缩写，是一种接收邮件协议。POP3 接收邮件，将邮件分发到用户的电子邮件账户（信箱）内，当用户使用支持 POP3、SMTP 协议的邮件接收和发送软件接收电子邮件时，再将邮件下载到用户本地计算机上，可进行脱机阅读。

(2) SMTP 简单邮件传输协议

SMTP 是 Simple Mail Transfer Protocol（简单邮件传输协议）的缩写，是发送电子邮件的协议。

(3) POP3 邮件接收服务器

POP3 邮件接收服务器是指运行 POP3 协议，提供接收、分发电子邮件服务的服务器。

(4) SMTP 邮件发送服务器

SMTP 邮件发送服务器是指运行 SMTP 协议，提供发送电子邮件服务的服务器。

第六部分

高级计算机文字录入处理员技能要求

第十三章

电子排版中的生产管理

第一节 工艺管理

一、工艺管理目的及内容

1. 工艺管理目的

工艺管理的目的在于科学地组织生产，保持工艺流程正常、有效地运行，提高生产效率，保证工作质量。

2. 工艺管理内容

工艺管理的内容主要：有生产工序的设置、工艺操作规程的指定、加工工艺规范的完善、稿件的工艺设计、生产工序的协调等。

本章介绍的工艺管理是技术管理的一个重要内容，是从电子排版的生产实践中总结出来的一些经验和方法。由于生产规模和工作方式的不同，工艺管理的方法自然也不一样，管理应因地制宜。

二、生产工序的设置

1. 电子排版的生产组织形式

主要有"录排分工"和"录排合一"两种形式。

(1) 录排分工

这种形式就是指一部分人专门从事文字录入，一部分人专管排版、改版。一般生产规模较大的专业化书刊印刷厂和报社，人员较多，分工较细，多采用这种生产组织形式。这种生产组织形式有时还可将排版人员分为书刊组和报版组两部分，以提高生产效率，方便生产管理，同时也是沿袭传统铅字排版工艺中的拣字工、拼版工的划分方式。

(2) 录排合一

在生产规模较小的打字室、机关印刷厂、出版社等单位，由于人员较少，分工不需要太细，一项生产任务的文字录入和排版、改版工作可由一人包干完成。

2. 电子排版生产中的工序设置

电子排版的生产过程，是由各个工序组成的，如果把生产过程比做一根链条，工序就如同链条上的一个个环节。生产工序的设置，是确定生产组织形式、编制工艺设计文件、进行质量检查的出发点。

工序的设置是根据生产工艺流程划分的，既要考虑到设备的实际情况、工艺要求及操作者的技术水平，也要考虑传统的习惯做法。对于不同的生产规模和组织形式，工序的划分可粗可细，灵活掌握。如图 13—1 所示是电子排版系统工序设置流程图。

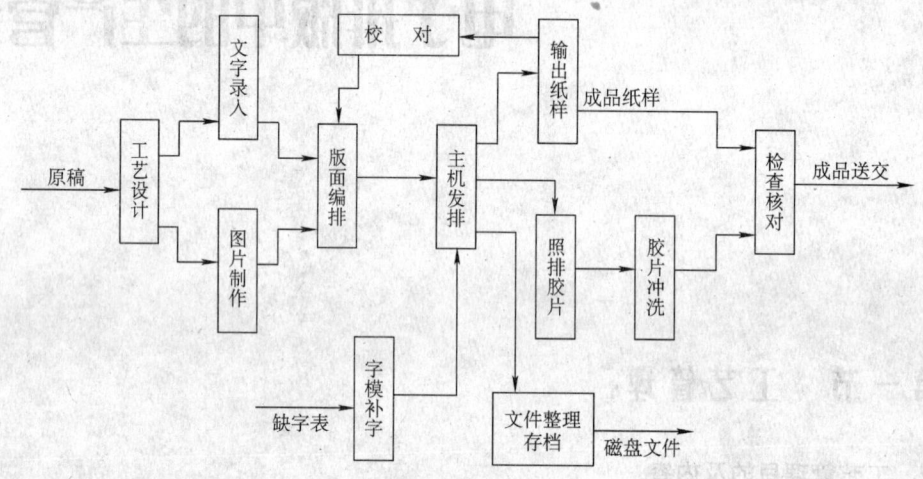

图 13—1　电子排版系统工序设置流程图

由图 13—1 可以看到，有以下几个工序：

(1) 工艺设计：对来稿进行加工整理，制定工艺要求。

(2) 文字录入：把稿件的文字录入计算机。

(3) 图片制作：对图形、图像进行制作和编辑。

(4) 字模补字：对字模中的缺字进行补充。

(5) 版面编辑：将文字和图片编排成版面并负责版面的修改。

(6) 输出纸样：输出供校对的纸样，或输出成品纸样用于轻印刷。

(7) 照排输出：成品版面照排输出在胶片上。

(8) 胶片冲洗：将照排胶片在暗室中冲洗出来。

(9) 检查核对：成品胶片或者成品纸样的最后核对、质量检查工作。

(10) 文件整理存档：成品数据文件的存储归档。

上面是一个比较完整的工序设置，对于一些生产规模较小或工艺比较简单的生产部门，工序的划分可能没有这么细，如文字录入和文件组版、改版多是一次完成，没有工艺设计工序和图形、图片处理等。上述的工序划分只供参考。

工序的划分和分工并不是一回事，工序是生产过程中各个操作步骤，而在实际工作中一个人可以分工做几道工序的工作。把工作划分得较细，是根据生产工艺流程的客观情况，也是为了方便问题的讨论。在正规化生产中，强调工序划分的专业化，是为了在生产过程中建立明确的分工，以简化操作难度，提高生产效率，分清职责，保证生产质量。

三、工艺文件

1. 工艺文件的内容

工艺文件是实现管理的重要依据和凭证,是指导操作并保证生产正常进行的文件。在生产过程中,需要使用各种工艺文件,如出版部门的发排单、生产部门的工序卡、生产工艺卡、发排单、生产通知等,表 13—1 是工艺文件的实例。

表 13—1　　　　　　　　　　　　发 排 凭 单

××××出版社发排凭单

承排单位_____　　　　　　　　　　　　　　　　　　　　　　　200　年　月　日

书　名									
著(译)者				本书版次		第　版			
原 稿 页 数	正文		页	目录	页	前言	页	扉页	页
	序言		页	编译者的话		页		版权	页
	符号表		页	外封排版样		页		其他	页
	排版说明		页	全书　共		页		字	
	纸张规格 787毫米×1 092毫米 850毫米×1 168毫米			开本		版心　×		(页码在外)	
	正文号字体			每面　行		每行　字		行距	
	标点:西文脚点"。""!""?"用全身,其余用对齐。句号用"。""."							符号:	
版式	标题	一级　号		体,边排	,居中	,占	行,另		排
		二级　号		体,边排	,居中	,占	行,另		排
		三级　号		体,边排	,居中	,占	行,另		排
		四级　号		体,边排	,居中	,占	行,另		排
	目录	版心照正文,		题用	号	体,居中	,占		行
		一级　号	体,二级	号	体,三级	号	体,四级	号	体
		页码	号	体。题与页码间加			线,行距		
	前言		号	体,题	号	体,占	行,行距		
	注解		号	体,题	号	体,占	行,行距	,排每/单面末	
	习题			号	体,题	号	体,占	行,行距	
	页码		号	体,排上/下角,加"·"/"-",自			起排		
	插图			共	几个	图题图注			
全书结构 组版次序	1、　　2、　　3、　　4、　　5、 6、　　7、　　8、　　9、　　10、								
备注	初校样打两份								

2. 工艺文件的作用

有以下几个方面:

(1) 对产品提出明确的技术要求。

(2) 组织生产和指导操作者进行工作,并对生产过程提出具体要求。

(3) 生产统计登记,例如,操作者在上面记录生产时间或工作量,校对或质量检查者在上面记录质量情况以及其他内容,作为生产统计的一项依据。

(4) 文件管理的记录,如文件的文件名、所存储的机号、目录等。

四、原稿的排版工艺设计

在正规化生产过程中,接到出版单位送来的原稿,不应直接交给操作者,首先应检查原稿是否达到"齐、清、定"的要求,然后进行排版工艺设计,即根据原稿的技术设计要求,依据自己的工艺规范、设备条件及生产流程等对排版过程作出工艺安排。

1. 工艺设计的意义

排版的工艺设计,就是对排版过程提出具体要求,合理安排加工工艺的工作。工艺设计是出版单位关于书籍版面技术设计的继续和补充。

工艺设计的目的,在于对来稿单位的版式及各项技术要求,根据本单位实际情况加以具体化,制定出最合理的加工方案。例如,制定出统一的发稿单等工艺文件,方便操作者的加工,保证全书版式及风格的一致,对文中的插图、附表等进行计算标注,减少操作者的辅助时间,提高工作效率,保证各道工序的顺利衔接和协调,使排版工作实现优质高效。进行工艺设计时,应以出版单位的技术设计为主,充分体现来稿单位的出版风格,不能只按排版加工部门自身的工艺规范和习惯处理。工艺设计是在来稿单位与排版加工部门之间的一个承前启后的处理工序,越是正规化的生产,越离不开工艺设计工作。工艺设计在一般情况下由专设的工艺员承担,也有由车间调度员兼管的。生产规模较小的单位,这项工作也常由生产管理者或派工部门完成。

2. 工艺设计的主要内容

工艺设计的内容和任务,主要有下面几项。

(1) 对来稿进行检查整理

接到来稿后,首先要对文稿、图稿和所有附件进行查收,按发排单或发稿单上的记载,逐项进行复查,并登记。检查其内容是否符合"齐、清、定"的要求,有疑难问题及时联系解决。

"齐、清、定"是印刷业对文稿的基本要求。"齐"是指原稿整齐无缺,对所有稿纸顺序编好页码;"清"是指文稿誊写清楚;"定"是指内容确定,不再做大的修改,达到定稿的程度。目前,许多作者使用电脑写作,交稿时带软盘的现象很普遍。因此,对送来的软盘进行病毒检查、清点整理,对格式不适用的文件进行格式转换也是工艺设计工作的一项内容。在这方面需要不断探索,总结经验。

(2) 制定排版技术参数及总体要求

根据出版单位的发稿单或随稿来的生产通知单等有关技术文件的内容,结合本单位工作实际,确定各项排版参数,如版心尺寸、字体字号、标题级数及占行要求、页码排法、书眉、脚注等规则,制定统一的版式总体说明文件参数,保证全书格式的统一。

许多电子排版系统在排版工作开始之前,都要填写一张发排单,以确定排版的基本要求与参数。例如,北大 BD 排版软件的 *.PRO 整体说明文件中,有关〖BX〗(版心)、〖YM〗(页码)、〖MS〗(书眉)、〖BD〗(标题定义)、〖ZS〗(注文说明)、〖SB〗(书版)等总体说明注解中的参数。

(3) 安排工艺流程及加工方法

根据来稿要求以及自己的设备条件，安排合适的工艺流程及加工方法。例如，采用哪一种软件排版制作，是交互式还是批处理式，或是两者结合起来制作，图片采用翻拍、粘贴的方法，还是图片扫描编辑处理；图形采用人工绘制或者绘图软件制作；成品形式是纸样或是照排胶片等。

(4) 对来稿进行必要的标注

为了方便操作者加工制作，对来稿中的各图片、表格等排版内容的占行、宽度大小尺寸进行标注，对制作加工方法和技术要求做出提示。

(5) 分稿

为了掌握生产进度，数量较大的原稿一般会分成几份，分派给多人加工制作。同一文稿由多人分排时，应统一命名，使文件名规范化、系列化。

(6) 问题处理和协商

处理排版过程中出现的有关问题，必要时与来稿单位联系协商。

实际工作中，各个生产部门的情况不同，工艺设计的范围及内容必然存在一些差异。以发稿单为例说明，见表13—2。

表13—2　　　　　　　　　　　　发　稿　单

发　稿　单

编号：						200　年　月　日	
客户名					总字数		
书刊名					开本		
要求	月　　日送初校，		月　　日前付印，成品		胶片/纸样/硫酸纸		
原稿共　　张		图稿　　张		版样　　张		软盘　　张	
初校打样　　份		送毛条/方版		二校　　份		三校　　份	
正文　　号		体，横/竖排，每面　　行，每行　　字，行距					
通栏　　字，双栏　　字，标点　　号　　体，开明/全身							
一级标题　　号　　体　　占行				二级标题　　号　　体占行			
三级标题　　号　　体　　占行				四级标题　　号　　体占行			
注文用　　号　　体，行距　　，注码用　　，注线长　　用　　线							
表题　　号　　体，表文　　号　　体　　图题　　号　　体，图文　　号　　体							
页码　　号　　体，两边加　　，页码由　　起，排在上/下切口处							
书眉　　号　　体，书眉线　　单码排　　双码排							
文字下画　　线排　　体，下画　　线排　　体，下画　　线排　　体							
排版注意事项：							
分　稿	原稿页码	接稿人	日期	原稿页码	接稿人	日期	
	~			~			
	~			~			

第二节 质量管理

一、质量管理的内容

1. 质量管理的内容

电子排版产品的质量管理内容主要有文字质量、版式质量和输出质量三部分。

(1) 文字质量

无论是何种印刷品,不能错字连篇,对于政府公文、重要报刊等政治敏锐性强的排版物,不允许出现原则性文字差错。

(2) 版面质量

排出的版式一定要符合要求,不能出现排错版、内容残缺、不合规范的情况。

(3) 输出质量

电子排版的最终产品形式主要是成品胶片,其次还有纸张版样、电子图书的文件输出等形式。胶片的照排、冲洗或纸样的文字质量要符合制版的要求。

2. 把握质量的关键

电子排版的质量管理工作主要有两部分:一是生产中各道工序之间的质量控制,二是成品版面的质量检查。

(1) 工序间的质量控制

主要是根据各工序间的质量标准进行检查。如文字录入的错字率,一校、二校后的改版错字率,图形、图片制作质量,清样输出的清晰完整,照排输出胶片的密度、底灰是否符合要求等。

(2) 成品版面的质量检查

是各工序质量的综合检查,如根据成品胶片、纸张版样进行的最后核查等。

二、质量检查的方法和措施

人们对各种出版物、印刷品的质量评判,主要还是靠眼睛观察,并尽可能地利用工具、检查仪器来测定。前者属定性的评判,叫做目测法;后者是定量的测量,也叫测量法。在排版印刷工艺中,主要靠这两种方法进行检查。

1. 目测法

电子排版的产品是供人们阅读的,因此,版面的视觉效果特别重要。目测法的质量检查标准,全凭眼睛进行观察,需要检查者有较丰富的经验和知识积累。好或不好、行与不行的尺度掌握,主要靠文字描述,准确性较差,往往因人而异,标准不十分严格。

2. 测量法

测量法的质量检查标准,则由准确的数据规定。可利用工具、仪器进行检查,如用放大镜观察、尺子测量、密度计检测等。质量检查工作应贯穿在整个生产过程之中,主要通过工作者的自检、互检、校对和专职质量检查员这几个环节进行。

(1) 自检

在工作过程中,操作者自我检查,自己进行质量控制。

(2) 互检

互检是上道工序与下道工序之间,操作者相互进行的检查,特别是在工序交接时,这种检查对于及时发现错误,分清责任十分重要。

（3）校对

校对是一项专门的质量检查工作，排版物的成品质量，特别是文字质量主要依靠校对。

（4）专职检查

设专职或兼职质量检验员，专门负责成品质量的检查工作。质量检验员的检查重点一般放在成品输出之后，负责产品的核对、清点和整理，把好成品的最后一关。

三、质量检查标准

制定出质量检查项目和标准，是进行检查的依据。对排版工作的质量检查项目和标准，目前有：

1. 录入文字质量检查标准

文字质量检查标准可分为录入质量、改版质量、成品质量三部分，主要靠校对把关检查。文字录入的准确无误，是保证文字质量的根本。文字录入中难免出错，一般标准是每输入 1 千汉字允许 2.5～3.5 个差错，也就是说错字率为 2.5‰～3.5‰。目前多数掌握在 3‰。文字质量检查，可采用以下的计算方法：

$$错字率 = \frac{错字总数}{被检查总字数} \times 1\,000‰$$

对于校对检查出来的错字，有两种统计方法：

（1）按实际错字数量统计，有几个算几个，不打任何折扣。

（2）折扣统计，是沿用传统铅字排版工艺的计算方法。具体计算方法如下：错字、漏字、多字，一个按一个算；多字、漏字连续出现 10 个以内，一个按一个算，10～30 个字按 10 个算，30～60 个按 20 个算，60 个以上按 30 个算（包括标点符号）；录入中整行、整段漏打（掉行、掉段），按上面方法计算；外文字、上下角标字和小号字，有一个算一个。

在电子排版工作中，对于原稿中无法辨认的字、打不出来的"缺字"（字模中没有的字），一般采取打一个明显符号，（如：■、●，区位码为 0186、0181）做标记，不作质量差错统计。

2. 改版的文字质量检查标准

改版是保证文字质量的关键，改版以校次区分，如毛校改样、一校、二校、三校改版，改版质量标准比录入高一个数量级，以万字为单位统计。例如，有如下的改版质量标准：毛校改版，错字率不超过 0.3‰～0.5‰；一校改版，错字率不超过 0.15‰；二校改版，错字率不超过 0.07‰；三校改版，错字率不超过 0.02‰；付印改版，错字率近似为 0。

3. 版面质量的检查

（1）检查全书版心的尺寸规格及一致性。

（2）检查全书的页码顺序及排法是否正确，有无错、漏、重码。

（3）检查正文的排法，用字是否统一、准确，外文和数字的黑体、白体、斜体的使用是否合乎要求，版面疏密是否得当，是否有一二行文独占一页的文字"挂零"现象，是否有违反排版禁则的现象。

（4）检查标题的排法是否全书一致，版式是否规范，是否符合工艺要求。

（5）检查表格的检查内容有：表格的行、栏框架；表格内的文字或数据，表题、表序、表头斜线等。

(6) 检查插图、图片的制作编排，图片与图片说明文字、图片与正文的位置关系，图题、图号等内容。

(7) 检查公式的排法是否符合规则。

(8) 检查版面附件的排法，如封面、扉页、目录、注文、书眉等是否符合书刊排版要求。

以上这些内容一般是根据出版社的技术设计、版样、工艺设计或工艺规范的实际要求进行检查。

4. 对成品胶片或版样的检查标准

电子排版的最终产品形式多是成品胶片，对成品胶片的检查是十分必要的，在生产工艺中应予以足够的重视。认为照排胶片冲洗出来后，无需再进行检查，可以直接拿去制版，这是一种认识上的失误。对成品胶片也应当进行检查，具体有下面几项内容：

(1) 胶片上的版面内容，如版式、文字、图片、网纹和花边等，应与付印清样完全一致。

(2) 版面上的补字必须美观、有效。

(3) 胶片上的图片要清晰，亮调和暗调处的网点百分比要符合制版要求。

(4) 胶片的文字密度（黑度）和灰雾度要符合要求。一般密度值大于2.5以上。整套胶片的密度和灰雾度的一致性要好，不能有深有浅，不得有明显的局部漏光。

(5) 整套胶片定影充分，漂洗干净，无明显的划痕、斑点等缺陷。

(6) 版心大小的一致性要好，黑白文字版面相互之间误差不大于±1 mm。

(7) 版面上若有底纹时，胶片上的底纹密度（深度）往往与大样的输出效果不一致，这是一种常见现象。因此应特别注意检查，防止胶片上出现"黑版"或者"无字"的现象。

5. 对成品纸样的检查标准

在轻印刷工艺中，排版的成品形式是版面样张。目前电子排版的成品、纸样输出多采用激光印字机和喷墨打印机，分辨率大多为300~600 DPI（点/英寸）。对于直接制版的成品纸样的要求：一是版面正确，二是版面输出质量好。具体要求：成品纸样的字迹清晰，笔画粗细合适，粗笔画不模糊，细笔画不断，无底灰，纸样的版面墨色一致性好，无明显的浓淡不匀或白道、黑条纹。版面在纸张上的位置统一。

四、提高产品质量的措施

以上介绍了质量管理的内容、质量检查的方法和质量标准。下面介绍提高产品质量的措施，供读者参考。

1. 提高操作者业务水平

关键在技术培训工作，一是入门培训，二是岗位培训。

(1) 强化入门培训

入门培训也叫上岗培训。电子排版是技术性很强的行业，入门培训十分重要。培训工作要制订出培训计划，有明确的标准和要求。例如，一般正规的上岗培训时间为三个月，结束时要求操作者的汉字录入速度达到每分钟70~80字；录入差错率不得高于3%。掌握电子排版软件的使用，了解一般排版工艺的规则和要求等，最后通过考核上岗。而后仍应有3个月的熟练期，也就是说，入门培训加熟练期要有6个月的时间。入门培训是学员打基础的重要时期，对今后的业务素质影响最大，应当正规化培训，严格要求，改变"师傅带徒弟"的传统方法。

(2) 岗位培训

电子排版是一个不断发展的行业，技术进步很快，应重视和不断进行操作者的岗位培训，提高生产者的业务技术水平。这种培训学习应当制度化、经常化，可以和技术比赛、定级升级、技术改造、设备更新、软件的升级换代等结合进行。

2. 强化质量管理制度

前面已经介绍了质量管理的内容、质量检查的标准和方法，在实际工作中，需要将这些内容和方法制订成为质量管理制度，认真遵守和严格执行。

(1) 设立质量检查制度

质量检查制度要明确检查的项目、规定检查标准和落实检查方法。

(2) 严格执行质量检查制度

有了好的方法和措施，关键还在于落实执行。一要执行质量检查制度，落实自检、互检和专职检验等措施；二要严格执行质量标准；三要严格质量统计。在生产部门，要重视日常的质量统计，如录入错字率、改版的差错率、照排胶片的成品率等，强化质量管理。

(3) 质量与操作者的个人收入挂钩

建立必要的质量奖惩制度，对强化质量意识十分有效。

3. 加强工艺管理

工艺管理与提高产品质量密切相关，质量管理的许多内容与措施，需要在生产过程中通过工艺管理来实现。

(1) 要有详细的工艺规范

工艺规范是提高产品质量的保证。

(2) 在生产过程中强化质量管理

具体地说，就是从来稿的工艺设计、原材料准备、加工制作过程、成品最后检验这几个环节加强质量控制。

第三节　文件管理

一、文件管理的内容及意义

在计算机系统中，所有数据都是以文件的形式记录和管理的，输入计算机后的信息，也被称为"文件"。有时它们也被称为"文档""数据文件"或"电子文件"，内容是包括文字、图形、图片、声音、电视图像在内的所有计算机信息。对磁盘中存储的成百上千个数据文件，既要做到能迅速而方便地找到需要的文件，又要防止文件的"错、乱、丢"，就需要对大量的文件进行有效地管理。

电子排版系统中的文件可以简单地分为两大类：一类是"系统文件"，如文字处理软件、各种排版软件、字模软件、发排输出软件等，这类软件是系统制造厂商提供给用户进行电子排版的工具；另一类叫"用户文件"，如录入的文字、数据文件、排版制作的版面编排文件、输入制作的图片数据文件、供发排的页面输出文件等，是用户创建、加工制作的文件。用户文件是下面要讨论的主要内容。

二、来稿与文件登记

1. 来稿形式

电子排版的工作对象是大量的文稿，来稿分为传统文稿和电子文件两种形式。

（1）文稿

主要为纸张，如手写稿、印刷稿，也有画在纸上的图片和照片等。这种文稿是有形的，比较好管理。

（2）电子文件（软件文稿）

主要为通过软盘或网络线路上传送来的信息，只有借助计算机设备才能看到、查到。它最大的特点是"无形"，电子文件对管理工作提出了新的要求。

2. 文件登记内容

收到来稿的第一步工作，就是整理登记。常见的文件登记项目，可以分为原稿登记项目和工艺管理项目两类，如下：

原稿登记项目：
- 来稿文件名（如书刊名或文章标题）
- 来稿单位
- 送稿人及联系电话
- 来稿日期
- 缓急程度
- 要求完成时间

生产工艺管理项目：
- 生产通知单号码
- 原稿页数
- 是/否带软盘的文件
- 软盘文件名
- 软盘文件格式（与机型、系统型号有关的参数）
- 清样/成品
- 输出形式（成品是胶片、成品纸样、硫酸纸样或者拷贝数据文件）
- 版心大小或开数
- 机上文件名
- 机台号/子目录名
- 存储软盘编号
- 实际完成页数
- 制表数量（cm^2）
- 图片制作数量（cm^2）
- 操作者姓名
- 完成时间

上述项目内容可以根据需要因地制宜地选用。

来稿登记一般采用文件登记本，也可以是工艺卡片、生产报表等形式，逐项手工填写登记。

表13—3是一个典型的文件登记表。

表 13—3　　　　　　　　　　　文件登记项目实例

日期	来稿单位	来文名称	生产通知单号	来稿页数	来稿软盘数	成品形式	版面(开)	送稿人	接稿人	成品页数	表格	图片	文件名	机台号子目录	输出盘号	完成日期

三、磁盘文件命名方法

在计算机上建立、存储每一个数据文件，都要起一个名字。这个文件名是数据文件在计算机上的名称代号，是文件相互间的区别标志。

1．文件命名的基本要求

（1）不重名

这一点是要特别注意的，避免机内同名文件的相互覆盖或同名文件造成的混乱。

（2）规范

是将文件"分门别类"，按照一定的规则起名，例如按文件名规范表命名。

（3）直观

指人们看到文件名就能大概知道或猜到文件内容或文件类型，查找起来直观方便。这也是文件名称规范化带来的好处。

（4）成系列

是指同一类型的文件、同一文件的各个分文件名成系列排列；常见的方法是在名称的尾部用数字顺序编号。例如，排一部图书时，按书稿内容的章节顺序编号。

在 DOS 操作系统下，文件名最多 8 个字符，扩展名往往已经被系统定义了，不允许改动。由于中西文兼容的问题，总是用西文字符或加上数字来命名，很少用汉字作文件名。Windows 98 和 WindowsNT 允许使用长文件名，中文版系统软件可以使用汉字作文件名。

2．文件命名的常见方法

常见方法有：按文稿标题、书刊名或拼音字母加数字命名；按文稿作者姓名或拼音字母加数字命名；按单位名称或拼音加数字命名；用文件的英文名称来命名；用操作者自己的姓氏拼音加数字命名；用计算机机台数字编号命名；按日期命名；按生产通知单编号命名；按《规范化文件名称表》命名。

在文件命名中，一般不宜以纯数字作文件名，也不宜以数字作文件名的第一个字符，也不宜用"O""I"这些容易与数字搞混的字母作文件名，文件名前部字母，以不超过 4 位为好，后部数字，以不超过 3 位为好。

3．规范化文件名称表

采用"规范化文件名"是一种比较好的方法。这种方法就是将常见文件整理归类，制定出一个《规范化文件名称表》，以此作为文件命名的规范，大家共同遵守执行，按此表给文件命名。实践证明，这种方法便于文件的分类查找和整理维护，给人们工作中的相互合作和数据传递带来了方便，实际效果不错。

四、生产过程中的文件管理

电子排版系统生产过程中的文件管理，是指加工制作过程中对记录在磁盘上的文件信息的管理。从电子排版的工艺流程图中可以看出，文稿一经录入计算机，数据信息就要在录入、组版、主机输出等生产环节中流动，直到成品完成输出。在实际生产过程中，一件成品的完成要经过数据录入、排版、作者修改、反复校对等多道工序。为防止数据文件的"错、乱、丢"，保证数据文件的安全可靠，一定要重视生产过程中数据文件的存储管理及其拷贝备份。

根据工作对象、设备条件以及生产规模的不同，管理的方法也多种多样。一般文件在系统生产工艺流程中有软盘记录存储、硬盘记录存储、网络服务器记录存储三种方式。

1. 硬盘数据文件的管理

微型机中的硬磁盘具有存储容量大、速度快、效率高、可靠安全的特点，绝大多数操作者都把文件建立在硬盘上。计算机的操作系统提供了一种树型的文件目录结构，合理使用硬盘的基本方法是建立子目录。子目录具有隔离、安全、便于管理的优点，即使出现误操作，也不会对其他目录中的文件和系统造成损害。建立子目录时，一要防止过于随意地乱建、滥建子目录，开设过多的子目录会造成文件查找不便；二要防止子目录的层次过多，层层嵌套，一般以建立二级以下的子目录为好。

建立子目录，有多种方法可供选择，常见的方法如：按操作者姓氏建立子目录；按文件类型建立子目录；按书稿建立子目录。如一本书开一个子目录；按日期建立子目录。如一些报社，每天出报，直接在硬盘上按当天日期建子目录；统一建立数个子目录，供操作者选用。

由系统管理者统一建立数个名称固定的子目录供操作者选用，这种方法比较好。每个操作者在自己选定的专用的子目录下工作，也便于文件的查找及对文件的定期整理。

2. 软盘数据文件管理

在电子排版系统中，大量地使用软盘。一方面需要用软盘做大量数据文件的存储备份；另一方面要用软盘做各道工序之间的数据信息传递工具。

软盘成本低，使用、携带、保存灵活方便，缺点是存储容量小，容易损坏，可靠性差。软盘数量过多，管理工作则成为令人棘手的问题。电子排版系统的软盘使用管理应注意以下几个问题：

（1）软盘应统一编号码或者同时写上使用者的姓名。软盘上的编号作为一种标记和识别标志，应明显而不易被磨损擦除，一方面便于分辨，另一方面也方便文件的登记管理。

（2）软盘存储文件后一定要登记，要将书刊名、数据文件名、软盘编号、日期等有关信息登记在文件登记本或软盘登记本上，也可以用软笔写在软盘的不干胶标签上，便于查找管理。

（3）重要的数据文件用软盘存储时，应拷贝双套备份。由于软盘的可靠性较差，实践证明，为保证宝贵的数据的安全，这种方法是必要和有效的。

（4）应经常整理软盘，常做格式化处理，并定期更换。这样做一方面可以将软盘上无用的文件删去，腾出更多的空软盘，另一方面通过软盘格式化处理，对软盘进行可靠性检查，将已有部分磁道损坏的、或因其他原因而不可靠了的软盘剔选出来，予以报废处理。

3. 电子排版的微型机网络文件管理

微型机的网络化是发展趋势，网络具有磁盘存储记录空间大、信息资源共享、数据存储安全可靠等特点。网络中设置专用服务器，为网上每台微型机（或工作站）提供服务，由网络操作系统软件对整个网络实行管理。

在网络系统中，由于有服务器的支持，操作者既可以把文件建立在自己的微型机上，又可以把文件存储在服务器上。排版工作中的录入、组版、图片处理、补字、输出校样和照排输出等工序经网络的有机连接，无论是文件存储还是数据交换都很方便。用户通过网络相互传递文件信息，不再用软盘将文件传来传去。

专业电子排版系统还针对排版工艺的需要，配有功能较为完善的网络文件管理软件，这为电子排版提供了较为理想的工作环境。例如，多篇文稿录入后，分别存放在指定位置，组版时操作者只要根据文件名和日期，就可以很方便地调来版面上需要的文字信息进行组版。组版工作完成之后，版面结果可以自动传输到指定位置供输出发排。输出时，操作者只要正确地输入文件名称，网络支持的电子排版系统就会自动汇集所有文字版面文件、图片文件、刊头文件、补字文件等信息，快速、准确地完成发排工作。

五、文件的交接

交接就是信息交换，也是文件管理中的重要项目。例如，大家共同排一本书稿，最后集中在一起时要有交接；文件排好后交照排输出胶片要有交接；上一工序与下一工序之间、操作者和操作者之间要有交接；管理者与操作者之间下达生产任务和交回成品时要有交接。实际工作中文件的交接是比较容易出差错的一环，应注意下面两点：

1. 交接手续

文件的交接要制度化、规范化，必要时要有签字手续。数据文件的交接往往通过软盘，或者通过网络间传递，在可能的条件下，应要求"交方"在工艺单据上注明数据文件名、存储盘号或机号、子目录等有关信息，履行书面交接手续；"收方"应认真核对，必要时收方也应签字，使交接工作稳妥可靠。不少单位采用内部生产工艺单的方法进行数据交换。

2. 交接文件的准确

要注意交接文件的准确无误，例如，可能会出现一个文件重复记录在微型计算机的多个子目录上，多台微型计算机上或多片软盘上，造成一个文件有多个"版本"的现象，这时最容易出现差错。

如果出现这种情况时，可以通过检查文件记录日期和时间（机器内部时钟要校正）、文件记录长度来比较核查，必要时可以重新输出清样进行核对，一定要找到正确的、与清样完全一致的文件版本，谨防出错。

六、印后数据文件整理及存档

文件付印照排后，从电子排版工艺的角度来讲，工作并未全部结束，还有文件数据的整理、存档等印后处理工作要做。

印后数据文件的整理存档，既是为了存版、加印，也是为了今后对这些信息更广泛的使用，如输入数据库用于信息查询、检索，用于多媒体出版物、电子图书等用途。

1. 存档文件的类型

目前仍以文字信息为主。对于批处理排版系统，主要是小样文件，及版心、图形和图像文件等有关原始信息。对于交互式排版软件系统，一种是存编排文件，另一种是利用系统具有去除版面编排信息，再生文本文件的功能，将编排文件恢复为文本文件存储。方正光盘检索系统存档文件采用页面输出文件（*.s2文件），是以页面扫描语言形式记录的文件，目的是为了文件内容和版式的查询方便，必要时可通过软件还原出文本文件。若出版物中的图片信息量很大，存储上是个难题，可将图片数据压缩后再存到磁盘上。

2. 印后文件整理的方法

印后数据文件整理及存档工作主要有如图 13—2 所示的四个步骤：

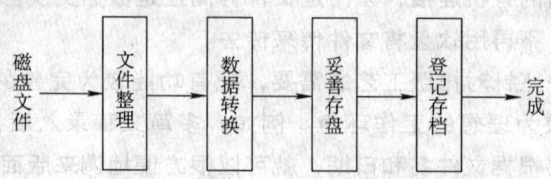

图 13—2　印后文件整理过程框图

(1) 文件整理集中

首先对印后数据文件进行整理集中，存档的文件版本要正确。同一个内容的分文件数量较多时，可以根据文件数据长度适当合并。

(2) 文件格式转换

对于需要存入数据库的数据文件，要根据系统要求整理成需要的格式，如只删除文件中的排版命令或注解，必要时做换码或滤码处理。

(3) 妥善拷贝保存

最后将文件妥善集中拷贝在软盘、硬盘及光盘等存储介质上，要求正确、完整。

(4) 存储登记

存储文件后一定要有登记记录。

4. 文件格式转换

文件原本是为排版输出制作的，一般不符合文件存档、检索的要求，往往要对文件格式进行转换或者整理。常见的有四种情况：

(1) 按用户要求进行整理

例如，去除全部排版注解和控制字符；在文章标题、章、节、段等处加入一些置标符号，改变文件每行的字数；换码等。

(2) 按通用标准进行整理

可以作为商品提供给任何需要的用户。例如，将文件所有的排版注解和控制符号全部去除，整理成纯文字的符合标准信息交换的格式（*.txt）。

(3) 按出版电子图书进行整理

作为电子出版物出版发售。目前国内已经有了这类标准，电子图书出版中，可能要对文章结构中的标题、章、节、段、注释等内容进行标注，可以采用国家标准的通用置标语言 SGML 或因特网用的 HTML。

(4) 作存版处理

有些出版社的图书隔一段时间需要重印或者修订，需要将原文件存版。此时只需照原样存储，无需任何整理。

文件的整理是一件细致的工作，要保证数据文件的完整性、准确性。对数据文件进行较复杂的处理时，最好使用专门的软件。

第十四章

Excel 2000 的基本操作（二）

第一节 公式与函数

一、公式简介

公式是 Excel 2000 的核心，公式的作用是实现计算功能。合理地使用公式，不仅可以进行简单的加、减、乘、除计算，也可以完成复杂的财务统计及科学计算等，同时还可以对文本（字符串）进行比较和操作。在 Excel 2000 中，公式用于对一个或多个数值（或变量）的数学运算。数值（或变量）可以被指定为数字，或者是被单元格所引用。

公式就是一个等式，是一组数据和运算符组成的序列。使用公式时必须以等号"＝"开头，后接数据和运算符。

1. 公式中的运算符

Excel 2000 的运算符有以下四类：

（1）算术运算符

完成基本数学运算的运算符，如加、减、乘、除等，它们连接数字并产生计算结果，见表14—1。

（2）比较运算符

用来比较两个数值大小关系的运算符，它们返回逻辑值 TRUE 或 FALSE，见表14—2。

（3）文本运算符

用来将多个文本连接成组合文本，见表14—3。

（4）引用运算符

可以将单元格区域合并运算，见表14—4。

2. 公式的运算顺序

表 14—1　　　　　　　　　　Excel 2000 中的算术运算符

算术运算符	含　　义	示　　例
+（加）	加	1 + 2
-（减）	减	6 - 3
-（负号）	负数	-4
*（星号）	乘	4 * 3
/（斜杠）	除	12/4
%（百分比）	百分比	7%
^（脱字符）	乘幂	2^4（2的4次方）

表 14—2　　　　　　　　　　Excel 2000 中的比较运算符

比较运算符	含　　义	示　　例
=（等号）	等于	C3 = E4
>（大于号）	大于	C3 > E4
<（小于号）	小于	C3 < E4
> =（大于等于号）	大于等于	C3 > = E4
< =（小于等于号）	小于等于	C3 < = E4
< >（不等号）	不等于	C3 < > E4

表 14—3　　　　　　　　　　Excel 2000 中的文本运算符

比较运算符	含　　义	示　　例
&（连字符）	拼接两个文本产生连续的文本	"Office"&"2000"产生"Office 2000"

表 14—4　　　　　　　　　　Excel 2000 中的引用运算符

引用运算符	含　　义	示　　例
:（冒号）	区域运算符，对两个引用之间包括这两个引用在内的所有单元格进行引用	B2:F4（引用从 B2 到 F4 的所有单元格）
,（逗号）	联合运算符，将多个引用合并为一个引用	SUM（B2:E2，C3:F4）将 B2:E2 和 C3:F4 两个合并为一个
（空格）	交叉运算符，产生同时属于两个引用的单元格区域的引用	SUM（B2:E2，C1:C4）中只有 C2 同时属于两个引用 B2:E2 和 C1:C4

在进行混合运算时，必须了解公式的运算顺序，也就是运算的优先级。对于不同优先级的运算，按照优先级从高到低的顺序进行计算。对于同一优先级的运算，按照从左到右的顺序进行计算。

如果要改变运算的顺序，可以使用括号（）把公式中优先级低的运算括起来。表14—5 给出了各种运算符的优先级。

表 14—5　　　　　　　　　各种运算符的优先级

运算符（优先级从高到低）	说　明
：（冒号）	区域运算符
，（逗号）	联合运算符
（空格）	交叉运算符
－（负号）	例如：－7
%（百分号）	百分比
^（脱字符）	乘幂
＊ 和 /	乘和除
＋ 和 －	加和减
&	连字符（文本运算符）
＝，＞，＜，＞＝，＜＝，＜＞	比较运算符

二、公式的输入

1．公式的两种输入方式

可以在编辑栏中输入公式，也可以在单元格中输入。双击某个单元格，可以直接在该单元格中输入公式。下面以在编辑栏中输入公式为例，其基本操作步骤说明如下：

（1）选中要输入公式的单元格。

（2）输入等号（＝）。

（3）输入式子的各个单元及运算符。

（4）输入完毕后，按 Enter 键。

（5）如果输入有错或需要重新输入，单击编辑栏左边的"×"标记，或者选中该单元格后按 Delete 键，再接着输入新的公式即可。

2．公式中的单元格引用

在公式中使用单元格引用的作用是引用一个单元格或一组单元格的内容。通过单元格引用，可以利用工作表不同部分的数据进行计算。一个单元格或一组单元格可以用于一个公式，也可以用于多个公式。

在 Excel 2000 中，可以使用相对引用、绝对引用、混合引用和三维引用等引用方式来表示单元格的位置。所以，在创建的公式中必须正确地使用单元格引用类型。

（1）相对引用

相对引用是指单元格引用会随着公式所在的单元格位置的改变而改变。例如，要进行公式的复制，则复制后的公式的引用地址将发生改变。相对引用的样式是用字母表示列，用数字表示行，例如公式"＝C3＊4"，就是相对引用。

（2）绝对引用

绝对引用是指引用特定位置的单元格。如果公式中的引用是绝对引用，那么复制后的公式引用是不会改变的。绝对引用的样式是在列字母和行数字前加上美元符号"$"，例如，"$B$3"就是绝对引用。

熟练掌握相对引用与绝对引用是用户有效使用 Excel 的基本要求，下面举例说明两种引用的用法。

第一，建立一张如图 14—1 所示的工作表。

第二，计算 F 列的总和。首先单击 F3 单元格，输入公式"＝SUM（C3：E3）"，按 En

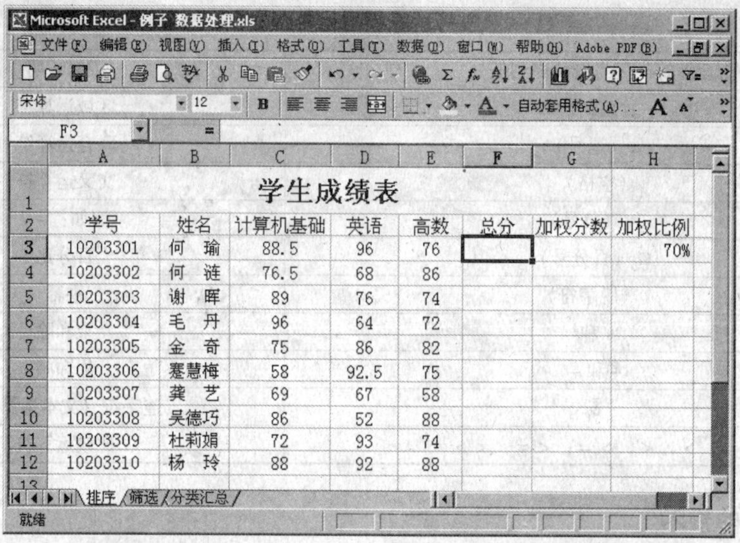

	A	B	C	D	E	F	G	H
1	学生成绩表							
2	学号	姓名	计算机基础	英语	高数	总分	加权分数	加权比例
3	10203301	何　瑜	88.5	96	76			70%
4	10203302	何　琏	76.5	68	86			
5	10203303	谢　晖	89	76	74			
6	10203304	毛　丹	96	64	72			
7	10203305	金　奇	75	86	82			
8	10203306	蹇慧梅	58	92.5	75			
9	10203307	龚　艺	69	67	58			
10	10203308	吴德巧	86	52	88			
11	10203309	杜莉娟	72	93	74			
12	10203310	杨　玲	88	92	88			

图 14—1　使用相对引用和绝对引用示例

ter 键，然后把 F3 的公式复制到 F4 ~ F12 中。更简单的做法是选定 F3 ~ F12 单元格区域，然后单击常用工具栏上的“自动求和”按钮。无论使用哪种方法，F3 ~ F12 中的公式都是使用相对引用。

第三，计算 G 列的加权分数。单击 G3 单元格，输入公式“ = F3 * $ H $ 3”，按 Enter 键，然后把 G3 中的公式复制到 G4 ~ G12 中。G4 ~ G12 中的公式都用了 H3 单元格的绝对引用。

除了相对引用和绝对引用之外，还有混合引用和三维引用。

（3）混合引用

当用户需要固定某行引用而改变列引用，或者需要固定某列引用而改变行引用时，就需要用到混合引用，例如，$ C3，D $ 2 都是混合引用，其中$ C3 表示保持列不变，D $ 2 表示保持行不变。

（4）三维引用

3D 引用可以引用工作簿中多个工作表的单元格区域。3D 引用由指定的工作表，以及该工作表内要引用的单元格区域组成。

下面是一个 3D 引用的例子：= SUM（Sheet1：Sheet2！$ C $ 2：$ C $ 5）。该引用计算 Sheet1到Sheet2之间的每一个工作表里$ C $ 2：$ C $ 5 单元格区域的和，并将这些和相加求出总和。既可以在编辑栏中（或单元格内）输入引用，也可以使用鼠标选择引用的工作表标签和单元格区域。

使用鼠标输入引用的方法是：在需要引用的单元格中开始输入公式，如图 14—2 所示。按住 Shift 键不放，并单击引用中要包括的另一张工作表 Sheet2，然后选中需要引用的单元格之后放开 Shift 键（见图 14—3），按 Enter 键结束公式的输入，结果如图 14—4 所示。

3. 使用自动求和工具

如果只需计算某个单元格区域内数值的和，则可以使用 Excel 提供的“自动求和”功能。“自动求和”按钮Σ位于常用工具栏上。下面举例说明自动求和的使用方法。

（1）在工作表的 B2 ~ B5 单元格上分别输入 1，2，3，4。

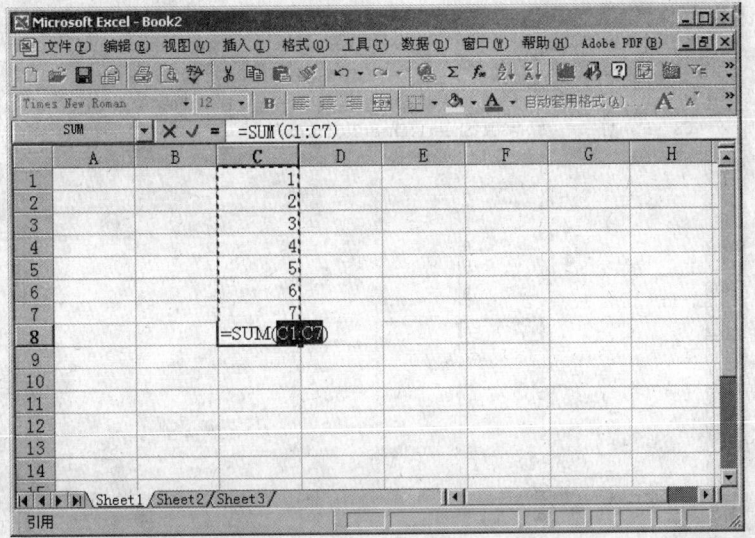

图 14—2　选中 Sheet1 中的单元格区域 C1：C7

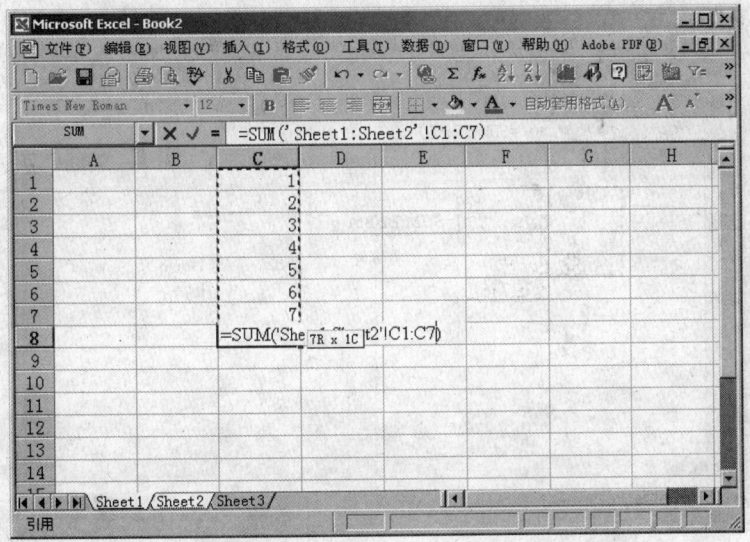

图 14—3　选中 Sheet2 中的单元格区域 C1：C7

（2）选定单元格 D3，单击常用工具栏上的"自动求和"按钮 Σ。

（3）在屏幕上显示一个虚线框，称为活动选定框。拖动鼠标使活动选定框框住 B2～B5 单元格，如图 14—5 所示。

（4）按 Enter 键，D3 单元格中显示出 B2～B5 的求和结果。

4．改变单元格引用样式

在实际工作中，常常会碰到这样的情况：某个命令要影响多个单元格或者要使用一个涉及多个单元格内容的公式。Excel 中一次可以选择多个范围，例如，可以用"A1：E5"来表示引用范围或长方形的单元格区域。

5．引用工作簿中的其他工作表

通过在公式中同时包含有工作表引用和单元格引用，可以在工作簿中引用其他工作表。例如，要引用工作表 Sheet2 中的 C5 单元格，应该在公式中输入"Sheet2！C5"。也可

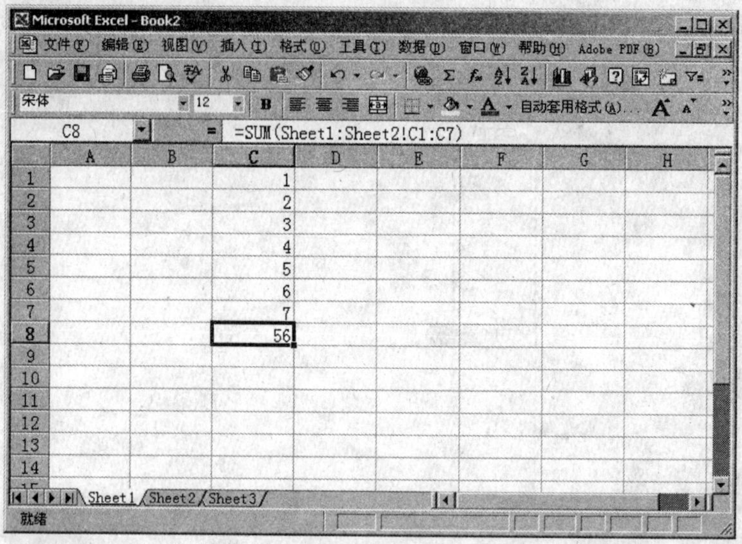

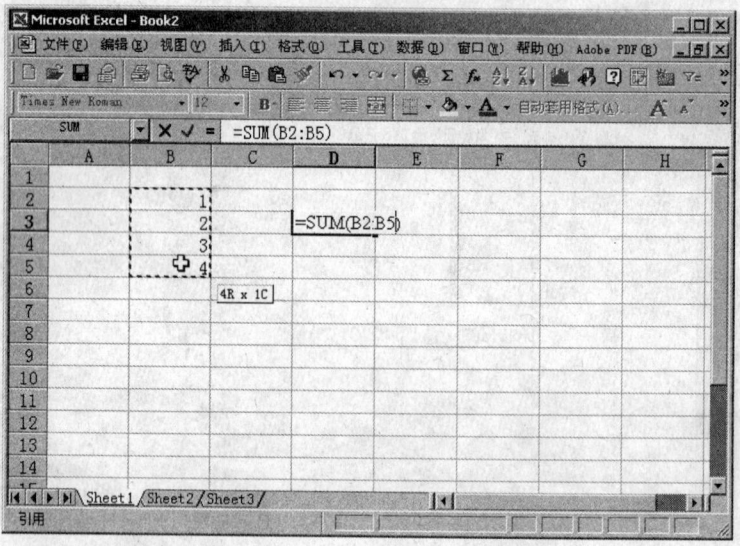

图14—4 处理结果

图14—5 自动求和

进行快捷操作将引用输入到工作簿中另一张工作表的单元格或单元格区域中,具体操作步骤如下:

(1)在需要结果出现的单元格中输入公式。

(2)单击需要引用的单元格所在的工作表标签。

(3)选中需要引用的单元格,完成后的单元格引用(包括工作表引用)会显示在编辑栏中。

(4)按 Enter 键完成。

6. 公式的循环引用问题

当某个公式直接或间接地引用了该公式所在的单元格时,这种情况称为循环引用。当计算时碰到这类公式,系统会使用前一次迭代的结果来计算循环引用中的每一个单元格。系统所默认的迭代设置是:在100次迭代后或在两次相邻迭代得到的数值变化小于0.001

时，迭代终止。

系统不能用普通运算解决循环引用运算。当产生循环引用时，会有相应的警告对话框出现，如图14—6所示。

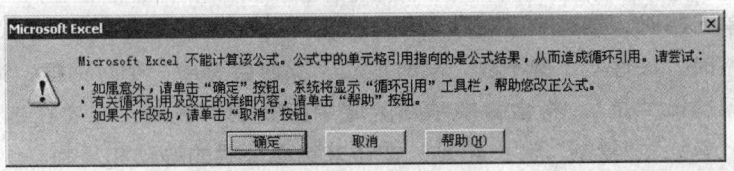

图14—6　循环计算警告窗口

如果循环引用是偶然产生的，则应单击"确定"按钮。此时会出现"循环引用"工具栏，如图14—7所示，每个被循环引用的单元格内都会显示出跟踪箭头。使用"循环引用"工具栏可以在所引用的单元格中移动，这样可以重新设计公式或用逻辑判断来终止循环引用。

图14—7　"循环引用"工具栏

如果要手工显示"循环引用"工具栏，应先执行"工具"菜单中的"自定义"命令，打开"自定义"对话框后，单击"工具栏"标签。在"工具栏"列表框中单击"循环引用"复选框，则可显示"循环引用"工具栏。

在计算当中，有时可能需要设置迭代的次数。这时可在"工具"菜单中执行"选项"命令，单击"重新计算"标签（见图14—8），单击"反复操作"复选框，在"最多迭代次数"文本框中修改进行迭代运算时的最多迭代次数，在"最大误差"文本框中输入进行迭代运算时的最大误差。

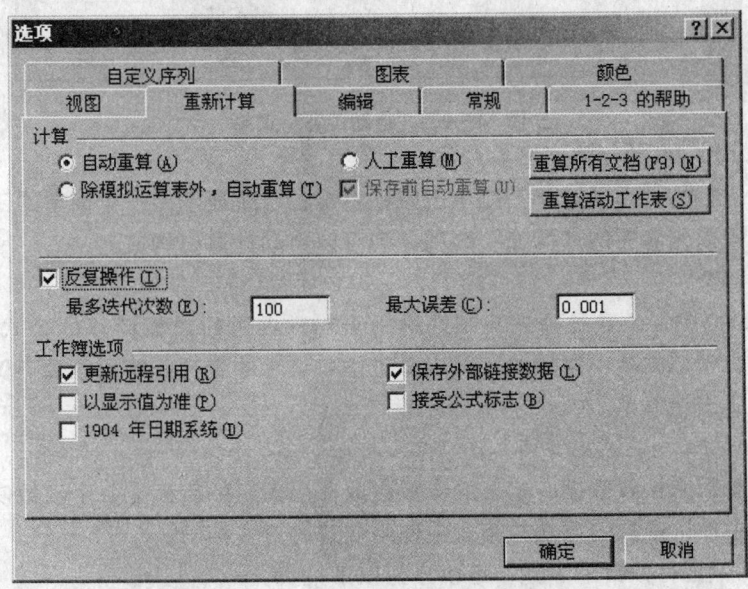

图14—8　修改迭代运算时的参数

7. 公式的移动和复制

在Excel 2000中，可以非常方便地对公式进行移动和复制操作。移动和复制公式的步骤如下：

（1）选定含有准备移动或复制的公式的单元格。

（2）指向选定区域的边框，此时鼠标指针会变成箭头状。

（3）移动单元格时，把选定区域移动到粘贴区域左上角的单元格中。

复制单元格时，按住 Ctrl 键不放，同时拖动，此时会弹出一个对话框，询问是否替换现有数据，如果选择"是"，将会替换粘贴区域中所有现有区域。或者在选定单元格后，用工具栏上的"剪切""复制"和"粘贴"按钮来实现公式的移动和复制。

三、公式的计算

1. 自动计算

有时可能需要快速查找某些数值，如某个范围内的最大值、最小值等。如果使用公式就显得比较繁琐，这时可以使用 Excel 提供的"自动计算"功能。

例如，要得到 B1～B6 的平均值（见图 14—9），操作步骤如下：

图 14—9　"自动计算"菜单

（1）选取 B1～B6 单元格区域。

（2）在状态栏的"自动计算"处单击鼠标右键，系统显示出一个简单的函数列表。

（3）选择函数列表中的"均值"选项，则可以自动计算出均值。

四、函数简介

在 Excel 2000 中，函数是预先编制好的用于对数据进行求值计算的公式。使用 Excel 函数可以进行数学、文本、逻辑的运算以及工作表信息的查询。使用函数不仅减少了工作量，而且降低了出错概率。

1. 函数的性质

函数通过参数来接收数据，输入的参数应放在函数名的后面。各个函数使用特定类型的参数。函数中使用参数的方法与等式中使用变量的方式相同。

Excel 2000 中含有数百个函数，可以分为以下几类：

（1）数学和三角函数

是指一般在数学上应用的函数，它们被用来进行科学计算。如 ABS、SIN 函数。

（2）逻辑函数

是指对逻辑数进行计算的函数,其结果也是逻辑值。如 AND、OR 函数。

(3) 查找和引用函数

是指用来对工作表、数组、矩阵等进行数据查找和引用的函数,如 CHOOSE、INDEX 函数。

(4) 日期和时间函数

是指可对系统中的日期和时间进行操作,如日期时间和数据的相互转化、单元格中时间和日期的输入。如 DATE、HOUR 函数。

(5) 统计函数

是用来对一组数据进行概率分析、估计,进而得到各种各样的分布数据。如 AVERAGE、MIN 函数。

(6) 数据库函数

是指对整个数据库进行操作的函数。如 DSTDEV、DVAR 函数。

(7) 财务函数

是指对证券、投资等财务数据进行分析和计算的函数。如 FV、IRR 函数。

(8) 信息函数

是指对工作表中的单元格进行计算、判断、获取信息的函数。尤其是在进行计算时,可以很快地进行出错判断。如 CELL、INFO 函数。

(9) 文本函数

是指对单元格中输入的文本进行操作,如查找、文本和数据间的转换等。如 VALUE、CODE 函数。

2. 函数的结构

大多数函数都在括号中包含一个或多个参数。如果包含多个参数,各个参数之间应该用逗号隔开。在函数的结构当中,除了引号内部可以包含空格以外,其他部分是不允许空格出现的。

函数和参数之间的关系见表 14—6。

表 14—6　　　　　　　　　　　函数和参数关系表

参数	参数类型	函数	函数及参数的组合
num	数字	SIN	SIN(num)
value	数值	MATCH	MATCH(value, array, type)
logical	逻辑值	NOT	NOT(logical)
array	数组值	COLUMNS	COLUMNS(array)
text	文本	EXACT	EXACT(text1, text2)
decimals	小数位数	DOLLAR	DOLLAR(num, decimals)

3. 函数的输入

函数的输入可以和公式的输入一样,直接在编辑栏中输入函数,也可使用"粘贴函数"对话框进行操作。具体操作步骤如下:

第一,选定要输入公式的单元格。

第二,单击"插入"菜单中的"函数"选项,弹出"粘贴函数"对话框,如图 14—10 所示。

第三,在对话框的"函数分类"列表中选择函数类型,在"函数名"列表中选择函数。

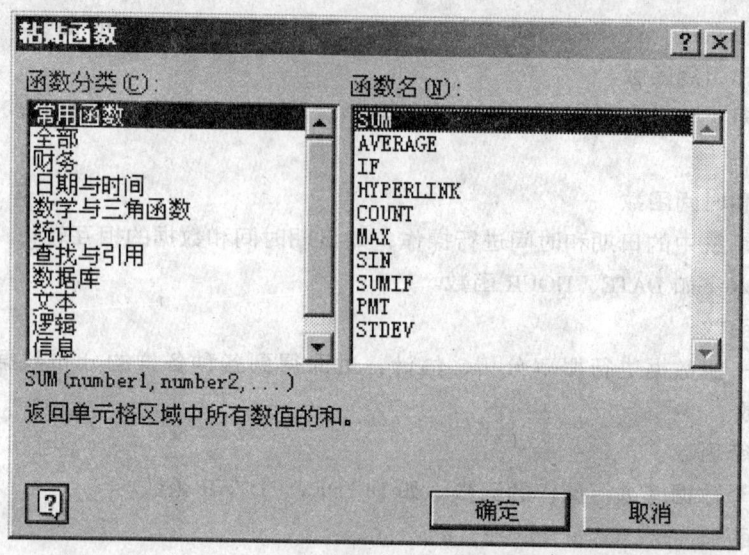

图 14—10 "粘贴函数"对话框

第四,单击"确定"按钮,弹出函数选项板,如图 14—11 所示。

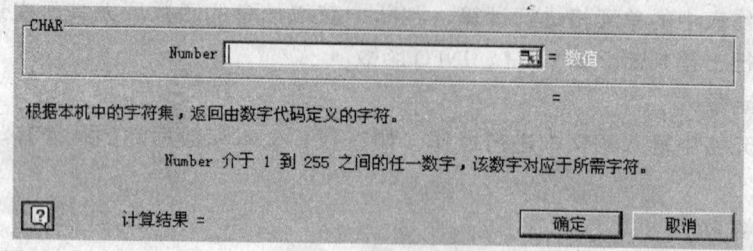

图 14—11 函数选项板

也可以采用以下骤打开"粘贴函数"对话框:

第一,选定单元格。

第二,单击编辑栏中的"=",弹出函数选项板。

第三,单击编辑栏中函数名右边的下拉箭头,在列表中选择"其他函数",弹出"粘贴函数"对话框。

第四,在对话框中选择函数。

更为简便的是直接单击常用工具栏中的"粘贴函数"按钮 f_*,然后弹出"粘贴函数"对话框。

由于 SUM 函数是使用频率最高的函数,所以采用对话框输入方式就显得较为繁琐。可以用以下的方法进行操作:选择需要求和的单元格,单击工具栏中的"自动求和" Σ 按钮,然后用鼠标选择需要求和的单元格区域。

第二节 使用图表、使用图形

一、创建图表

选择"插入"菜单中的"图表"命令,或者单击常用工具栏上的"图表向导"按钮即可以插入图表。

"图表向导"是指利用一系列对话框,按部就班地完成建立新图表或修改现存图表设置所要求的步骤,可以快速完成许多任务,节省时间。使用"图表向导"建立图表时,可以指定工作表区域,选定图表类型和格式,以及指定绘制数据的方式,并且还可以增加图例、图表标题以及每个坐标轴的标题。

下面是"飞跃汽贸公司销售记录"表格,如图14—12所示。嵌入式图表的创建操作步骤如下:

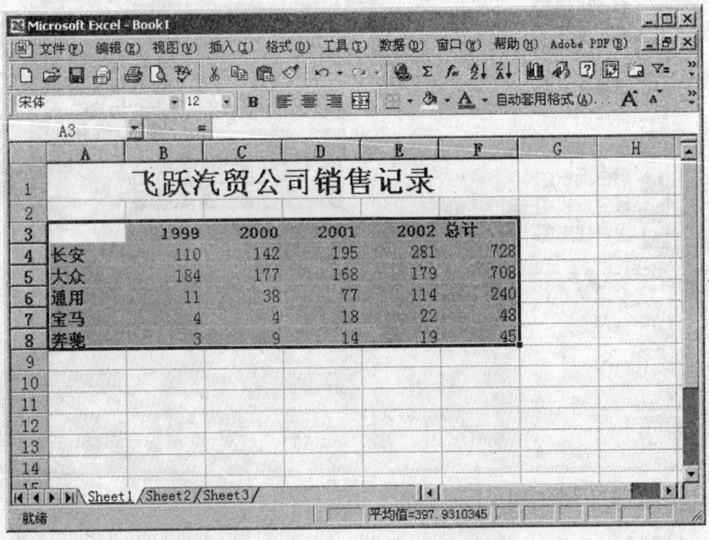

图14—12 "飞跃汽贸公司销售记录"表格

(1) 选定需要绘制图表的单元格区域,如图14—12所示。

(2) 单击"图表向导"按钮,弹出"图表向导-4步骤之1-图表类型"对话框,如图14—13所示。该对话框列出了Excel 2000提供的14种标准图表类型。

图14—13 "图表向导-4步骤之1-图表类型"对话框

在该对话框中单击"自定义类型"标签,出现"自定义类型"选项卡。在"自定义类型"选项卡中,系统内设的图表类型,如图14—14所示。

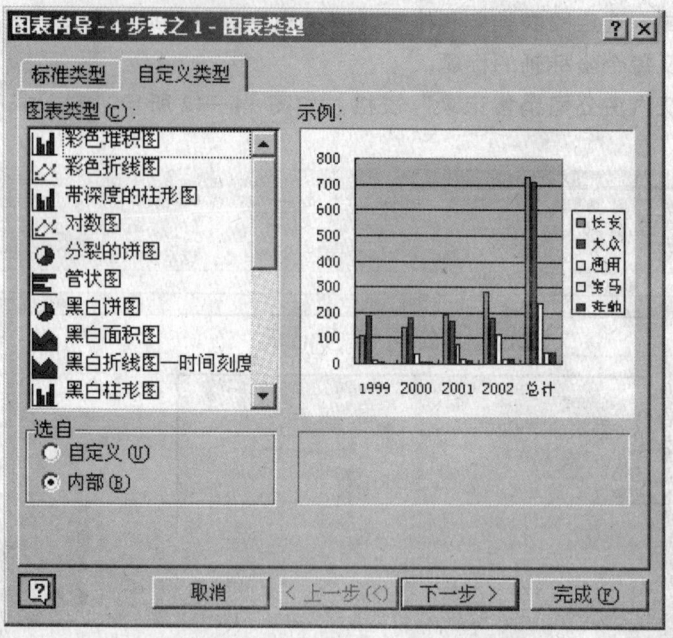

图14—14 系统内设图表类型

如果要查看"折线图"的样式,可以单击"标准类型"标签,然后从"图表类型"列表框中选择"折线图",如图14—15所示。

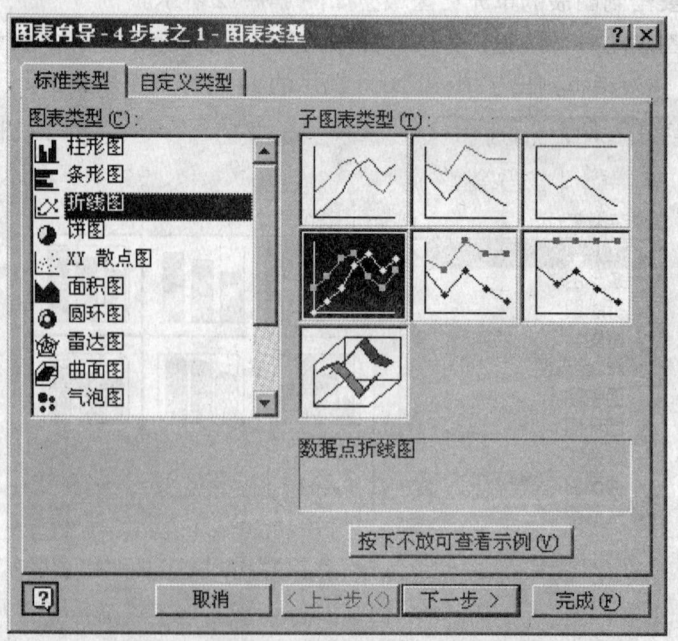

图14—15 折线图的样式

(3)单击"按下不放可查看示例"按钮,可在"子图表类型"选择区中看到所选区域的数据相应产生的图表,如图14—15所示。

再单击对话框中的"下一步"按钮,会出现"图表向导-4步骤之2-图表数据源"

对话框(见图 14—16),在该对话框的"数据区域"文本框中可以指定产生图表的数据区域,也可以直接在工作表中指定数据区域。

单击"系列"标签,出现如图 14—17 所示的选项卡,用户可以在其中手动指定每一

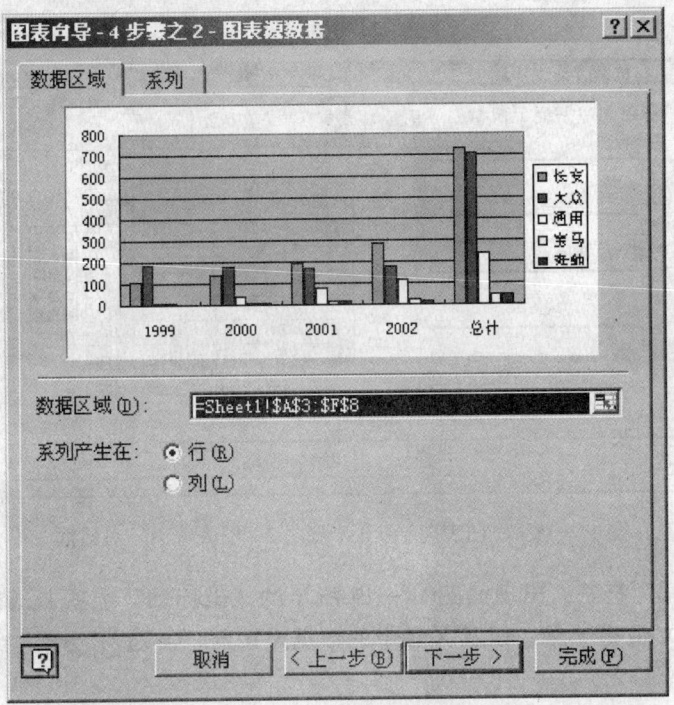

图 14—16 "图表向导 – 4 步骤之 2 – 图表数据源"对话框

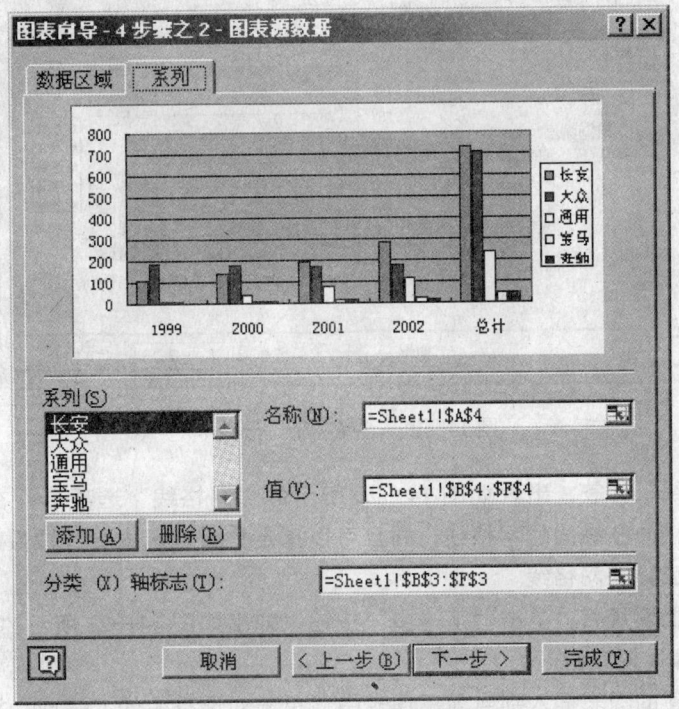

图 14—17 设置系列数据

个系列。还可以在图表中插入图例和图表标题。

(4) 单击"下一步"按钮,弹出如图 14—18 所示的"图表向导 – 4 步骤之 3 – 图表选项"对话框,在其中可以输入图表、X 轴和 Y 轴的标题。

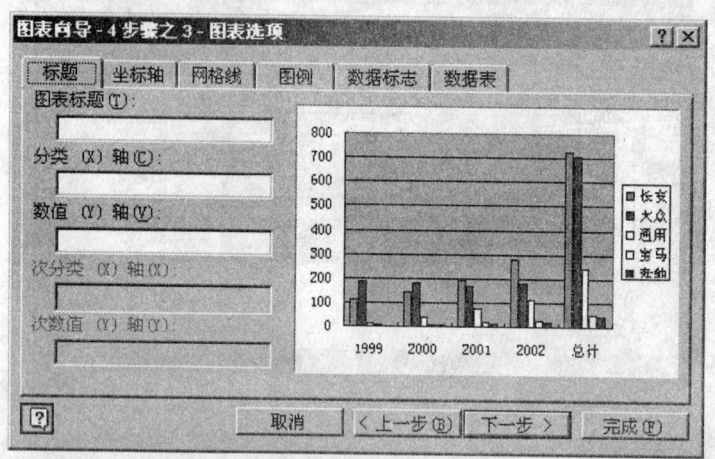

图 14—18　"图表向导 – 4 步骤之 3 – 图表选项"对话框

单击"坐标轴"标签,出现如图 14—19 所示的"坐标轴"选项卡,在此可以选择是否在图表中显示 X 轴和 Y 轴,以及 X 轴中的数据是按照"自动""分类"还是按"时间刻度"来显示。

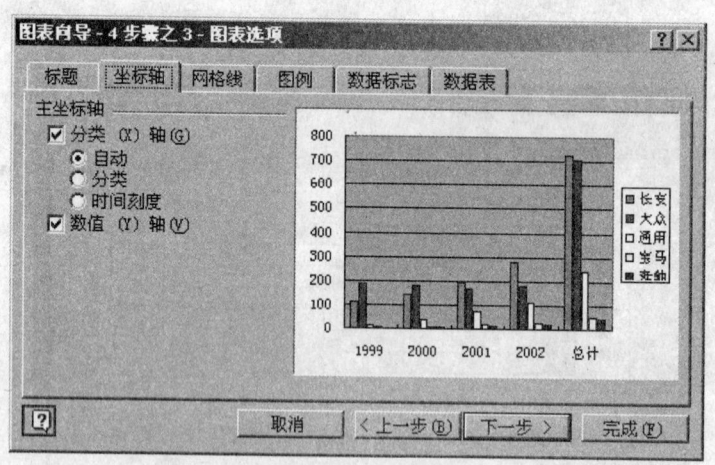

图 14—19　"坐标轴"选项卡

单击"网格线"标签,出现如图 14—20 所示的"网格线"选项卡,在此可指定是否要在图表中显示横向及纵向的网格线,并且可以指定是否显示主要(按最大的刻度)及次要(按最小的刻度)的网格线。

(5) 完成以上设置后,单击"下一步"按钮,弹出如图 14—21 所示"图表向导 – 4 步骤之 4 – 图表位置"对话框。

(6) 把要创建的图表插入到当前工作表中,单击对话框中的"完成"按钮,完成所有设置并查看结果,如图 14—22 所示。

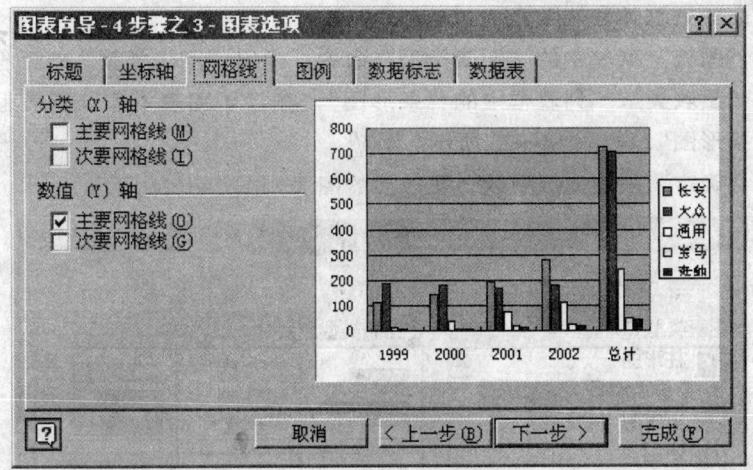

图 14—20 "网格线"选项卡

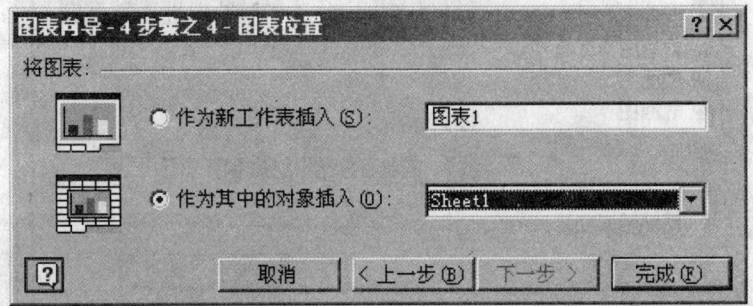

图 14—21 "图表向导-4步骤之4-图表位置"对话框

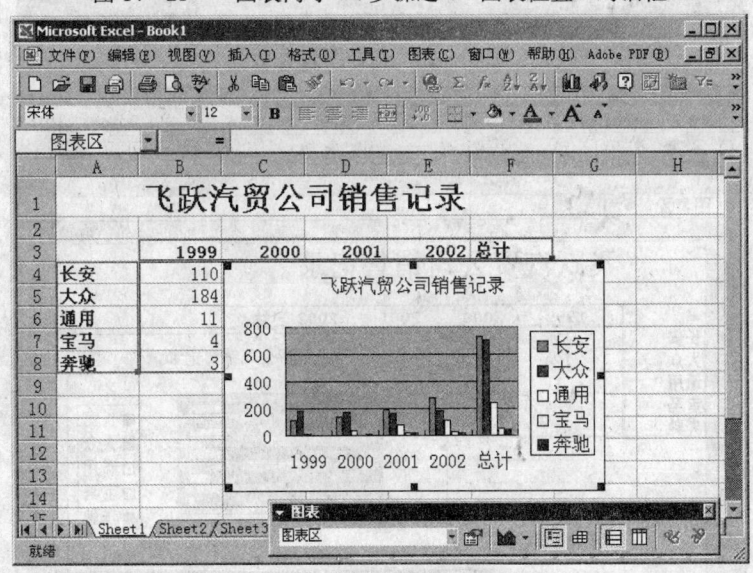

图 14—22 插入图表后的工作表

二、图表的操作

1. 更改图表类型

建立好图表时虽然已经选择了图表类型，但用户在操作中还可以更改图表的类型。更改图表类型的操作步骤如下：

(1) 选择需要更改类型的图表。

(2) 单击"图表"菜单中的"图表类型"命令,弹出"图表类型"对话框。

(3) 单击"图表类型"列表框中的"条形图",在"子图表类型"列表框中选择"三维百分比堆积条形图",如图14—23所示。

(4) 单击"确定"按钮完成更改,更改后的图表如图14—24所示。

图14—23 选择图表类型

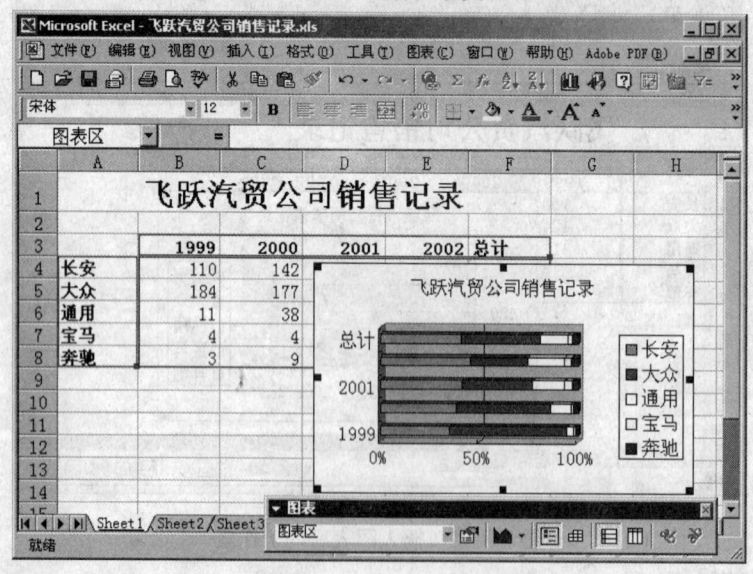

图14—24 更改后的图表

2. 更改数据系列产生方式

图表中的数据系列既可以在行产生,也可以在列产生。用户可以更改系列产生方式,使图表更加直观。如将按行产生的图表改为按列显示的操作步骤如下：

(1) 更改方法一

1) 选定要更改的图表。

2) 单击"视图"菜单中的"工具栏"命令，在弹出的子菜单中单击"图表"选项。

3) 单击"图表"工具栏中的"按列"按钮，修改后的图表如图14—25所示。

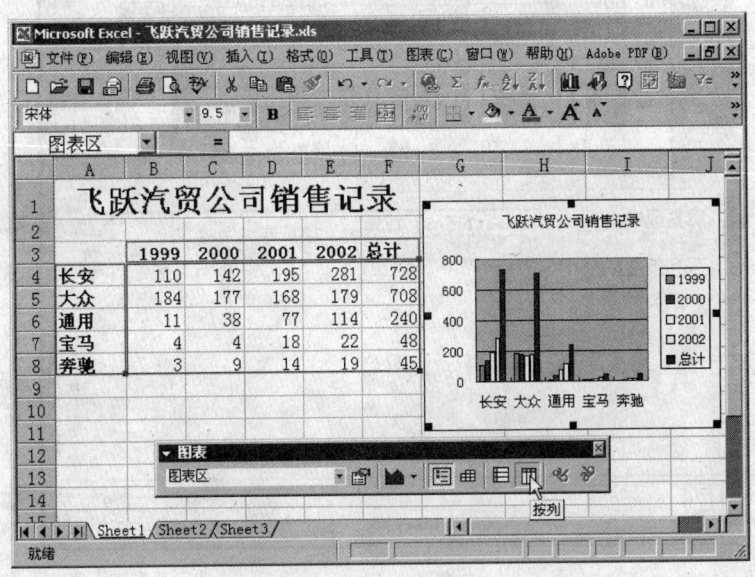

图14—25 按列方式产生图表

(2) 更改方法二

1) 选定要更改的图表。

2) 单击"图表"菜单中的"数据源"命令，弹出"数据源"对话框。

3) 在对话框中单击"数据区域"选项卡，然后根据需要选择系列产生在的行或列，如图14—26所示。

3. 图表中添加文本

如果想要使图表包含更多的信息，可以在图表中添加文本框，操作步骤如下：

(1) 单击要添加文本的图表。

(2) 单击"视图"菜单中的"工具栏"命令，在弹出的子菜单中单击"绘图"选项，打开"绘图"工具栏。

(3) 单击"绘图"工具栏中的文本框按钮。

(4) 在图表中单击以确定插入文本框的一个指定的位置，然后拖动鼠标调整文本框大小。

(5) 在文本框中输入文字，如图14—27所示，然后在文本框外单击鼠标左键，结束输入。

文本框的大小和位置可以根据需要随时调整，还可以设置和修改文本框的格式，使图表中的文本更加美观（见图14—28）。

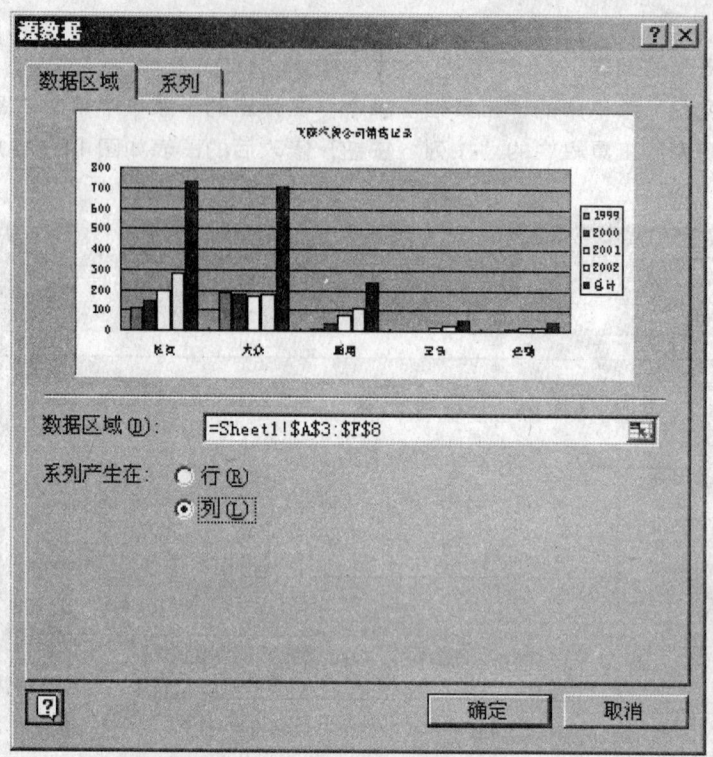

图14—26 "数据区域"选项卡

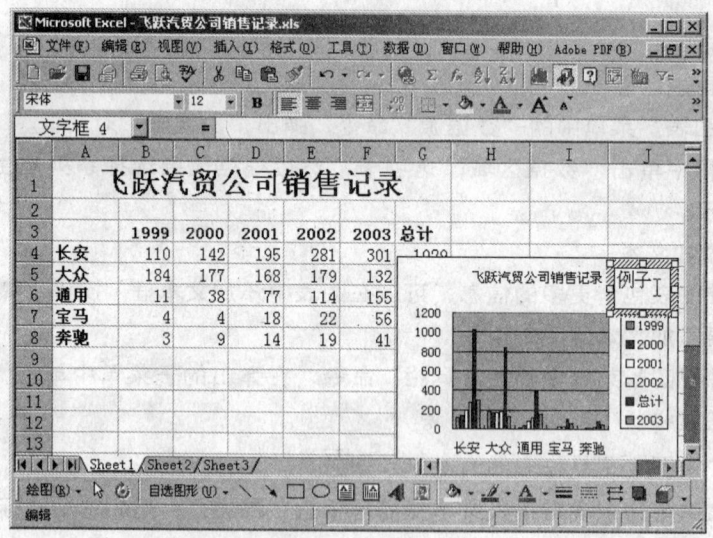

图14—27 在图表中输入文字

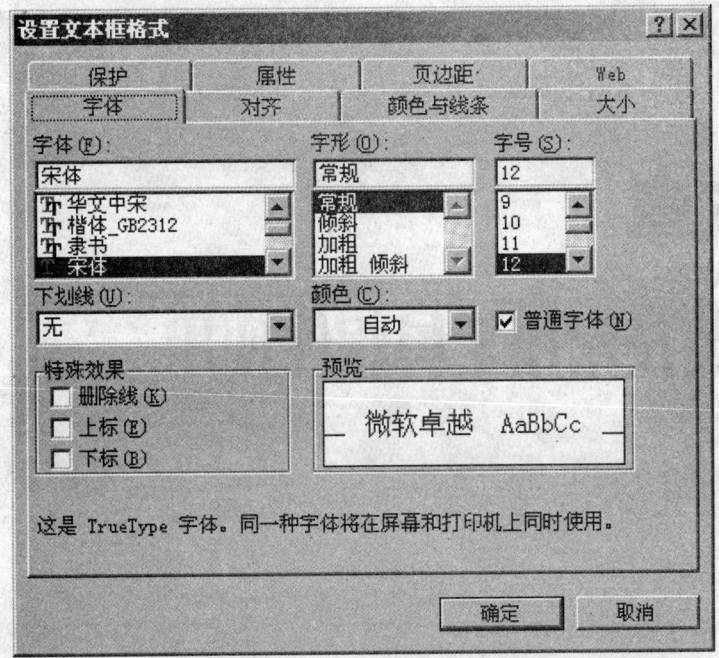

图 14—28 "设置文本框格式"对话框

第十五章
软件安装及常用工具软件使用

第一节 软件的安装

Windwos 系统中，软件的安装都非常简单，一般用户使用这些软件并不需要太多的理论知识，很多绿色软件甚至不需要安装就可以直接使用，界面也非常友好，用户只需要在计算机上对照软件提供的帮助文件，应该完全可以掌握其使用方法。

一般的软件的安装都是从执行 Setup.exe 或 Install.exe 开始的，然后系统开始处理安装包；之后会弹出"License Agreement"对话框，用户必须选择"同意"或"I Agree"之类的按钮才可以继续安装进程。接着进入下一对话框，一般是让用户选择安装路径，如果要使用缺省路径，则直接单击"Next"或"下一步"按钮；然后是让用户选择安装方式，一般有"Max""Min""Normal"以及"用户自定义"安装等选项，用户可以根据自己的需要选择适当的安装方式；接下来是程序工作组的选择，一般选择默认即可，或直接单击"下一步"按钮。有些软件不是 Freeware 而是 Shareware，则会要求用户注册，如果得到了软件授权或者序列号，就可以单击"Next"按钮继续下面的安装。最后系统自动完成文件的拷贝和系统的注册等操作，即完成了软件的安装。

第二节 硬盘克隆工具 Ghost

GHOST 是 Symantec（赛门铁克）公司推出的硬盘复制工具，可以在不重装系统的情况下使系统恢复正常。Ghost 可以把整个硬盘系统克隆到其他硬盘上，以节约重新安装系统和软件的时间。Ghost 也可以将一个分区备份成映像文件,当系统瘫痪时,使用 Ghost 将备份的映像文件重新恢复到原来的硬盘,整个过程只需几分钟。

一、映像整个硬盘(Disk to Image)

要做整个硬盘的映像需要至少两个硬盘。

1. 在"Local"菜单下的"Disk"菜单中单击"To Image",如图 15—1 所示。

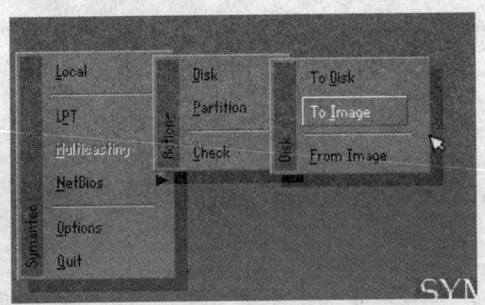

图 15—1   "Local" → "Disk" → "To Image"

2. 系统会弹出"选择源盘"对话框,如图 15—2 所示。用户可以选择需要备份的硬盘号,这里选择的是 2 号硬盘。

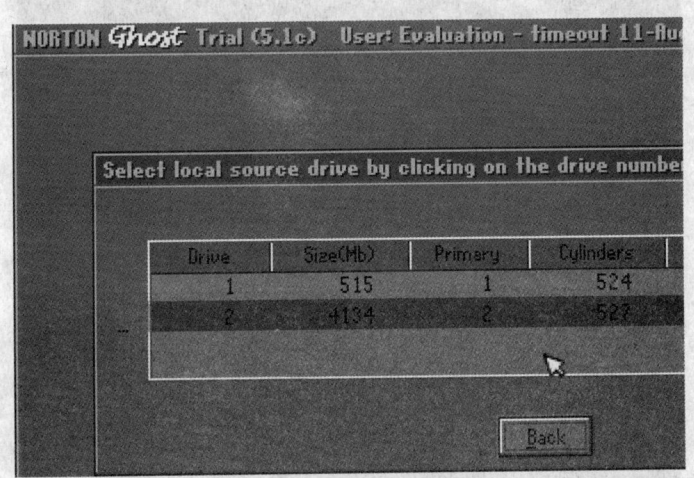

图 15—2   选择源盘

3. 系统会弹出文件选择对话框,让用户选择需要将映像文件存放的位置及文件名。这里只能选择另外的硬盘中的分区,此处选择的是 1 号硬盘的 C 盘,文件名为 test.gho (.gho 是 Ghost 映像文件的缺省扩展名),如图 15—3 所示。

4. 弹出"Compress Image"对话框,其中有三个按钮:"No"表示不压缩 Image 文件;"Fast"表示较小的压缩率,处理速度较快;"High"表示以最高的压缩率压缩文件,处理速度会慢些,如图 15—4 所示。用户选择其中某一按钮后,Ghost 就开始了映像文件的生成过程,并显示进度,如图 15—5 所示。

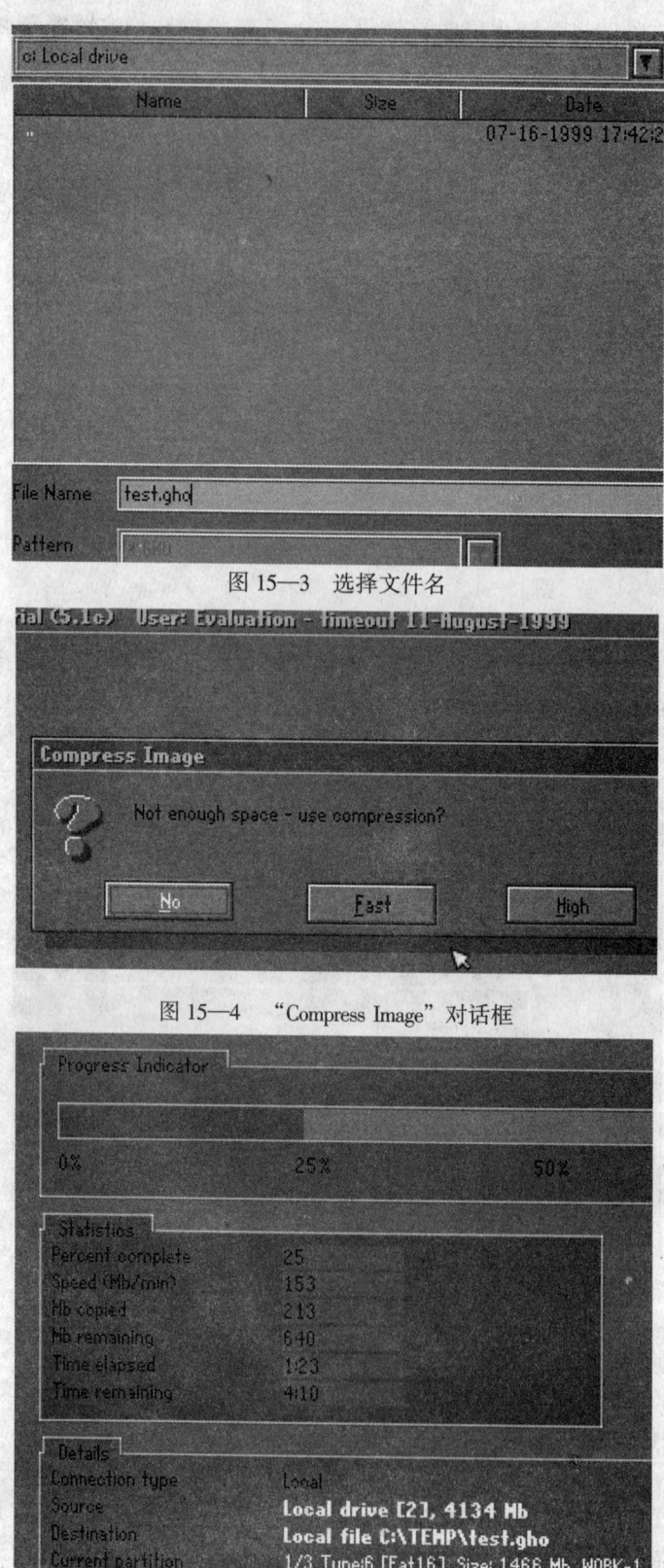

图 15—3 选择文件名

图 15—4 "Compress Image" 对话框

图 15—5 映像文件生成进度

5. 处理完毕时会弹出确认窗口"Dump Complete",如图15—6所示。点击"Continue"按钮即完成映像文件的生成。

二、还原硬盘映像（Image to Disk）

恢复其实是做映像文件的一个逆操作而已。

1. 在"Local"菜单下的"Disk"菜单中单击"From Image",如图15—7所示。

2. 在C盘的TEMP目录下找到映像文件Test.gho,直接就到了选择硬盘的画面,如图15—8所示。选下面4GB的硬盘,就会出现映像文件里的硬盘的分区信息,如图15—9所示。单击"OK"按钮,会弹出提示窗口提示是否要进行这个操作。

3. 如果执行这个操作将会把该硬盘的所有数据（分区和文件信息、硬盘上的数据）覆盖,单击"YES"就开始写硬盘了,操作完成后,按"Continue"回到最初界面。

这样就可以把原来的数据全部恢复到硬盘上了。

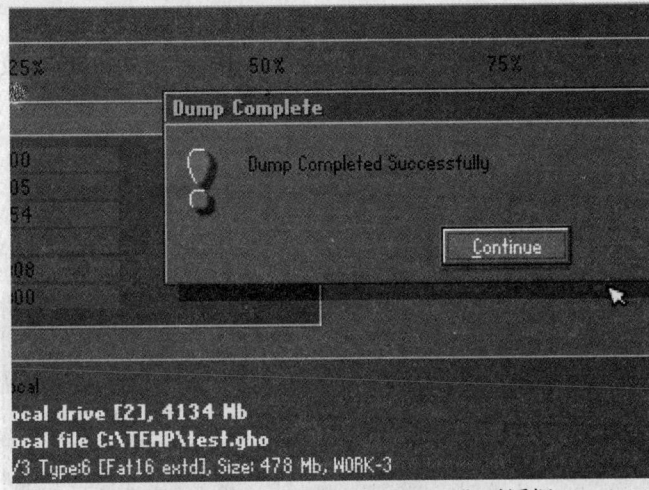

图15—6 "Dump Complete"对话框

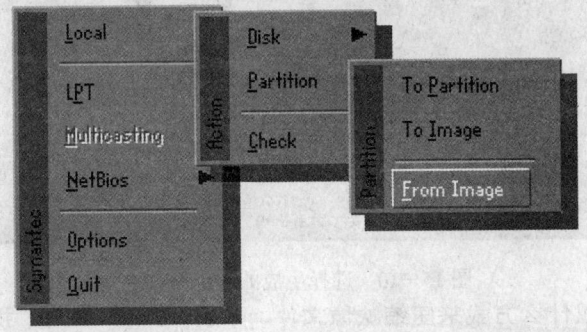

图15—7 "Local"→"Disk"→"From Image"

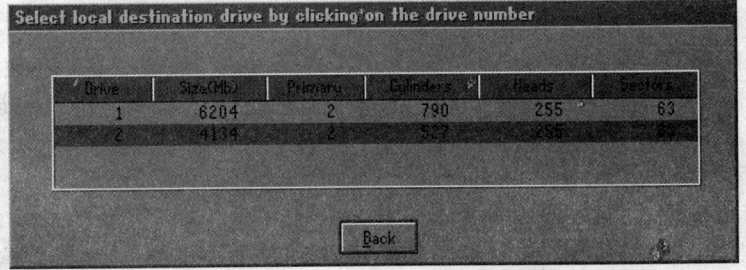

图15—8 选择目标盘

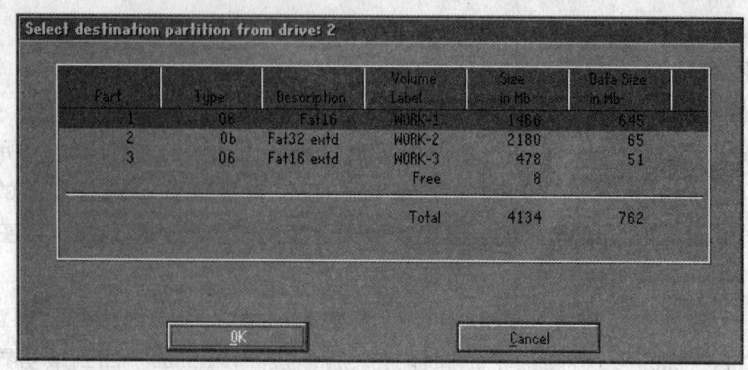

图 15—9　选择目标分区

三、映像硬盘分区（Partition to Image）

前面是对整个硬盘进行映像或恢复，如果不想这么费时间，我们也可以只对某一个逻辑驱动器进行映像。

现在把 D 盘作一个映像，在"Local"下的"Partition"点"To Image"，同样选中 4GB 的硬盘，再选第一个分区，单击"OK"按钮，在 C 盘的 TEMP 目录下输入要保存的文件名"Disk–d.gho"按回车键，如图 15—10 所示。

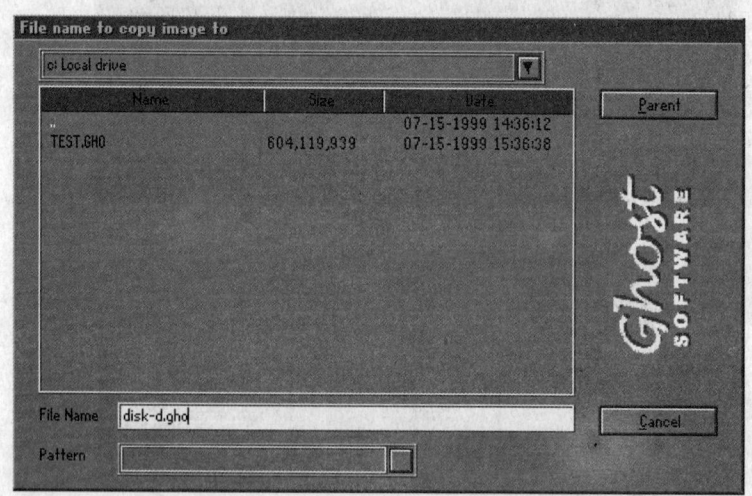

图 15—10　选择生成的映像文件名

Ghost 会提示要以什么方式来压缩映像文件，单击"Fast"按钮，提示是否对此分区映像，单击"Yes"按钮后开始映像。操作完成后，按"Continue"回到最初界面。

四、还原硬盘分区映像（Image to Partition）

同样，把映像文件还原到刚才的 D 盘上去，其操作跟"映像硬盘"大致相同。

1. 在"Local"下的"Partition"单击"From Image"，在 C 盘的 TEMP 目录下找到映像文件 Disk–d.gho，选中它，如图 15—11 所示。就会出现映像文件里 D 盘的分区信息，如图 15—12 所示。

2. 用鼠标点一下，再选 4 GB 的硬盘，其中只有第一个分区可点，如图 15—13 所示。

3. 就选这个，然后执行，这个操作将会把该分区的所有数据覆盖，单击"Yes"按钮，开始还原了。操作完成后，按"Continue"回到最初界面。

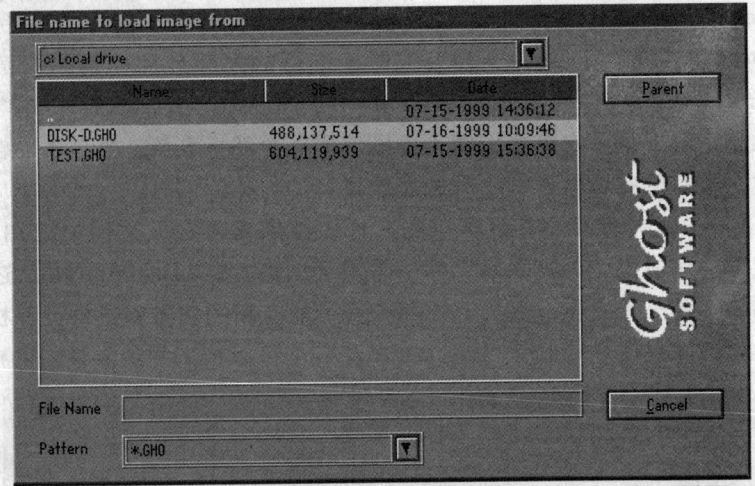

图 15—11　选择需要调入的映像文件名

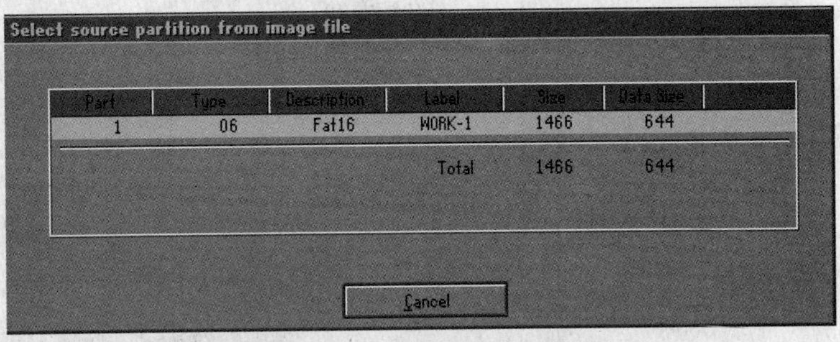

图 15—12　从映像文件选择源分区

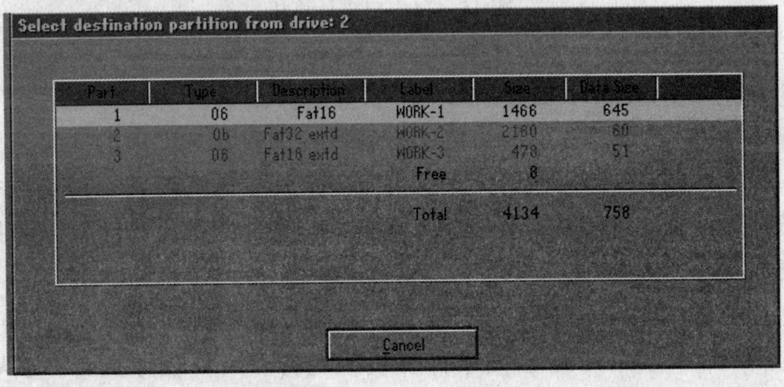

图 15—13　从目标硬盘选择目标分区

由于 Ghost 提供了对指定分区进行映像的功能，因此，建议在系统正常的时候，及时地把硬盘上的数据做一个映像，这样可以防止数据丢失。而且利用 Ghost 会使大批量的计算机软件安装变得非常省事。

第三节　病毒防治软件 Norton AntiVirus

Norton AntiVirus 是 Symantec 公司出品的一款病毒防治软件，简称 NAV。这是一个功能强大、易于使用的实时病毒监测程序，可保护您的计算机环境不受病毒破坏活动的影响。

一、Norton AntiVirus 概略

在 Symantec AntiVirus（见图 15—14）中所要进行的大部分操作都将在两个窗格中完成。左窗格将可以执行的操作按照类别组合在一起，例如，"扫描软盘"和"扫描计算机"是"扫描"类别中的任务。左窗格中每一类别使用一个图标表示。当单击左窗格中的类别和其他项目时，窗口的右边就反映出有关您要执行的任务的信息。

Symantec AntiVirus 扫描程序在计算机的文件中搜索病毒定义文件中已知的病毒模型。如果找到相匹配的病毒模型，则表示文件已感染了病毒。Symantec AntiVirus 还使用病毒定义文件确定感染了哪一种病毒。因为几乎每天都可能有新的病毒引进到计算机中，所以病毒定义文件必须经常更新才能确保 Symantec AntiVirus 可以检测并清除最新的病毒。

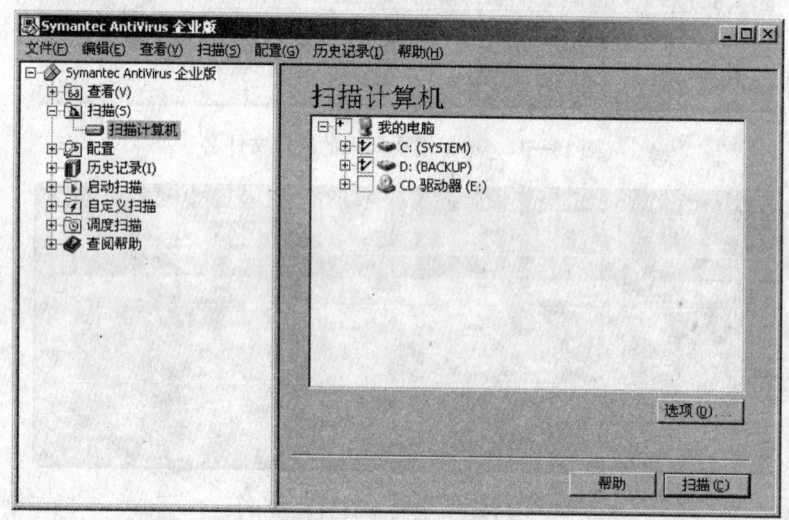

图 15—14　扫描计算机

二、用 Symantec AntiVirus 检测病毒

Symantec AntiVirus 通过扫描计算机的引导扇区、内存和文件中的病毒来防止计算机感染病毒。Symantec AntiVirus 扫描引擎使用病毒定义文件中的病毒特征对可执行文件内部的已知病毒进行彻底搜索。Symantec AntiVirus 搜索文档文件的可执行部分来查找宏病毒。

1. 操作方法一

（1）要进行扫描时，先选中要扫描的区域，然后单击"确定"按钮，如图 15—14 所示。

1）首先，Symantec AntiVirus 会搜索计算机的内存。所有程序病毒、引导扇区病毒或宏病毒都有可能驻留在内存中。驻留内存的病毒将其自身复制到计算机的内存中。在内存中，病毒可以一直处于潜伏状态直到发生触发事件。随后这个病毒就可以传播到磁盘驱动器中的软盘上，也可以传播到硬盘驱动器上。目前，还没有办法清除已存在于内存中的病毒。但是，您可以重新启动计算机，然后再进行彻底地扫描，这样就可以将病毒从内存中删除了。

2）接下来，Symantec AntiVirus 检查计算机的引导区，以发现引导型病毒。检查的内容包括以下两项——分区表和主引导记录。

通常，病毒是通过启动或关闭计算机时留在磁盘驱动器中的软盘传播的。如果扫描时磁盘驱动器中已经有软盘，Symantec AntiVirus 将搜索软盘驱动器的引导扇区和分区表。如

果关闭计算机时磁盘驱动器中还有软盘，Symantec AntiVirus 将提示您取出软盘以预防可能发生的病毒感染。

Symantec AntiVirus 扫描单个文件。对于大多数扫描类型，可以选择要扫描的文件。Symantec AntiVirus 使用基于模型（称为模型或特征）的扫描来查找文件中的病毒。识别特定病毒的方式就是将每个文件都与包含在病毒定义文件中的病毒特征相比较。在默认情况下，如果发现了病毒，Symantec AntiVirus 就会尝试删除受感染文件中的病毒。如果无法清除病毒，Symantec AntiVirus 将隔离文件以防止计算机被进一步感染。扫描结束后，将列出扫描结果。

3) Symantec AntiVirus 具有实时防护的功能。当文件打开或执行时，以及对文件进行修改（例如，重命名、保存或将文件复制到目录中以及从其他目录中复制文件）时，通过查找病毒模型不断地监视计算机的活动。

(2) 用户也可以自定义发现病毒时的操作，有如下几种操作方式：

1) 清除文件中的病毒

Symantec AntiVirus 尝试永久地删除受感染文件中的病毒。

2) 删除受感染的文件

Symantec AntiVirus 将文件从您的计算机硬盘中永久地删除。

3) 保留受感染的文件

保留受感染文件原来的状态。文件中仍然存在着病毒，并且可能扩散到计算机的其他部分。Symantec AntiVirus 在"事件日志"中放置一条信息，以记录受感染文件的状态。

4) 将受感染文件移动到隔离区

Symantec AntiVirus 在物理上将受感染文件从其原始位置移动到隔离区（一个专门针对受病毒感染文件的"存储单元"）。您无法修改和保存隔离区中的文件。

2. 操作方法二

还有一种更简单的查毒方法，安装 NAV 后，在资源管理器和"我的电脑"的右键菜单中会添加一项"扫描病毒..."快捷菜单，如图 15—15 所示。可以在任何一个驱动器、目录和文件上用这一项菜单来检查病毒。

三、升级病毒库代码

Symantec AntiVirus 为计算机提供了完整的病毒防护功能。但是病毒每天都在出现，并不断更新，所以，应该定期更新病毒定义文件。不断更新的病毒定义文件确保 Symantec AntiVirus 每次对计算机执行扫描时都可以发现最新的病毒。如果病毒定义文件已经过时，就不会检测到较新的病毒。

更新病毒定义文件是很容易的。使用 Symantec AntiVirus 的 LiveUpdate 功能，只需单击一个"LiveUpdate"按钮就可以用新的病毒定义文件替换旧的文件，如图 15—16 所示。

Symantec AntiVirus 从 Symantec 站点上取回新的病毒定义文件，然后替换掉 Symantec AntiVirus 目录中旧的病毒定义文件。

图 15—15　右键菜单扫描病毒

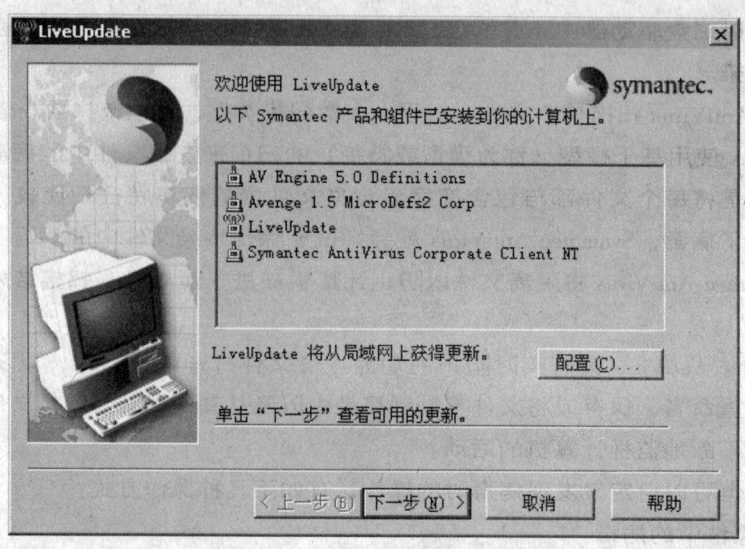

图 15—16 "LiveUpdate"对话框

第四节 其他病毒防治软件

一、瑞星杀毒软件的使用

1. 安装

瑞星杀毒软件的安装非常简单,将安装光盘放入光驱,系统会自动显示安装界面,选择"安装瑞星杀毒软件"。如果没有自动显示安装界面,可以浏览光盘,运行光盘根目录下的 Autorun.exe 程序,然后在弹出的安装界面中选择"安装瑞星杀毒软件"。

查杀毒主程序界面是使用瑞星杀毒软件的主要操作界面,此界面提供了瑞星杀毒软件所有的控制选项。通过这个简单、易操作并且友好的操作界面,在没有太多专业知识的情况下也可轻松地使用瑞星杀毒软件,如图 15—17 所示。

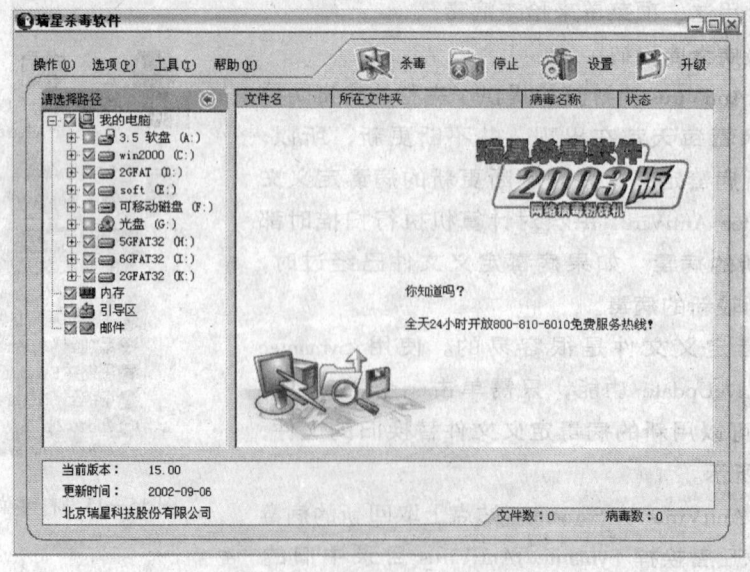

图 15—17 瑞星杀毒软件主界面

2．启动

启动瑞星杀毒软件"Windows 版"主程序有四种方法：

（1）在 Windows 界面中，依次选择"开始"→"程序"→"瑞星杀毒"→"瑞星杀毒软件"，即可启动瑞星杀毒软件。

（2）用鼠标双击桌面上的"瑞星杀毒软件"快捷方式图标，即可启动瑞星杀毒软件。

（3）用鼠标右键单击待扫描的文件，选择"瑞星杀毒"即可启动瑞星杀毒软件，如图15—18 所示。

（4）在系统托盘区（位于 Windows 窗口任务栏中显示时钟的区域）中，双击"瑞星计算机监控"图标（形状如小绿伞），或者用鼠标右键单击此图标，在弹出的菜单中选择"启动主程序"即可启动瑞星杀毒软件。

3．设置软件

综合大多数普通用户的通常使用情况，瑞星公司已对瑞星杀毒软件"Windows 版"作了合理的缺省设置。因此，普通用户在通常情况下无须改动任何设置即可进行快速查杀病毒。

（1）启动瑞星杀毒软件。

（2）在"请选择路径"框中显示了待查杀病毒的目标，在默认状态下，所有硬盘驱动器、内存、引导区和邮件都为选中状态，如图15—19 所示。

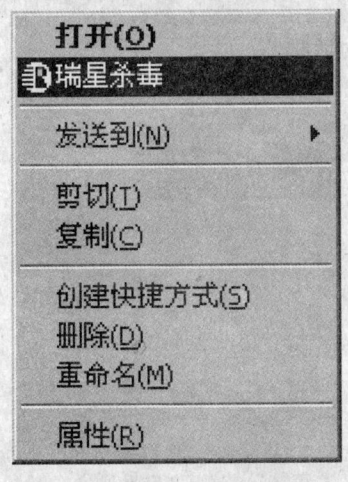
图15—18　右键菜单启动瑞星杀毒

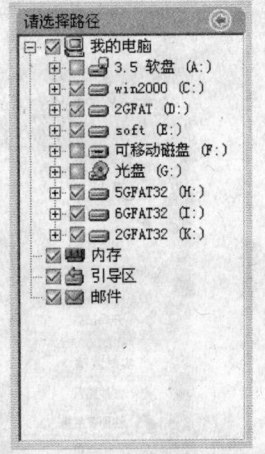
图15—19　选择路径对话框

（3）单击瑞星杀毒软件主程序界面上的"杀毒"按钮，即开始扫描所选目标，发现病毒时程序会提示用户如何处理。扫描过程中可随时选择"暂停"按钮暂停当前操作，单击"继续"按钮可继续当前操作，也可以选择"停止"按钮停止当前操作。对扫描中发现的病毒，病毒文件的文件名、所在文件夹、病毒名称和状态都将显示在病毒列表窗口中。

注意：在清除病毒过程中，若出现"请用瑞星原盘引导计算机清除病毒"提示时，即表示该文件可能正在被使用。可以使用瑞星原盘启动计算机，用瑞星杀毒软件"DOS 版"清除该病毒。

如果想修改瑞星杀毒软件的缺省杀毒设置，可以在"瑞星设置"对话框中进行修改。在瑞星杀毒软件主程序界面中，选择"选项"→"设置"→"杀毒设置"，将会弹出如图15—20 所示的"瑞星设置"对话框。

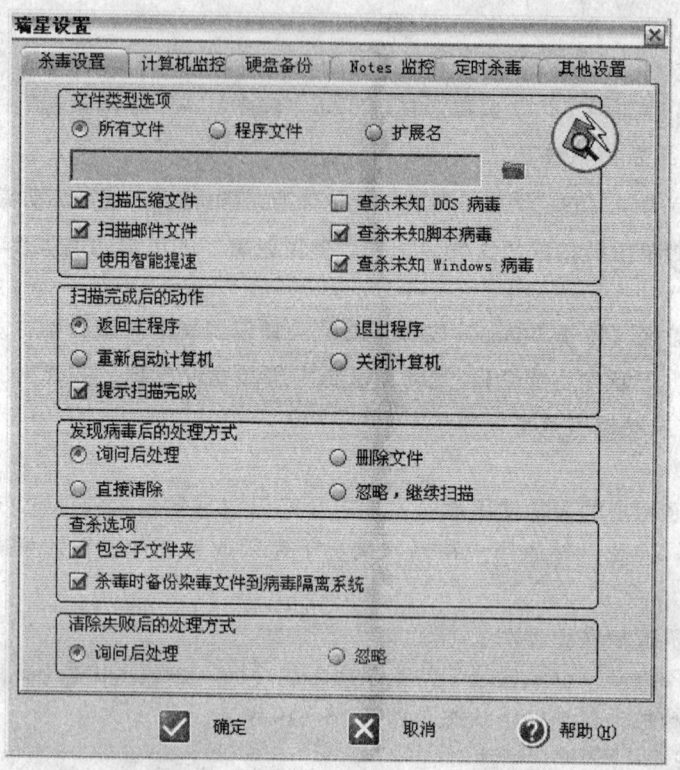

图 15—20 "瑞星设置"对话框

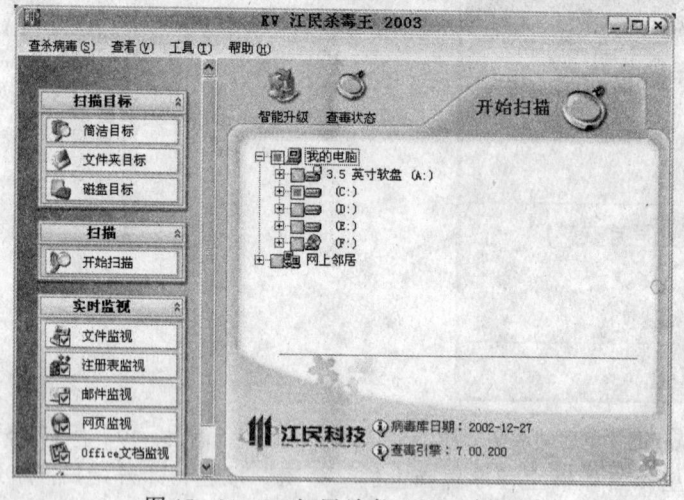

图 15—21 KV 江民杀毒王 2003 主界面

二、KV 江民杀毒软件的使用

KV 江民杀毒王 2003 也是一款优秀的病毒防治软件。其操作主界面如图 15—21 所示。KV 江民杀毒王 2003 在 KV3000 杀毒王的基础上增添了脚本扫描实时监控,增强了对于脚本病毒的实时过滤功能;新增了 Office 文档监视,可以对 Office 文档中病毒进行实时过滤。使用时,只要在相应的选项前打对勾就可以了,KV 江民杀毒王 2003 的实时监控已由 KV3000 杀毒王的四大监控发展成了六大监控,分别为文件监视、注册表监视、邮件监视、网页监视、脚本监视、Office 文档监视。六大实时监视有效挡住了病毒的所有入口,将病毒阻挡于系统之外。即使是已侵入病毒，打开实时监视也可以有效地禁止病毒的运行。根据实时监控的提示进行染毒文件定位，然后对感染病毒的文件进行扫描，将扫描到的病毒清除。

KV 江民杀毒王 2003 遇病毒报警不是直报在屏幕中间弹出对话框，而是从屏幕左下角弹出类似于 MSN 消息式提示，毫不干扰用户当前的工作。并且在消息提示中提供了清除病毒，删除感染文件，文件定位三种功能，方便了用户对于染毒文件的处理，如图 15—22 所示。

KV 江民杀毒王 2003 还具有很多实用工具，如"IE 修复"功能，可对被恶意网页修改的 IE 进行有效修复，如图 15—23 所示。IE 修复王可以做到针对 IE 浏览器本身设置的修改；针对注册表编辑器的修改与锁定；针对运行命令的相关命令的锁定；针对我的电脑、桌面、旧的 DOS 模式中所有对象的锁定等。

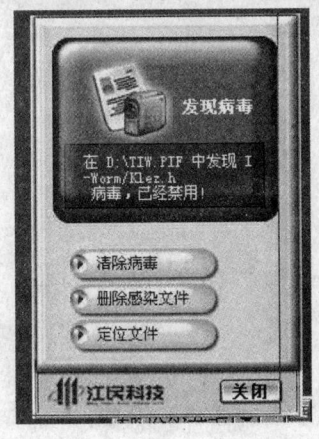

图 15—22　发现病毒提示窗口

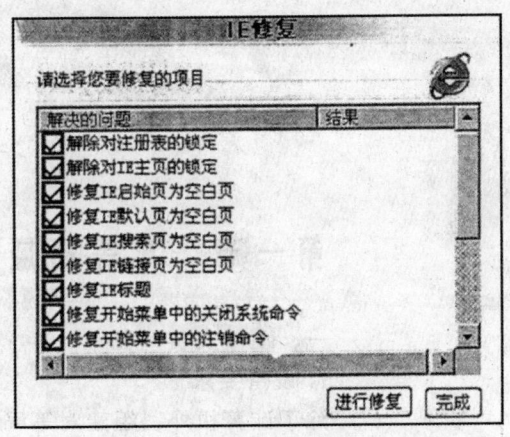

图 15—23　"IE 修复"对话框

第十六章
计算机网络的基本操作

第一节 对等局域网安装

一、硬件安装

1．设备要求

除了计算机外，组建对等局域网还需要下面的器件和设备：

（1）10M 以太网集线器一台（视接入的计算机和集线器的端口数而定）。

（2）每台上网的计算机配一块 10M 或 10/100M 自适应以太网网卡。

（3）每台上网的计算机配一根两端接好 RJ45 接线连接头（俗称水晶头）的五类无屏蔽双绞线，其长度视计算机与集线器之间的距离而定，但是，最长不应超过 100 m。

2．安装硬件

（1）安装网卡

一般来说，目前购买的计算机都配置有网卡，可跳过网卡安装步骤。如果没有，则可按下面操作步骤安装网卡：

1）拔掉计算机的电源插头。

2）打开计算机机箱盖，将金属机箱接地。

3）选择一个空闲的扩展槽，取掉扩展槽对应机箱上的金属薄片，以免挡住网卡后端的连接端口。小心、牢固地将网卡插到扩展槽内，并用螺钉固定牢靠。

4）盖上机箱盖，在确保一切正常后再把机箱固定螺钉上好。

（2）安装电缆

分别将双绞线两端的 RJ45 插头插入集线器和网卡的 RJ45 插座内，听到"咔嚓"一声，则证明卡牢（见图 16—1）。

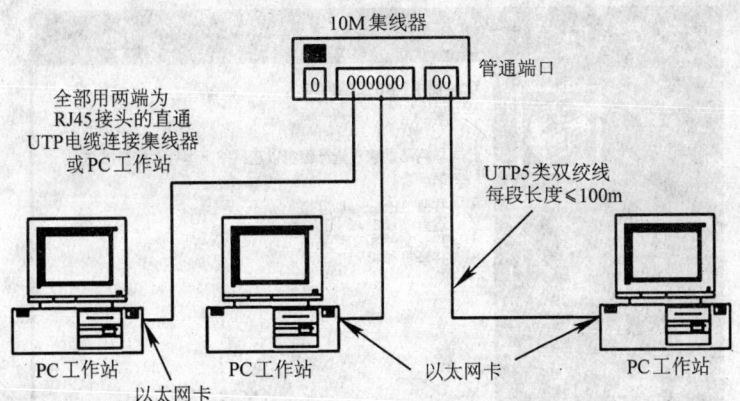

图 16—1 对等局域网组网图

在每台要上网的计算机上重复上述操作。

(3) 安装/配置网卡驱动程序

由于目前市面上的网卡都是 PnP 型网卡,当安装好网卡后,接上集线器、计算机电源线,打开电源开关,Windows 操作系统可以自动检测,并安装/配置大多数类型网卡的驱动程序和参数。

只要依次单击"开始""控制面板"按钮,打开"控制面板"对话框;双击"系统"图标,打开"系统"属性对话框;再依次单击"硬件"选项卡、"设备管理器"按钮,打开"设备管理器"对话框,单击"网络适配器"前面的展开符号,该"网络适配器"中的网卡标志上没有出现问号或惊叹号,就表明网卡及其驱动程序安装成功。

二、设置对等局域网软件环境

1. 安装网络协议

Windows 操作系统在用户安装好网卡后,默认安装的网络协议是 TCP/IP 协议。因此,一般不谚要另外安装其他网络协议。

2. 共享文件、文件夹及打印机网络设置

要共享本地计算机上的文件、文件夹及打印机,必须先完成下面共享文件、文件夹及打印机的网络设置。

操作步骤如下:

(1) 依次单击"开始"→"控制面板",打开"控制面板"对话框。

(2) 双击"网络安装向导"图标,打开"网络安装向导"对话框(见图16—2)。

(3) 依次单击"网络安装向导"对话框中的"下一步"按钮,当出现"快完成了""网络安装向导"对话框时,单击选择"完成该向导。我不需要在其他计算机上运行该向导"选项。

(4) 单击"网络安装向导"对话框中的"下一步"按钮。

单击"网络安装向导"对话框中的"完成"按钮,完成共享文件、文件夹及打印机网络设置。

3. 查看更改计算机名标识

局域网是按"计算机名"来标识提供或使用网络上资源(共享文件或打印机)计算机的。查看更改计算机名标识的操作步骤:

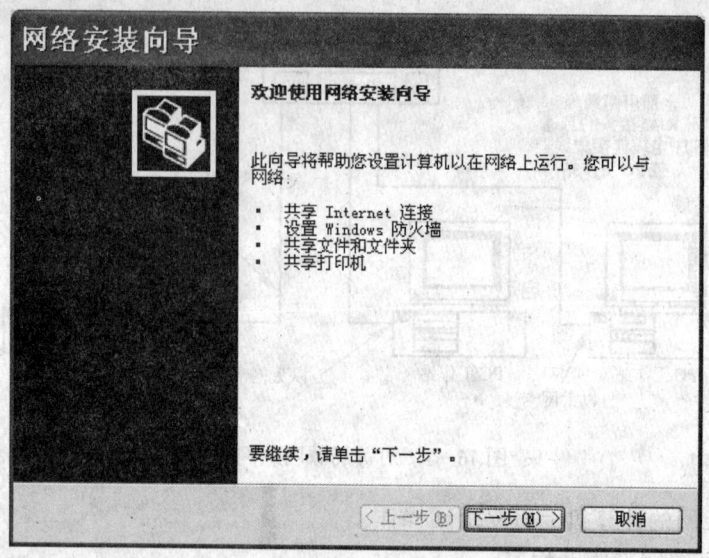

图16—2 "网络安装向导"对话框

（1）依次单击"开始"→"控制面板"，打开"控制面板"对话框。
（2）双击"系统"图标，打开"系统属性"对话框。
（3）单击"计算机名"选项卡（见图16—3），在"计算机描述"字段内输入描述本地计算机特征的文字。
（4）单击"更改"按钮，打开"计算机名称更改"对话框，如图16—4所示。

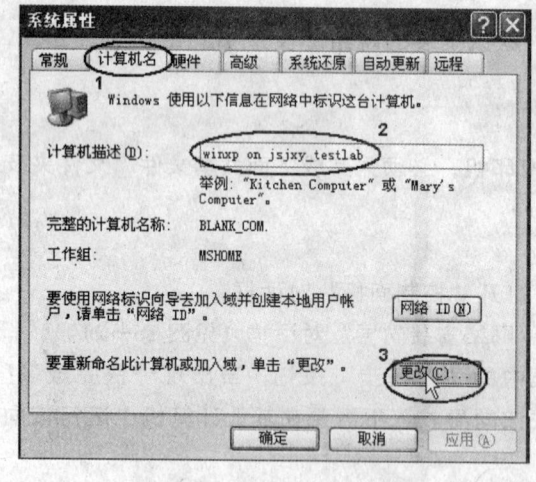

图16—3 "系统属性"对话框

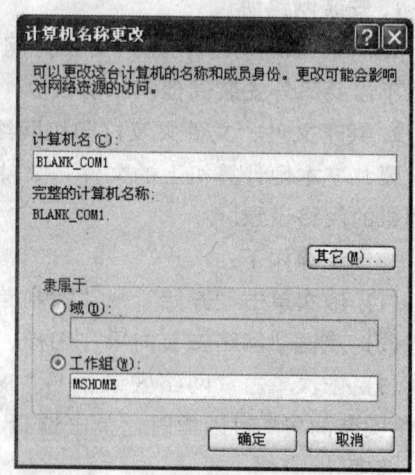

图16—4 "计算机名称更改"对话框

（5）分别单击"计算机名""工作组"字段，输入标识计算机的计算机名称或者修改工作组名称。
（6）单击"确定"按钮，弹出"计算机名更改"提示启动计算机对话框（见图16—5）。
（7）单击"确定"按钮，系统又弹出"系统设置改变"对话框（见图16—6）。

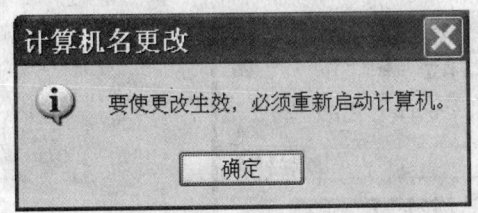 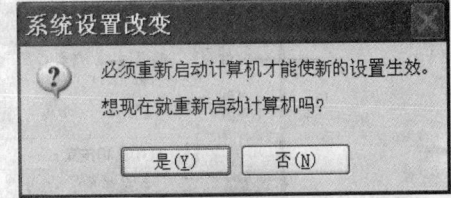

图 16—5 "计算机名更改"提示启动对话框   图 16—6 "系统设置改变"对话框

（8）单击"是"按钮，重新启动计算机，使配置生效，完成查看或更改计算机名标识操作。

三、共享和管理网络资源

在 Windows XP 操作系统中，要想网络上的其他用户能访问本地某个文件夹及其文件夹中的文件或打印机等资源，必须首先将这些资源共享出来。当用户把某个文件夹设置为共享后，这个文件夹及其文件夹中的文件以及其子文件夹都可以被局域网上的其他用户访问。前面章节中的文件、文件夹及打印机网络设置，系统已经自动在"我的电脑"中建立了一个共享文件夹"共享文档"，为网络用户使用本地计算机上的共享资源提供了必要的条件。用户要共享本计算机上的文件或文件夹，可将其"拖放"到该"共享文档"文件夹中即可。除此以外，还可以按下面方法共享和管理本地计算机上的网络资源。

1. 共享文件夹

首先打开"Windows 资源管理器"或"我的电脑"，找到需要共享的文件夹，再按下面操作步骤进行：

（1）在要设置为共享的文件夹上单击鼠标右键，再单击快捷菜单中的"共享与安全"命令；或者先单击选择要设置为共享的文件夹，再单击菜单栏上的"文件"菜单，选择该文件夹名，单击级联菜单中的"共享与安全"命令，弹出"×××（文件夹名）属性"对话框（见图 16—7）。

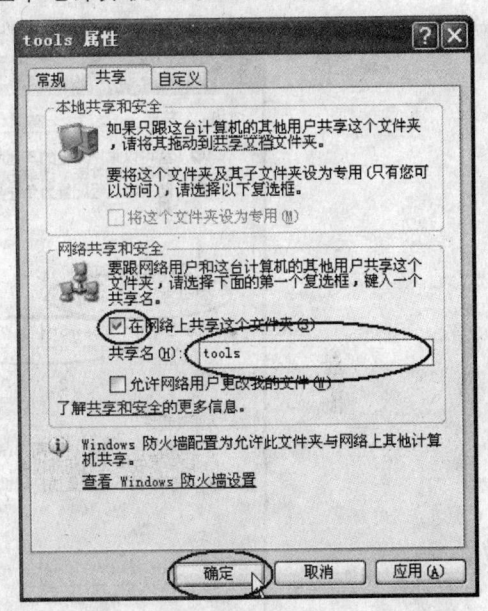

（2）单击选中"在网络上共享这个文件夹"前面的复选框，系统自动将用户所选的文件夹名填入"共享名"文本框中，用户可以接受或更该共享名称。系统默认共享的文件夹为"只读"属性，允许其他用户读取、运行文件或打开文件夹，但不能删除、修改文件，也不能在共

图 16—7 共享文件夹"tools 属性"对话框

享文件夹内建立、粘贴文件或文件夹。单击"确定"按钮，关闭对话框。稍等片刻，一只"共享之手"就会出现在要共享的文件夹上。此时网络上的用户就可以使用你的共享资源了。

以上设置方法也可用于设置共享磁盘驱动器或单个文件。

2. 共享打印机

在设置共享打印机之前，应先在本地计算机上安装和设置好打印机，执行前面所述"共享文件、文件夹及打印机网络设置"操作，再执行下面的操作步骤：

（1）单击"开始"按钮，单击选择"打印机和传真"命令，打开"打印机和传真"窗口（见图 16—8）。

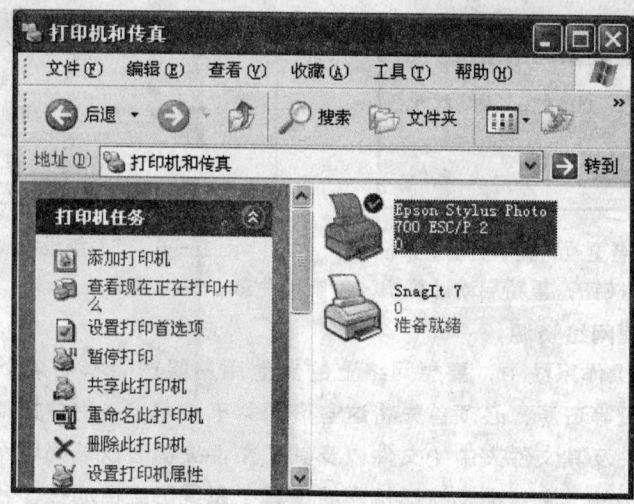

图 16—8 "打印机与传真"窗口

(2) 单击要设置成共享的打印机（通常是其中的带"√"的默认打印机）。

(3) 单击如图 16—8 所示窗口右边"打印机任务"栏内的"共享此打印机"命令，系统弹出"×××打印机属性"对话框，如图 16—9 所示。

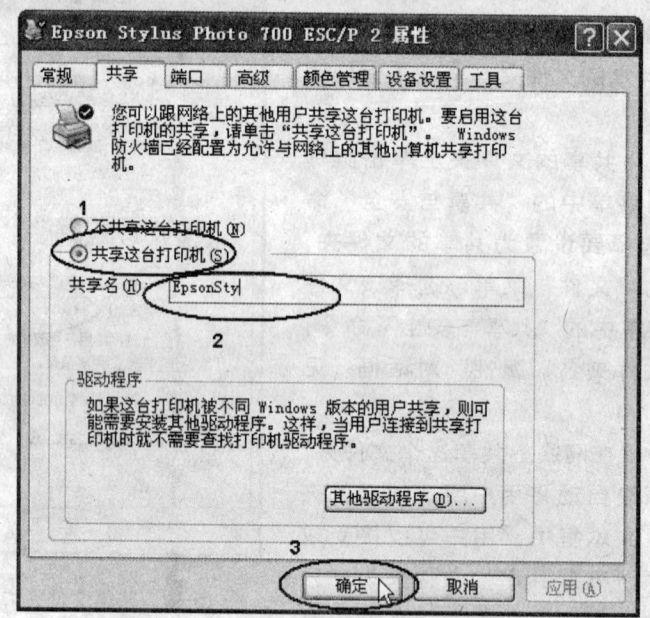

图 16—9 "×××打印机属性"对话框

(4) 单击选择"共享这台打印机"，确认"共享名"文本框内默认打印机的共享名称，或另外输入打印机的共享名。

(5) 单击"确定"按钮，关闭对话框。稍等片刻，一只"共享之手"就会出现在要共享的打印机上（见图 16—10），本地网络上的用户就可以使用共享打印机了。

3．使用共享资源

(1) 使用共享文件

使用计算机网络共享文件的最简单方法就是分别单击"开始"按钮、单击选择"网上邻居"命令，打开"网上邻居"窗口；单击左边"网络任务"栏中的"查看工作组计算

图 16—10　共享打印机图标形式

机"命令，打开工作组计算机窗口（见图 16—11）；双击共享文件所在的"工作组"图标，或"计算机名"图标、文件夹图标，直至找到所要访问的文件夹或文件。双击文件夹或文件图标，就可打开该文件夹或文件了。

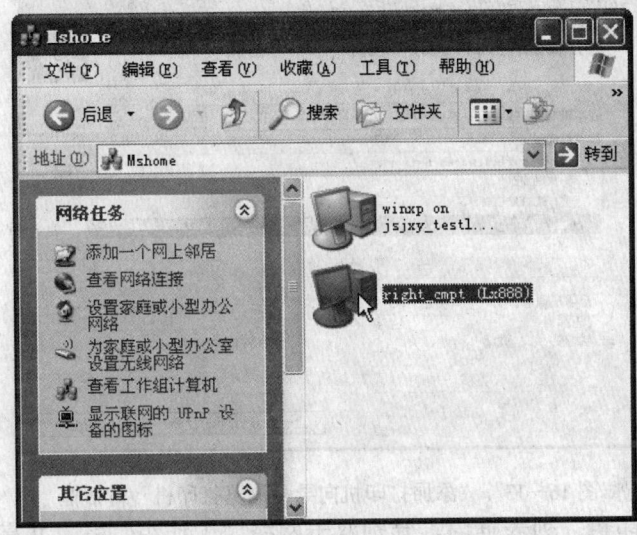

图 16—11　工作组计算机窗口

（2）使用共享打印机

1）安装共享打印机　要共享使用网络上共享的打印机，就得先在本地计算机上执行添加（安装）网络共享打印机的操作。步骤为：

①分别单击"开始"按钮、单击选择"打印机和传真"命令，打开"打印机和传真"窗口（见图 16—12）。

②单击"打印机和传真"窗口左边"打印机任务"栏中的"添加打印机"命令，打开"添加打印机向导"对话框，单击"下一步"按钮，打开另一"添加打印机向导"对话框。

③选择本地或网络打印机：单击选择"网络打印机或连接到其他计算机的打印机"选项，单击"下一步"按钮。

④单击选择"浏览打印机"选项，单击"下一步"按钮，打开"添加打印机向导"的"浏览打印机"对话框（见图 16—13）。

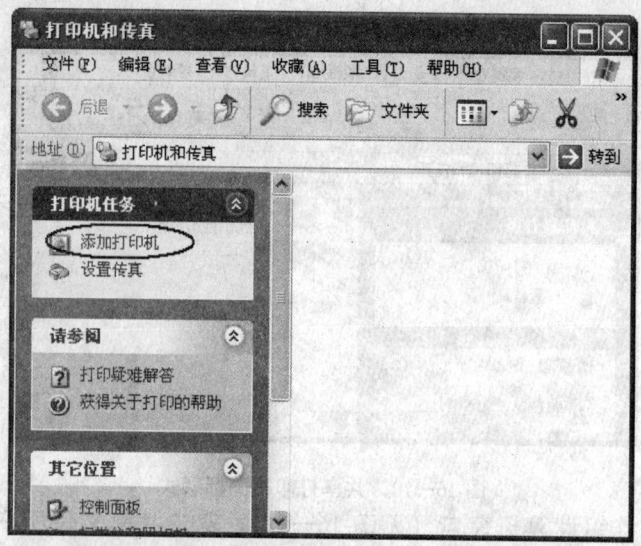

图16—12 "打印机和传真"窗口

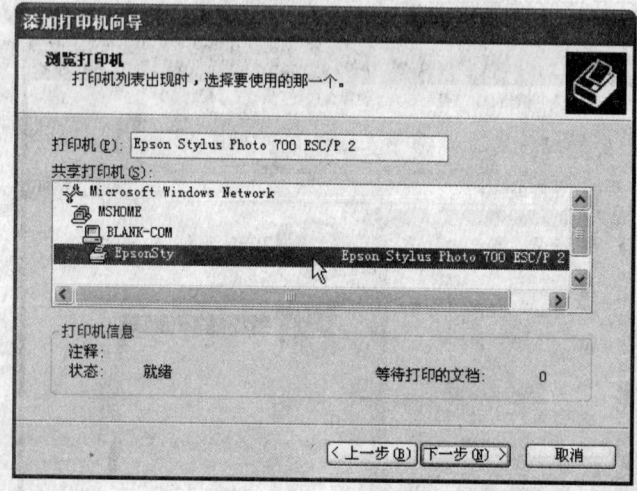

图16—13 "添加打印机向导－浏览打印机"对话框

⑤在"共享打印机"列表框内,分别双击网络"工作组"名、共享打印机的计算机名,再单击选择网络上共享的打印机(见图16—13),单击"下一步"按钮,弹出"连接打印机"对话框(见图16—14)。

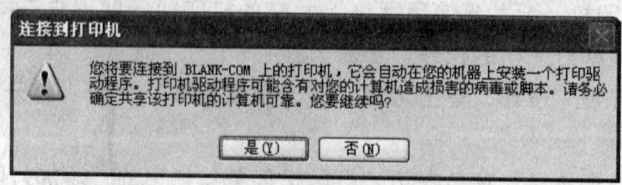

图16—14 "连接打印机"对话框

⑥单击"是"按钮,在随后出现的"添加打印机向导"对话框中,单击"完成"按钮,安装成功网络共享打印机。此时,"打印机和传真"窗口中会出现共享打印机的图标、打印机型号名称(见图16—15)。

2)使用共享打印机 共享打印机的使用方法与使用本地打印机方法相同,不再赘述。

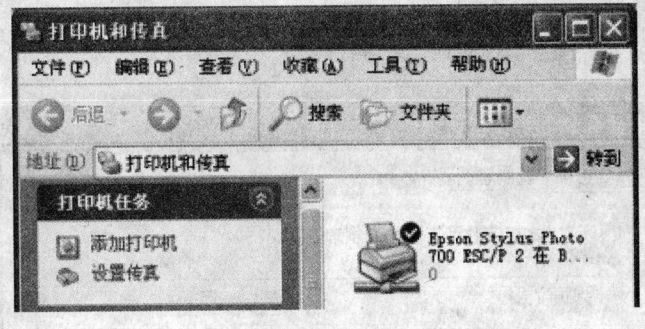

图 16—15 网络上共享的打印机图标形式

第二节 Internet 接入方式

一、普通 Modem 接入方法

从 ISP 处获得上网的用户名、密码和接入的电话号码后，按照 ISP 提供的 TCP/IP 参数，安装、设置好拨号上网的软、硬件设备，就可上网，成为 Internet 的用户了。

1．Modem 的连接与安装

（1）连接电话线

将电话进线的 RJ11 插头插入 Modem 背面的"电话线路"端口；电话线两端的 RJ11 插头分别插入电话机和 Modem 背面的"串接分机"端口（此项可选：若不接电话机分机则无此步骤）。

（2）连接串口连接线

分别将串口连接线的两端连接到 Modem 和计算机背面的"串行接口"和"串行端口"上，并旋上螺钉固定好，如图 16—16 所示。

（3）连接 Modem 电源线

将 Modem 附带的变压器的直流端插头接入 Modem 背面的"电源插口"，接好交流电源，打开电源开关。

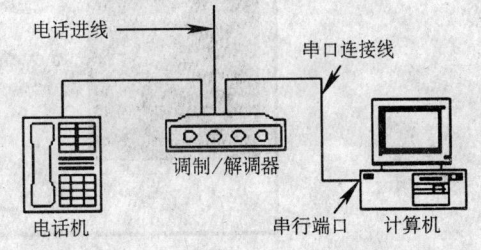

图 16—16 Modem 接线图

2．安装 Modem 驱动程序

（1）自动安装 Modem 驱动程序

如果 Modem 支持 PnP，操作系统又能识别 Modem，则操作系统会自动安装 Modem 驱动程序，配置 IRQ 与 I/O 参数。操作步骤如下：

1）分别打开 Modem、计算机电源开关，启动计算机。

2）按系统提示，重新启动计算机。

（2）手动安装 Modem 驱动程序，操作步骤下：

1）单击"开始"按钮，单击"控制面板"命令，打开"控制面板"窗口。

2）单击窗口左边"控制面板"区中的"切换到经典视图"命令，双击位于窗口右边的"电话和调制解调器选项"图标，打开"电话和调制解调器选项"对话框，单击"调制解调器"选项卡（见图16—17）。

3）单击"添加"按钮，弹出"添加硬件向导"——安装新调制解调器对话框（见图16—18）。

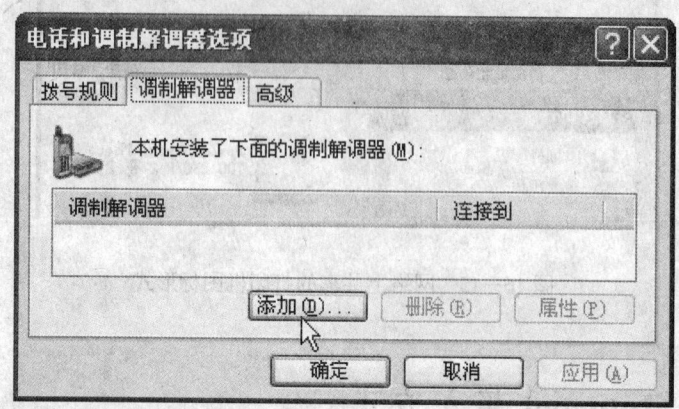

图16—17 "电话和调制解调器选项"对话框

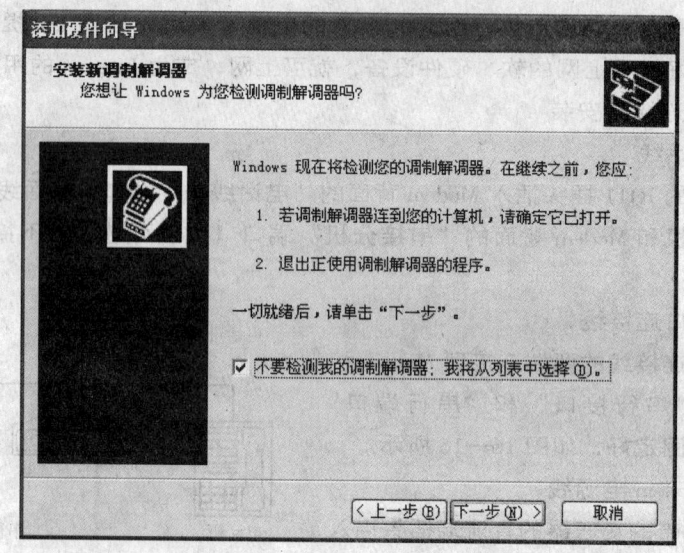

图16—18 "添加硬件向导"—安装新调制解调器对话框

4）单击选择"不要检测我的调制解调器；我将从列表中选择"复选框，再单击"下一步"按钮。

5）在出现的对话框（见图16—19）中，从"厂商"和"型号"列表框内查找要安装的调制解调器型号，如果有，就单击选取，单击"下一步"按钮，如果没有，则插入随Modem附带的磁盘或光盘，单击"从磁盘安装"按钮，选定驱动程序位置后，单击"确定"按钮；再在弹出的对话框中，单击确定调制解调器型号后，单击"下一步"按钮。

6）在弹出的对话框（见图16—20）中，单击选择连接Modem的"通信端口"号后，单击"下一步"按钮，进行安装。

7）如果出现如图16—21所示的"硬件安装"提示对话框，单击"仍然继续"按钮，并返回"添加硬件向导"对话框。

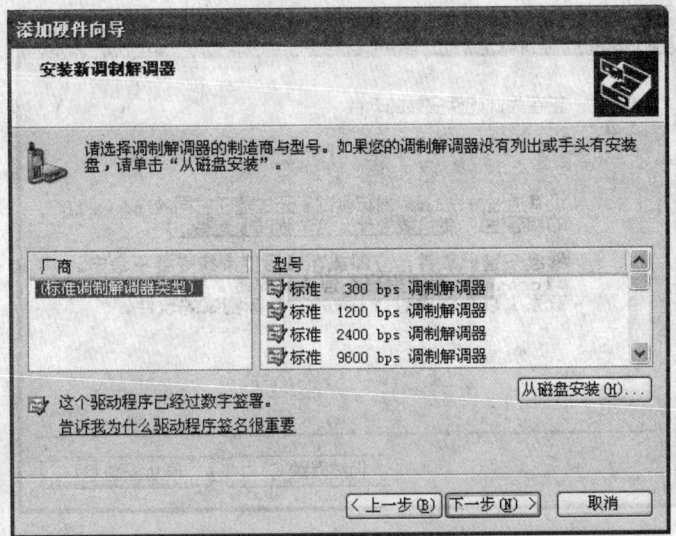

图 16—19 "添加硬件向导"对话框—从磁盘安装

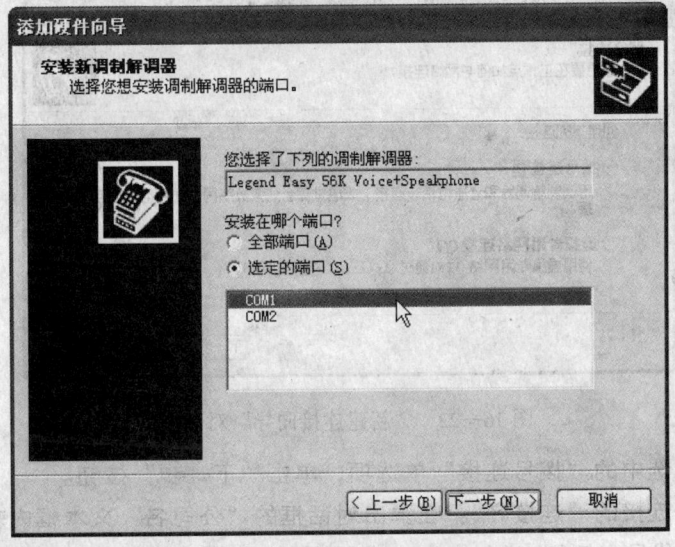

图 16—20 选择连接 Modem 的通信端口

8）单击"完成"按钮，返回"电话和调制解调器选项"对话框，单击"确定"按钮，关闭"电话和调制解调器选项"对话框，结束安装。

3．安装网络协议

由于 Windows XP 全面支持 Internet 所使用的 TCP/IP 协议，用户安装上网硬件时，Windows 操作已经将上网所需要的协议作为系统的默认选项进行安装，就不用再安装了。

4．建立和配置拨号连接

（1）建立拨号连接

操作步骤如下：

1）分别单击"开始"→"控制面板"，在"选择一个类别"中单击"网络和 Internet 连接"，打开"网络和 Internet 连接"窗口。

2）单击"选择一个任务…"区域中的"创建一个到你的工作位置的网络连接"命令，弹出"新建连接向导"对话框（见图 16—22）。

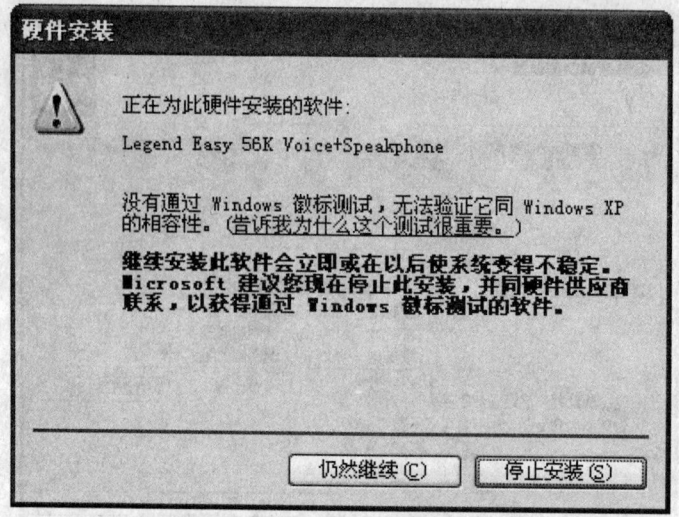

图16—21 "硬件安装"提示对话框

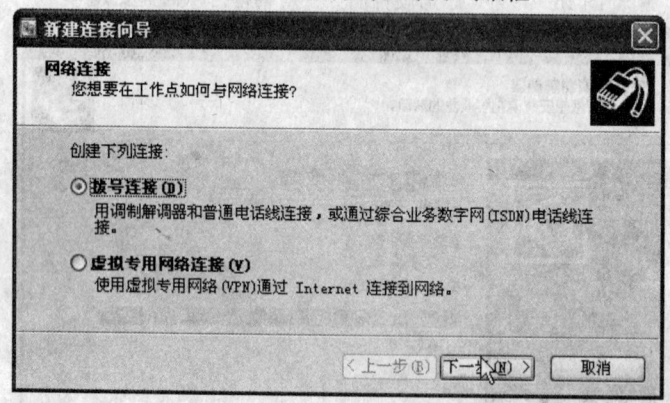

图16—22 "新建连接向导"对话框

3) 确认默认选中的"拨号连接"单选项，单击"下一步"按钮。

4) 指定拨号连接的"连接名"：在弹出对话框的"公司名"文本框内输入因特网提供商（ISP）的名称代号，例如，"电信16300"。单击"下一步"按钮；指定要拨的"电话号码"：在弹出对话框的"电话号码"文本框内输入因特网提供商（ISP）提供的接入电话号码，例如，"16300"；单击"下一步"按钮。

5) 在对话框中，单击"完成"按钮，完成建立拨号新连接操作，系统关闭"新建连接向导"对话框。

（2）设置拨号属性

通常建立拨号连接后，使用系统的默认设置。如需修改，可按执行下面操作步骤：

1) 单击"开始"按钮，选择"连接到"选项，单击展开菜单中的"显示所有连接"命令，打开"网络连接"窗口。

2) 鼠标右键单击新建立的拨号连接（如"电信16300"）图标，单击"属性"命令，弹出"电信16300"属性对话框。

3) 在"常规"选项卡中，可以修改"电话号码"区域内的设置。单击"设置"按钮，可选择连接的Modem。

4）单击"网络"选项卡，双击"Internet 协议（TCP/IP）"，打开"Internet 协议（TCP/IP）属性"对话框。

5）一般 ISP 提供动态 IP 地址，不必设置 TCP/IP 项。如果 ISP 提供静态 IP 地址，则应按照 ISP 提供的参数进行设置。

6）设置完成后，单击"确定"按钮，关闭属性对话框。

5. 使用拨号连接

（1）单击"开始"按钮，选择"连接到"选项，单击展开菜单中要使用的拨号连接（如"电信 16300"），则弹出如图 16—23 所示的"连接电信 16300"对话框。

（2）分别在"用户名""密码"文本框内输入在 ISP 开户时设置的用户名（如 16300）和密码（如 16300）。如果只有你自己使用着这台计算机，可以单击选择"为下面用户保存用户名和密码"。

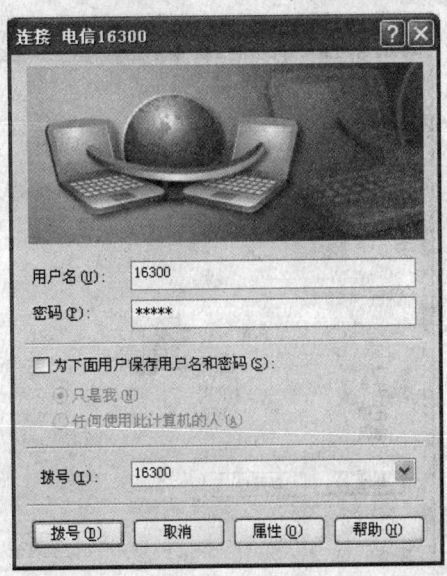

图 16—23　"连接电信 16300"对话框

（3）单击"拨号"按钮，弹出如图 16—24 所示的"正在连接电信 16300"的拨号连接状态对话框。

（4）单击"取消"按钮，可以终止拨号。

（5）如果与 ISP 连接成功，该连接对话框会自动关闭。并在操作系统的右下角状态栏中显示用于"拨号连接"（调制解调器工作）状态的图标。

图 16—24　"正在连接电信 16300"对话框

（6）双击"拨号连接"图标，弹出"电信 16300 状态"对话框（见图 16—25），查看连接状态。单击"详细资料"按钮，可以察看连接的详细信息；单击"关闭"按钮或右上角的关闭按钮，关闭对话框。

（7）单击"断开"按钮，可以中断与 ISP 的连接。

二、局域网接入方法

计算机通过局域网接入因特网，需要安装一块网卡和网卡驱动程序，连接好网络连线，安装 TCP/IP 协议，配置 TCP/IP 参数。前两项已经在前面的章节中讲过了。如果局域网采用动态 IP 地址分配方法，使用默认的 TCP/IP 协议参数就可以了，不需要作其他设置。如果是采用静态 IP 地址分配方法，ISP 提供商或局域网网络管理员就会提供 IP 地址等 TCP/IP 协议参数。这时可以采取下面操作步骤配置 TCP/IP 协议参数。

步骤 1：单击"开始"按钮，选择"连接到"选项，单击展开菜单中的"显示所有连接"命令，打开"网络连接"窗口。

步骤 2：鼠标右键单击"本地连接"，单击展开菜单中的"属性"命令，弹出"本地连接属性"对话框。

步骤 3：双击"常规"选项卡中"此连接使用下列项目"列表框内的"Internet 协议（TCP/IP）属性"，打开"Internet 协议（TCP/IP）属性"对话框（见图 16—26）。

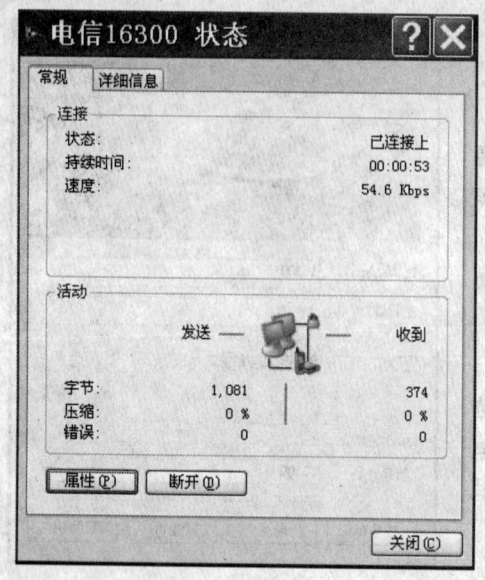
图16—25 "电信16300状态"连接状态对话框

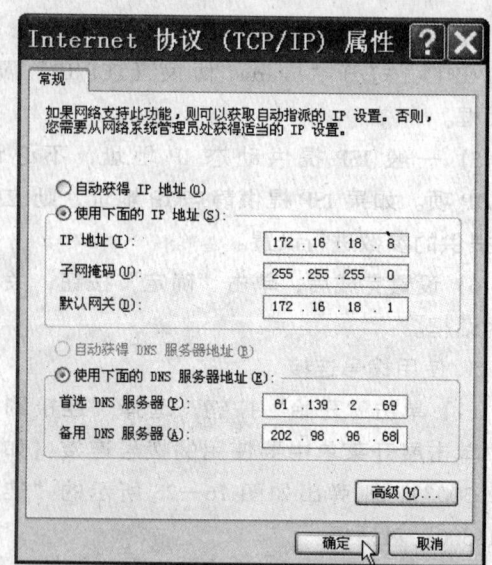
图16—26 "Internet协议（TCP/IP）属性"对话框

步骤4：单击"使用下面的IP地址"单选按钮，激活下面五个IP地址设置字段。

步骤5：分别在"IP地址""子网掩码""默认网关"和"DNS服务器"字段内输入ISP提供商或局域网网络管理员提供的标识本地计算机的IP地址、子网掩码、默认网关和DNS服务器的IP地址，然后单击"确定"按钮，关闭"Internet协议（TCP/IP）属性"对话框。

步骤6：单击"确定"按钮，关闭"本地连接属性"对话框。

如果能访问到网络上的资源，则说明设置正确。

第三节 IE浏览器的使用

按照前面的方法建立与ISP的连接，为上因特网建立了一条必要的数据通道。要想浏览因特网上的信息，要使用浏览器。IE（Internet Explorer）浏览器是Windows操作系统内置的浏览器，也是人们常用的浏览器之一。

一、浏览网页

1．启动IE浏览器

可以采用下面的任一种方法启动IE浏览器：

（1）单击快速启动区上的IE浏览器图标 ，启动IE浏览器。

（2）单击"开始"按钮，再单击展开菜单上的" Internet"图标，启动IE浏览器。

（3）双击桌面或资源管理器中的Web网页文件或快捷方式图标，启动IE浏览器。

2．浏览网页

启动IE浏览器后，用户首先看到的页面称为主页。IE浏览器默认的主页是微软网站的中文首页。

（1）输入网址浏览网页

1）启动IE浏览器。

2）在浏览器的地址栏输入要浏览的网址。

3）按 Enter 键或单击地址栏后面的"转到"按钮。

(2) 通过超链接访问网页

操作步骤如下：

1）在浏览的页面中，将鼠标移动到要浏览内容的超链接处。

2）当鼠标指针变成手指形状 时，单击鼠标左键，就会打开要访问的网页（或资源）。

(3) 脱机浏览网页

对于通过拨号连接，或其他记时收费上网的用户来说，有时采用脱机浏览网页的方式浏览网页内容是一种上佳的省钱方法。其操作步骤如下：

1）在上网连接中，先通过单击感兴趣、要浏览内容的超链接，或在地址栏输入网址，再按 Enter 键的方式下载一个又一个网页。

2）下载足够的网页后，双击操作系统右下角状态栏中的"连接"图标 。

3）单击"断开"按钮，中断与 ISP 的连接。

4）单击 IE 窗口的"文件"菜单，单击选择"脱机工作"命令。

5）随后，单击之前下载的网页，可以慢慢地悠闲浏览网页内容了。

在脱机浏览的过程中，如果鼠标指针移到某个超链接时，手指形状鼠标的右边出现一否定符号 ，则表明在脱机状态下是无法打开该超链接目标的。此时，如果单击超链接，会弹出一个"脱机状态下网页不可用"提示对话框，单击"连接"按钮，再次进行连接，下载网页；若单击"保持脱机状态"按钮，不进行网络连接，保持脱机浏览的状态。

二、IE 浏览器的基本操作

1．设置主页

(1) 浏览要设置为主页的网页。

(2) 将鼠标移到"地址"栏中网页的 IE 图标上，按住鼠标左键不放。

(3) 将其拖到位于工具栏中的"主页"按钮上，再放开鼠标。

(4) 在弹出的是否将"××网页"设置为主页的对话框中，单击"是"按钮。

2．保存网页、图片

(1) 保存网页

1）单击"文件"菜单，单击"另存为"命令，打开"保存网页"对话框。

2）在"文件名"内输入文件名，或保留默认的文件名（网页的标题名）。

3）单击"保存在"下拉列表，选择保存文件的位置。

如果要保存在新的文件夹中，可单击对话框右上角的"新建文件夹"按钮，输入文件夹名。

4）单击"保存类型"下拉列表，选择保存文件的类型。

5）单击"保存"按钮。

(2) 保存图片

1）鼠标右键单击要保存的图片，打开下拉快捷菜单。

2）单击"另存为"命令，打开"保存图片"对话框。

3）在"文件名"内输入文件名，或保留图片原有的文件名。

4）单击"保存在"下拉列表，选择保存文件的位置。

如果要保存在新的文件夹中，可单击对话框右上角的"新建文件夹"按钮，输入文件夹名。

5）单击"保存类型"下拉列表，选择保存文件的类型。

6）单击"保存"按钮。

除了上面保存网页、图片的方法外，还可以通过选择网页中的文本、图片，单击鼠标右键，单击"复制"命令，再将其粘贴到文本、Word 文档或图片文件中。

3．使用收藏夹与链接栏

（1）收藏网页

1）将鼠标移到"地址"栏中要收藏网页的 IE 图标上，按住鼠标左键不放。

2）将其拖到位于常用工具栏中的"收藏"按钮"收藏"上，再放开鼠标。

（2）在"链接"栏中添加网页的链接

1）将鼠标移到"地址"栏中要收入"链接"的网页图标上，按住鼠标左键不放。

2）将其拖到位于工具栏中的"链接"栏上，再放开鼠标。

（3）使用"链接"栏

1）单击"链接"栏旁边的展开按钮（如果"链接"栏呈折叠状）。

2）单击要浏览的网页标题名称，就可快速地链接、浏览指定的网页。

4．搜索网络资源

（1）地址栏搜索

操作步骤：在"地址"栏中输入要搜索的文字，按 Enter 键进行搜索，并返回搜索的结果。

（2）分类目录搜索

1）在"地址"栏输入门户网站的网址，例如，"www.163.com"，按 Enter 键浏览"网易"首页。

2）在网页中找到分类目录搜索栏（见图 16—27），单击要查询内容所属的分类目录类型的超链接，进行子分类目录逐级查找。

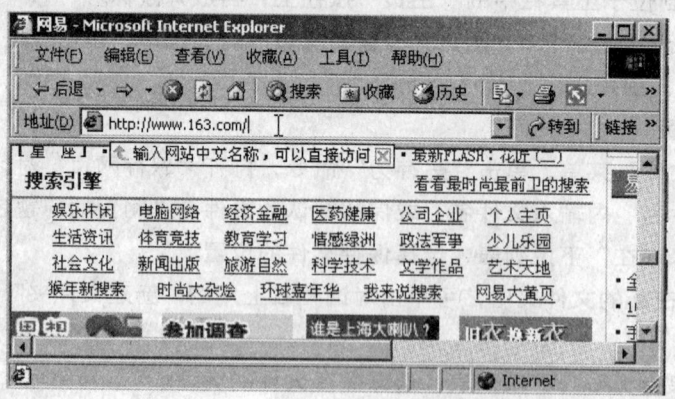

图 16—27　分类目录搜索

（3）搜索引擎搜索

1）在"地址"栏输入搜索引擎网站的网址，例如，"www.google.com"，按 Enter 键。

2）在搜索文本框内输入要查找的文字，如"技能考级"（见图 16—28）。

3）单击"搜索简体中文网页"，确定搜索范围。

4）单击"Google 搜索"按钮，开始搜索。搜索引擎返回搜索结果。

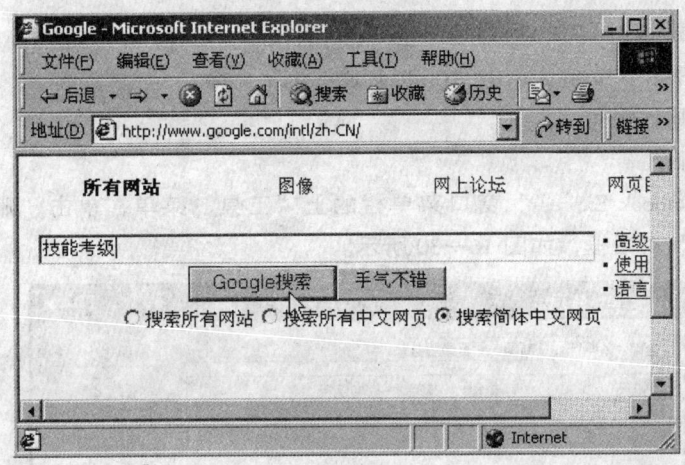

图 16—28 Google 搜索引擎

第四节 使用 Outlook Express 收发电子邮件

从 ISP 处获得电子邮件信箱或在网站上申请一个免费的电子邮件信箱，可以通过 IE 浏览器直接登录到相应的邮件服务器，收发电子邮件。但是，这种在网页上收发电子邮件的效率不如专门的 E‑mail 客户软件（如 Outlook Express）快，功能也没有后者多。E‑mail 客户软件的最大特点是可以脱机读写邮件。

一、启动与设置 Outlook Express

1. 启动 Outlook Express

可采用下面任意一种方法启动 Outlook Express，打开如图 16—29 所示的"Outlook Express"窗口。

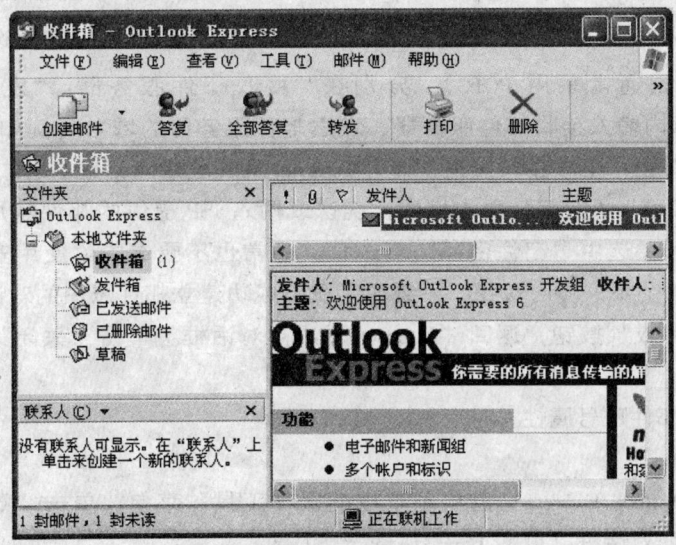

图 16—29 "Outlook Express"窗口

(1) 单击"开始"按钮，选择"所有程序"，单击展开菜单上的 Outlook Express 命令。

(2) 单击快速启动区内的 Outlook Express 按钮。

(3) 单击"开始"按钮，单击"Outlook Express"命令。

2．建立电子邮件账号

操作步骤如下：

(1) 单击"Outlook Express"窗口菜单栏的上"工具"菜单，单击"账户"命令，打开"Internet 账户"对话框，如图 16—30 所示。

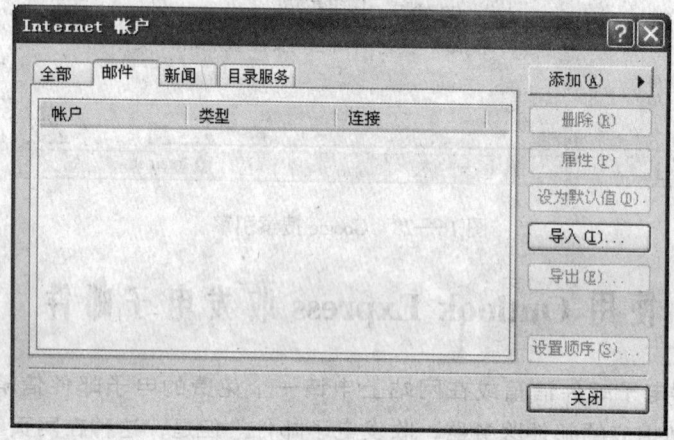

图 16—30 "Internet 账户"对话框

(2) 单击"添加"按钮，再单击"邮件"命令，打开"Internet 连接向导"对话框，如图 16—33 所示。

(3) 在"显示名"文本框内输入代表"发件人"的名字，使收信人能识别邮件是谁发来的。单击"下一步"按钮，打开输入电子邮件地址的对话框。

(4) 在"电子邮件地址"文本框内输入已经从 ISP 处获得的 E-mail 地址，例如，xielin@163.com。完成后，单击"下一步"按钮，打开输入电子邮件服务器名的对话框。

(5) 单击"我的邮件接收服务器是 POP3 ▼服务器。"的下拉按钮，选择邮件接收服务器的类型（我国通常采用 POP3）。分别在"接收邮件服务器:""发送邮件服务器（SMTP）:"文本框内输入接收邮件服务器、发送邮件服务器的域名（例如，pop.163.com、smtp.163.com）。单击"下一步"按钮，打开 Internet Mail 登录对话框。

(6) 在"账户名""密码"文本框内，确认或输入 ISP 提供的邮件账户名和密码。为安全起见，最好不要选中"记住密码"复选框。通常也不要选中"使用安全密码验证登录"复选框。单击"下一步"按钮，系统显示祝贺成功建立邮件账户的对话框。

(7) 单击"完成"按钮，返回"Internet 账户"对话框。单击"关闭"按钮，完成操作。

3．修改电子邮件账号属性

操作步骤如下：

(1) 单击"Outlook Express"窗口菜单栏的上"工具"菜单，单击"账户"命令，打开"Internet 账户"对话框（见图 16—31）。

(2) 双击要电子邮件账号名，打开"邮件账号属性"对话框，如图 16—32 所示。

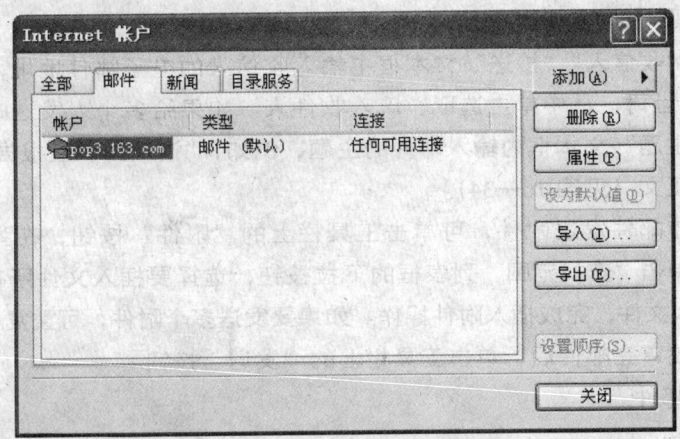

图 16—31 "Internet 账户"对话框

(3) 确认或修改"邮件账户""用户信息"后,单击"服务器"选项卡,切换到"服务器"选项卡设置对话框,如图 16—33 所示。

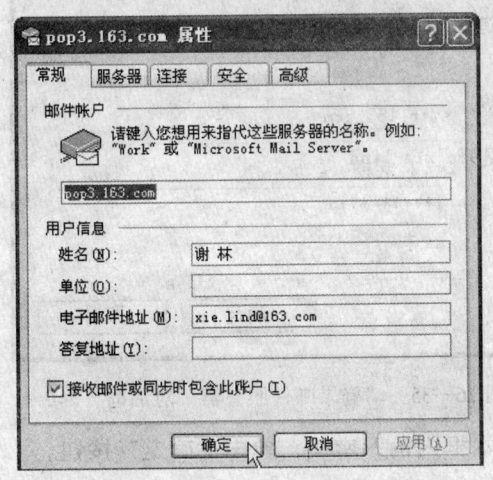 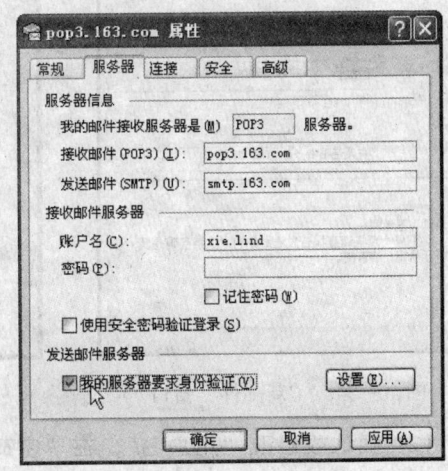

图 16—32 "邮件账号属性"对话框　　　图 16—33 "邮件账号-服务器属性"对话框

(4) 确认或修改"接收邮件""发送邮件"服务器域名,单击选中"我的服务器要求身份验证"。

(5) 如有必要,可单击其他选项卡进行设置。

(6) 修改、设置完后,单击"确定"按钮,关闭"属性"对话框,返回"Internet 账户"对话框。

(7) 单击"关闭"按钮,结束操作。

注意:邮件地址、账户名、密码是向 ISP 申请获得的,邮件接收服务器的类型、"接收邮件服务器域名""发送邮件服务器域名"等设置参数可以向 ISP 索取,或在 ISP 网站上的邮件服务中心帮助网页上获取。一定要按照 ISP 的设置要求进行设置。

二、撰写和发送电子邮件

1. 撰写电子邮件及其插入附件

操作步骤如下:

(1) 在"Outlook Express"窗口中,单击工具栏上的"创建邮件"按钮,打开"新邮件"窗口（见图16—34）。

（2）分别在"收信人""抄送"文本框中输入收信人的电子邮件地址，或单击"收件人"，打开通信地址簿，从中单击选取、填入收件人。如果给多个人发送邮件，则用分号";"隔开。在"主题"文本框内输入邮件的主题，例如，"请审阅调查报告"。在信函文本框内输入邮件的正文（见图16—34）。

（3）如果要随邮件发送附件，可单击工具栏上的"附件"按钮，在弹出的"插入附件"对话框内，单击"查找范围"列表框的下拉按钮，选择要插入文件所在的目录，在显示框内双击要插入文件，完成插入附件操作。如果要发送多个附件，可重复上述操作步骤。

（4）撰写、编审完邮件后，单击工具栏上的"发送"按钮。

2．发送电子邮件

操作步骤如下：

（1）在"Outlook Express"窗口中，单击工具栏上的"发送/接收"按钮，弹出"登录邮件服务器"对话框（见图16—35）。

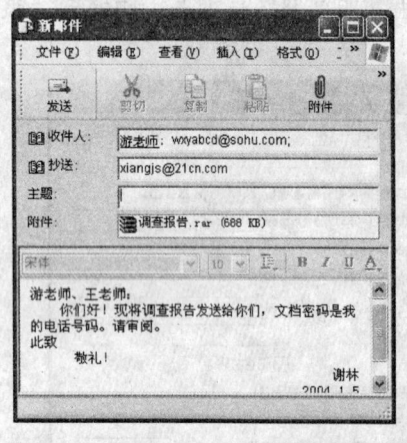
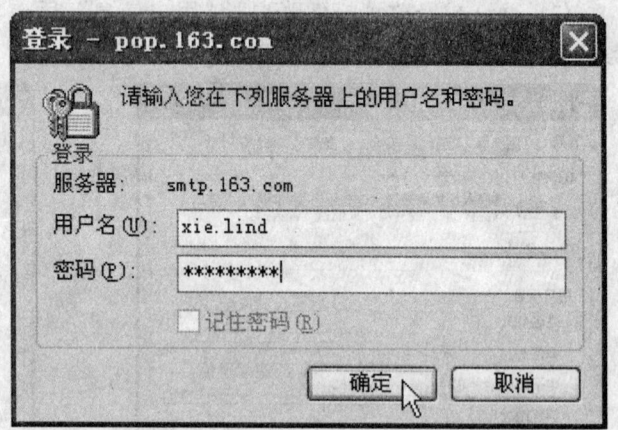

图16—34 "新邮件"窗口　　　　图16—35 "登录邮件服务器"对话框

（2）确认或修改"用户名"，在"密码"文本框内输入密码，单击"确定"按钮。

三、接收和阅读电子邮件

1．接收电子邮件

在建立邮件账号以后，每次启动 Outlook Express，都会弹出如图16—35所示的"登录邮件服务器"对话框，输入用户名和密码后，单击"确定"按钮，就会接收电子邮件。随后，也检查是否有新发来的邮件并执行接收电子邮件操作。

（1）在"Outlook Express"窗口中，单击工具栏上的"发送/接收"按钮。

（2）确认或修改"用户名"，在"密码"文本框内输入密码，单击"确定"按钮。

2．阅读电子邮件

（1）在"Outlook Express"窗口中，单击"文件夹列表"中的"收件箱"。

（2）单击邮件列表框中要查看的邮件，邮件的内容就显示在下面的邮件预览窗格中，如图16—36所示。如果双击邮件列表框中要查看的邮件，则打开邮件阅读窗口，进行阅读。

在邮件列表框中，邮件左侧的信封标志有"拆封"和"未拆封"两种状态，前者表示邮件已经被阅读，后者表示邮件未被阅读。

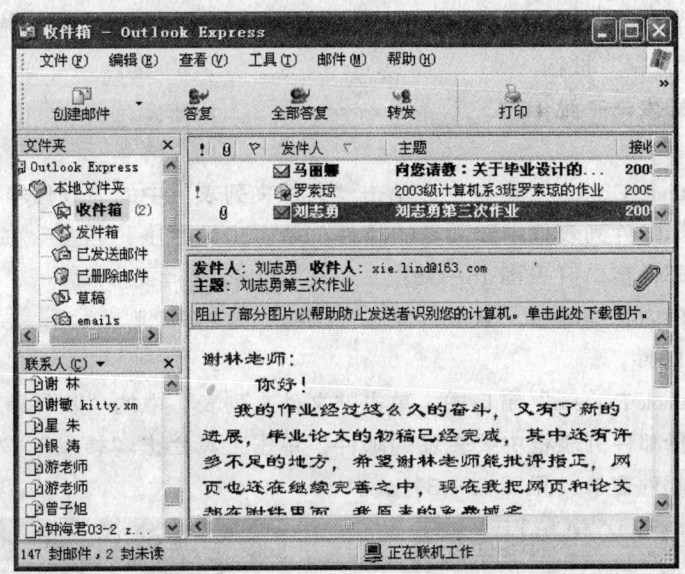

图 16—36　预览窗格中阅读电子邮件

3．阅读与保存带有附件的邮件

在邮件列表框中，邮件左侧带有"回形针"标志的邮件表明该邮件附带有邮件附件。

(1) 阅读附件

1) 按照阅读电子邮件操作步骤阅读邮件正文。

2) 单击邮件标题右边的"附件"按钮，如图 16—37 所示。

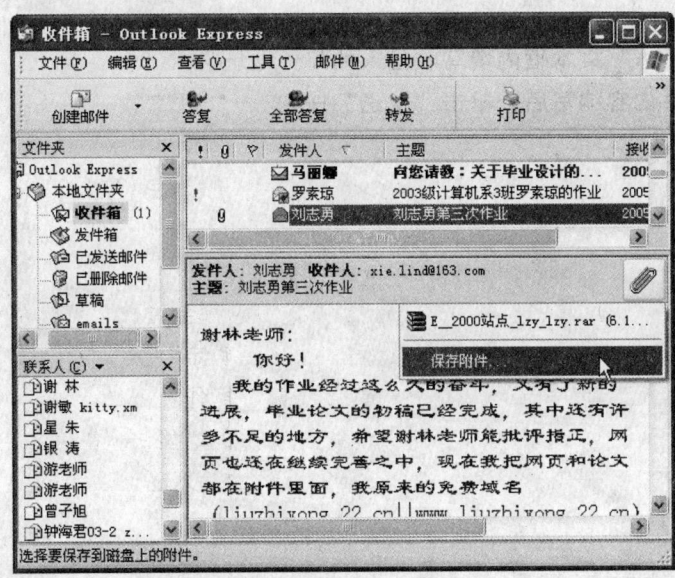

图 16—37　阅读与保存附件

3) 单击邮件附件，则系统用相应的应用程序打开附件，进行阅读。

(2) 保存附件

1) 按照阅读电子邮件操作步骤阅读邮件正文。

2) 单击邮件标题右边的"附件"按钮，再单击"保存附件"命令。

3）在弹出的"保存附件"对话框中，单击"浏览"按钮，选择保存附件的文件夹。

4）再单击"保存"按钮。

四、回复和转发电子邮件

1．回复电子邮件

（1）在"Outlook Express"窗口中，单击"文件夹列表"中的"收件箱"。

（2）单击选择邮件列表框中要回复的邮件，单击工具栏上"答复"按钮，弹出"Re：×××"回复的邮件窗口（见图16—38）。

（3）完成信件内容编写后，单击"发送"按钮。

2．转发电子邮件

（1）在"Outlook Express"窗口中，单击"文件夹列表"中的"收件箱"。

（2）单击选择邮件列表框中要转发的邮件，单击工具栏上"转发"按钮，弹出"Fw：×××"的转发邮件窗口（见图16—39）。

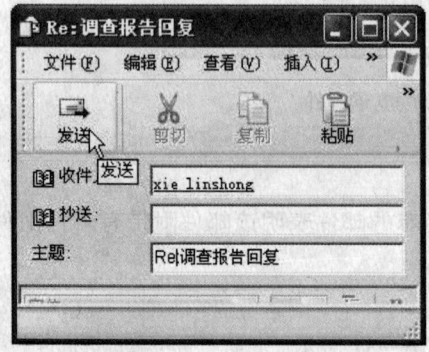

图16—38　回复的邮件窗口

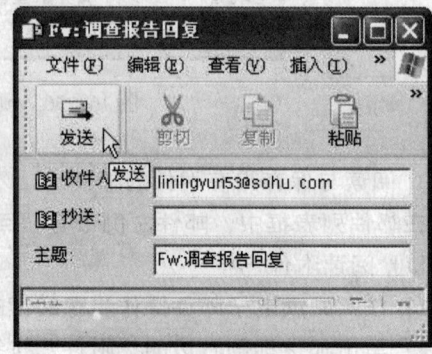

图16—39　转发邮件窗口

（3）在"收信人"文本框内填写收信人的邮件地址。

（4）完成信件内容编写后，单击"发送"按钮。